TOPOGRAPHIE

Leitfaden für das topographische Aufnehmen

von

Dr.-Ing. P. Werkmeister

ord. Professor an der Technischen Hochschule
Dresden

Mit 136 Abbildungen im Text

Berlin
Verlag von Julius Springer
1930

ISBN-13: 978-3-642-47322-7   e-ISBN-13:978-3-642-47786-7
DOI: 10.1007/ 978-3-642-47786-7

Vorwort.

Die Anregung zu diesem Buche ging von dem besonders um die badische Landestopographie sehr verdienten Ministerialrat Dr.-Ing. H. Müller, Direktor des Hessischen Landesvermessungsamts, aus. Herr Dr.-Ing. H. Müller hat mir manchen wertvollen Ratschlag gegeben und hat insbesondere das Kapitel über die Entstehung der Geländeformen bearbeitet; ich sage ihm auch an dieser Stelle herzlichen Dank für seine Mitarbeit.

Die Topographie ist in Deutschland in den Kreisen der Vermessungsingenieure und Landmesser zum Teil recht stiefmütterlich behandelt worden. Nachdem der Beirat für das Vermessungswesen dem Reiche die Herstellung der Topographischen Grundkarte im Maßstab 1 : 5000 vorgeschlagen hat, ist es eigentlich selbstverständlich, daß sich auch die Vermessungsingenieure und Landmesser, aus deren Reihen die führenden Topographen hervorgehen sollten, in Zukunft mehr wie seither mit der Topographie und der damit zusammenhängenden Kartographie beschäftigen. Das Buch ist deshalb zunächst für Vermessungsingenieure und Landmesser bestimmt; bei seiner Bearbeitung ist aber auch an Geographen, Kartographen und Soldaten, also an alle gedacht worden, die sich mit Topographie zu beschäftigen haben. Auf diesen weiter gezogenen Kreis ist bei der Auswahl des Stoffes Rücksicht genommen worden; dies ist insbesondere der Fall bei den für topographische Aufnahmen in Frage kommenden Instrumenten und bei der Grundlage für eine topographische Aufnahme. Es wird daher einerseits nichts aus der Vermessungskunde als bekannt vorausgesetzt; andererseits wurde aber bei der Behandlung des Stoffes nur soweit gegangen als zu seinem Verständnis unbedingt notwendig ist. Von diesem Gesichtspunkt aus wurde z. B. die Photogrammetrie nur in ihren Grundgedanken behandelt; eine bis ins einzelne gehende Behandlung der photogrammetrischen Instrumente und der photogrammetrischen Verfahren verlangt eine besondere Bearbeitung in einem Lehrbuch der Photogrammetrie.

Für den Topographen ist es wichtig, daß er die Weiterverarbeitung seiner Aufnahmen bis zur fertig gedruckten Karte in ihren Grundzügen kennt; mit Rücksicht hierauf wurden im letzten Abschnitt die wichtigsten Verfahren zur Vervielfältigung von Karten und die Herstellung der für die Vervielfältigung erforderlichen Vorlagen besprochen. Daß dabei auf

Einzelheiten, besonders bei den Vervielfältigungsverfahren, nicht eingegangen wurde, ist wohl selbstverständlich.

Bei der Zeichnung der Abbildungen und beim Lesen der Korrekturen hat mir mein Assistent Herr Dipl.-Ing. P. Morgner, Vermessungsassessor, geholfen, wofür ich ihm auch an dieser Stelle danke. Mein besonderer Dank gilt der Verlagsbuchhandlung Julius Springer, die der Herstellung des Buches viel Sorgfalt angedeihen ließ.

Dresden, im Frühjahr 1930.

P. Werkmeister.

Inhaltsverzeichnis.

Einleitung.

Die Aufgabe der Topographie besteht in der Herstellung von Karten, in denen sowohl der Grundriß als auch die Geländeformen des in Frage kommenden Gebietes dargestellt sind. Zur Anfertigung einer solchen Karte müssen mit Benutzung von gewissen Instrumenten durch Anwendung von bestimmten Messungsverfahren Aufnahmen im Gelände ausgeführt werden; um deren Ergebnisse in Form einer Karte vervielfältigen zu können, müssen sie zuerst kartographisch bearbeitet werden. Dementsprechend werden im folgenden zunächst die topographischen Instrumente, dann die topographischen Meßverfahren und im Anschluß daran die Ausführung von topographischen Aufnahmen behandelt; zuletzt werden die kartographische Bearbeitung der Aufnahmen und ihre Vervielfältigung besprochen.

I. Die topographischen Instrumente.

Die für topographische Aufnahmen in Frage kommenden Instrumente sind der Tachymetertheodolit, der Meßtisch mit der Kippregel und die photogrammetrischen Instrumente, bei denen man zwischen Aufnahmeinstrumenten und Auswertungsinstrumenten zu unterscheiden hat. Der Besprechung dieser Instrumente vorausgehend werden im folgenden zunächst die wichtigsten Einzelteile der Instrumente behandelt.

Außer den genannten Instrumenten verwendet der Topograph gelegentlich auch Instrumente für flüchtige Aufnahmen; von ihnen wird am Schluß dieses Abschnitts die Rede sein.

A. Einzelteile der topographischen Instrumente.

Die im folgenden zu besprechenden einzelnen Teile der Instrumente sind das Zielfernrohr, die Libelle und die Vorrichtungen zum Ablesen an Teilungen; im Anschluß an diese werden die Hilfsmittel zur mittelbaren Streckenmessung und die Bussole behandelt.

1. Das Zielfernrohr.

Das Zielen mit einem Fernrohr erfordert eine als Zielachse bezeichnete feste Gerade; diese ist bestimmt durch eine in dem Fernrohr angebrachte Zielmarke. Als Zielmarke verwendet man im einfachsten Fall den Schnittpunkt von zwei, senkrecht zueinander stehenden Spinnfäden oder auf einem dünnen Glasplättchen angegebenen Geraden; das durch diese gebildete, aus dem „Horizontalfaden" und dem „Vertikalfaden" bestehende Fadenkreuz wird auf einer zugleich als Blende zum Abhalten von Randstrahlen dienenden Platte befestigt. Die Fadenkreuzplatte ist in dem Fernrohr z. B. mit Hilfe von zwei Paar Druck

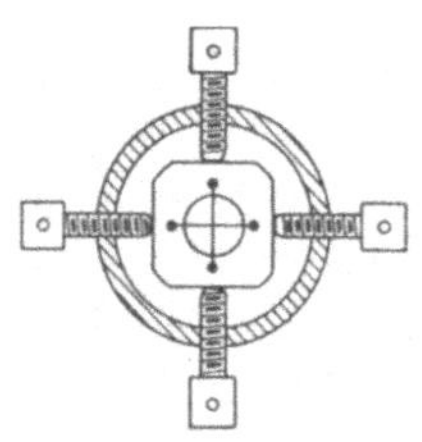

Abb. 1. Befestigung der Fadenkreuzplatte im Fernrohr.

schrauben (Abb. 1) derart angebracht, daß sie in der Richtung der Schrauben um kleine Beträge verschoben werden kann. Damit den beiden Fäden eine bestimmte — horizontale bzw. vertikale — Stellung gegeben werden kann, ist die Fadenkreuzplatte zusammen mit den sie haltenden Schrauben drehbar angeordnet.

Bei dem aus der Objektivlinse L_1 mit großer Brennweite und der Okularlinse L_2 mit kleinerer Brennweite bestehenden einfachen oder Keplerschen Fernrohr (Abb. 2) wird von dem zu betrachtenden Gegenstand AB durch das Objektiv ein verkleinertes und umgekehrtes Bild $A'B'$ entworfen, das durch das als Lupe wirkende Okular betrachtet wird. Da der Abstand a der beiden Linsen L_1 und L_2 oder die Länge des Fernrohrs von der Entfernung e des Gegen-

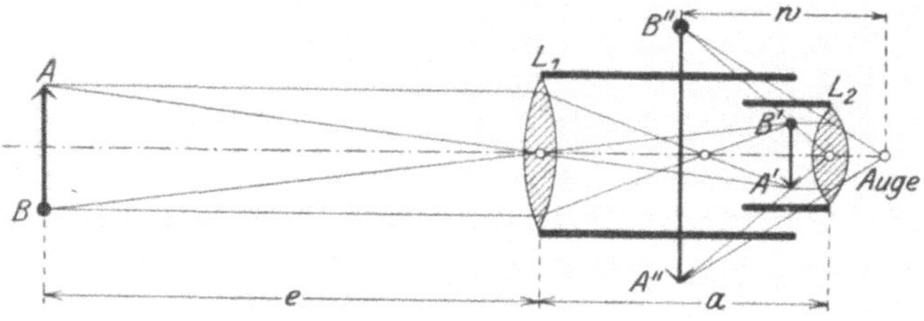

Abb. 2. Wirkungsweise des einfachen Fernrohrs.

standes abhängig ist, so werden L_1 und L_2 in zwei verschiedenen Röhren befestigt, von denen die engere Okularröhre in der weiteren verschoben werden kann.

Damit der Gegenstand AB mit dem Fadenkreuz einwandfrei angezielt oder dieses mit dem Gegenstand zur Deckung gebracht werden kann, ist es notwendig, daß das Fadenkreuz in derselben Ebene mit $A'B'$ liegt; dies ist der Fall, wenn das vom Fadenkreuz durch das Okular L_2 gesehene Bild ebenso wie das von $A'B'$ durch L_2 gesehene Bild $A''B''$ in der dem Beobachter eigentümlichen deutlichen Sehweite w liegt. Ist dies nicht der Fall, so besteht ein Zustand, der als Parallaxe bezeichnet wird. Keine Parallaxe ist vorhanden, wenn man das Fadenkreuz und den Gegenstand zu gleicher Zeit im Fernrohr gut sieht.

Da die deutliche Sehweite w und damit die Entfernung zwischen der Okularlinse L_2 und dem Fadenkreuz F für verschiedene Beobachter verschieden sind, so muß die Entfernung zwischen L_2 und F um kleine Beträge verändert werden können; für diesen Zweck ist entweder das Fadenkreuz F (Abb. 3a) oder besser die Okularlinse L_2 (Abb. 3b) zum Verschieben eingerichtet. Das durch das Okular gesehene Bild des Fadenkreuzes bringt man vor Benutzung des Fernrohrs zu Zielungen dadurch in deutliche Sehweite, daß man das Fernrohr — bei beliebigem Abstand zwischen Objektiv und Okular — gegen einen hellen Hintergrund richtet und dann die Entfernung zwischen Okular und Fadenkreuz solange verändert, bis das letztere in scharfen schwarzen Strichen erscheint.

Das scharfe Einstellen eines Gegenstandes mit dem Fernrohr geschieht durch entsprechende Veränderung des Abstandes zwischen dem Objektiv und der das Fadenkreuz und die Okularlinse enthaltenden

Abb. 3. Anordnungen zum Einstellen des Fadenkreuzes.

Okularröhre. Wurde ein Punkt mit einem der beiden Fäden des Fadenkreuzes angezielt, und bewegt man dann das Auge vor dem Okular, so dürfen die Bilder von Fadenkreuz und Punkt sich gegenseitig nicht verschieben; findet eine Verschiebung der beiden Bilder statt, so ist entweder der Punkt oder das Fadenkreuz nicht scharf eingestellt.

Mit Rücksicht auf die sphärische und chromatische Abweichung verwendet man an Stelle des einfachen oder Keplerschen Fernrohrs zusammengesetzte Fernrohre mit achromatischen Objektiven; es sind dies das Fernrohr von Huygens (Abb. 4a) und insbesondere dasjenige

Abb. 4. a) Fernrohr nach Huygens, b) Fernrohr nach Ramsden.

von Ramsden (Abb. 4 b). Neuerdings wird vielfach ein Fernrohr mit unveränderlichem Abstand zwischen Objektiv und Fadenkreuz (Abb. 5) verwendet, bei dem die Scharfeinstellung des betrachteten Gegenstandes durch Verschieben einer zwischen dem Objektiv und dem Fadenkreuz angeordneten Linse erfolgt; zur Scharfeinstellung des Fadenkreuzes ist die Entfernung zwischen diesem und dem aus zwei Linsen bestehenden Okular veränderlich. Dieses Fernrohr mit innerer Ein-

Abb. 5. Fernrohr mit innerer Einstellinse.

stellinse hat im Vergleich zu dem seither viel benutzten Ramsdenschen Fernrohr insbesondere den Vorzug, daß das Innere des Fernrohrs besser gegen Staub und Feuchtigkeit abgeschlossen ist. Das oben beim einfachen Fernrohr in bezug auf das Einstellen von Fadenkreuz und Gegenstand Gesagte gilt auch für die zusammengesetzten Fernrohre.

Die besprochenen Fernrohre sind solche, bei denen das Bild eines betrachteten Gegenstandes umgekehrt erscheint. Es gibt auch Fernrohre, die infolge eines vorgeschalteten Prismas aufrechte Bilder ergeben; diese Fernrohre finden bei topographischen Instrumenten keine Anwendung.

Die Genauigkeit des Zielens mit einem Zielfernrohr wird mit Hilfe des mittleren Zielfehlers μ angegeben, der insbesondere von der Vergrößerung v des Fernrohrs abhängig ist. Je nach der Gestalt des anzuzielenden Gegenstandes, der Ruhe der Luft, der Beleuchtung und der Form der Zielmarke ist $\mu = \pm \dfrac{3''}{\sqrt{v}}$ bis $\pm \dfrac{10''}{\sqrt{v}}$.

Die Vergrößerung eines Fernrohrs kann man dadurch bestimmen, daß man das Fernrohr gegen eine gleichmäßige Teilung richtet und das mit dem einen Auge durch das Fernrohr betrachtete vergrößerte Bild eines Teils der Teilung mit der mit dem anderen Auge unmittelbar gesehenen Teilung vergleicht.

2. Die Libelle.

Das wichtigste Hilfsmittel zum Horizontallegen oder Vertikalstellen von Geraden und Ebenen ist die Libelle, die in zwei, als Röhrenlibelle und Dosenlibelle bezeichneten Formen vorkommt.

a) Die **Röhrenlibelle** ist eine für gröbere Zwecke gebogene und für feinere Zwecke im Innern nach einem Kreisbogen tonnenförmig ausgeschliffene zylindrische Glasröhre (Abb. 6), die zum Schutze gegen Beschädigungen und für die Befestigung an einem Instrument in Metall gefaßt ist. Die an ihren Enden meist zugeschmolzene Röhre ist bis auf die wenige Zentimeter lange Libellenblase mit einer leichtbeweglichen Flüssigkeit (Alkohol oder Äther) gefüllt. Um den Stand der Libellenblase beobachten oder feststellen zu können, ist die Glasröhre auf ihrer

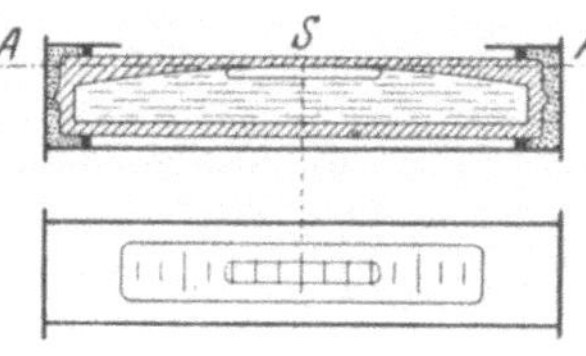

Abb. 6. Röhrenlibelle.

Außenseite mit einer Teilung versehen, deren Striche entweder 2,26 mm (eine Pariser Linie) oder 2 mm oder auch 2,5 mm voneinander entfernt sind; der Mittelpunkt dieser Teilung ist der Spielpunkt S der Libelle. Die Libelle „spielt ein", wenn der Mittelpunkt der Blase mit dem Spielpunkt zusammenfällt; ist dies nicht der Fall, so „schlägt die Libelle aus".

Die Tangente A im Spielpunkt S an den Ausschleifungsbogen heißt die Achse der Libelle; sie liegt bei einspielender Libelle horizontal. Der Winkel, um den man eine Libelle neigen muß, damit ein Blasenende um einen Teil der Teilung weiterbewegt wird, heißt die Empfindlichkeit oder die Angabe der Libelle. Die Empfindlichkeit der bei topographischen Instrumenten benutzten Libellen liegt zwischen 10 und 60 Sekunden.

Bei der Doppel- oder Wendelibelle (Abb. 7) ist die Glasröhre an zwei, einander gegenüberliegenden Stellen ausgeschliffen; die durch die beiden Teilungsmittelpunkte bestimmten Spielpunkte S_1 und S_2 werden so angebracht, daß die beiden Libellenachsen A_1 und A_2 parallel sind.

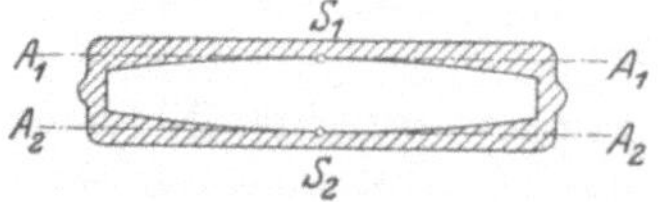

Abb. 7. Doppel- oder Wendelibelle.

Bei einer von H. Wild eingeführten Vorrichtung befindet sich über der Libelle ein Prismensystem, das eine Beobachtung der Libellenblase in der Längsrichtung der Libelle ge-

stattet. In dem Gesichtsfeld dieser Vorrichtung erscheint die Blase
ihrer Länge nach geschnitten; schlägt die Libelle aus, so haben die
beiden Blasenteile die in der Abb. 8a an-
gegebene Stellung, spielt sie ein, so fallen
wie in der Abb. 8b die Enden der beiden
Blasenteile zusammen.

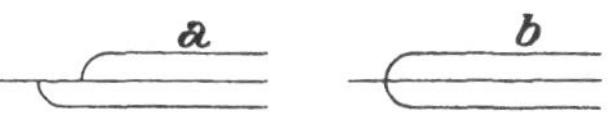

Abb. 8. Libellenblase bei Beobachtung
in ihrer Längsrichtung.

Eine Libelle kann entweder fest oder
abnehmbar mit einem Instrument verbunden sein. Abnehmbare oder
lose Libellen sind die Reitlibelle zum Aufsetzen auf eine Achse und
die Tischlibelle zum Aufsetzen auf eine Ebene.

Soll mit einer Röhrenlibelle eine Gerade horizontal gelegt oder
vertikal gestellt werden, so muß man an die Libelle die Anforderung
stellen, daß ihre Achse parallel bzw. senkrecht zu der betreffenden
Geraden ist. Die Untersuchung, ob diese Anforderung erfüllt ist,
geschieht dadurch, daß man die Libelle — bei Tischlibellen mit Hilfe
einer auf die Unterlage wirkenden Schraube, bei fest oder lose mit einem
Instrument verbundenen Libellen mit Benutzung der Fußschrauben des
Instruments — zum Einspielen bringt und dann ihre beiden Enden —
bei Tisch- und Reitlibellen durch Umsetzen und bei einer mit einem
Instrument verbundenen Libelle durch Drehen des betreffenden In-
strumententeiles — vertauscht; zeigt die Libelle hierauf einen Ausschlag, so entspricht dieser dem doppelten Fehler der Libelle und wird
deshalb zur Hälfte mit den zum Einspielen der Libelle benutzten
Schrauben und zur Hälfte mit der für diesen Zweck vorhandenen Berichtigungsvorrichtung der Libelle beseitigt.

Die Berichtigung einer Libelle setzt voraus, daß die Libelle
und damit die Libellenachse um kleinere Beträge um eine horizontale,
quer zur Libelle liegende Gerade G
(Abb. 9) geneigt werden kann. Die hierzu erforderliche Vorrichtung besteht im
einfachsten Fall aus einer Zugschraube Z
mit einer ihr entgegenwirkenden Spiralfeder S. Die Berichtigungsvorrichtung besteht auch aus zwei, auf das

Abb. 9. Berichtigungsvorrichtung einer
Röhrenlibelle.

eine Libellenende wirkenden Druckschrauben D_1 und D_2 (Abb. 10a)
oder aus einer Zugschraube Z in Verbindung mit zwei Druckschrauben
D_1 und D_2 (Abb. 10b).

Hat man eine Ebene — z. B. diejenige
einer Meßtischplatte — mit Hilfe einer Röhrenlibelle in Gestalt einer Tischlibelle horizontal zu legen, so muß man zwei, ungefähr
senkrecht zueinander liegende Geraden der
Ebene horizontal legen. Soll eine Gerade —
z. B. die Umdrehungsachse eines Instruments
— mit Hilfe einer mit ihr fest verbundenen
Röhrenlibelle vertikal gestellt werden, so muß

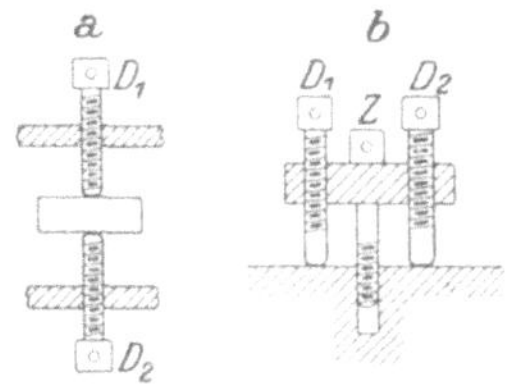

Abb. 10. Berichtigungsvorrich-
tungen für Röhrenlibellen.

man sie in zwei, ungefähr senkrecht zueinander stehenden Richtungen
vertikal stellen.

Die Bestimmung der Empfindlichkeit oder Angabe einer
Libelle, deren ungefähre Kenntnis für manche Zwecke erwünscht ist,
kann man dann rasch genähert vornehmen, wenn die Libelle mit einem

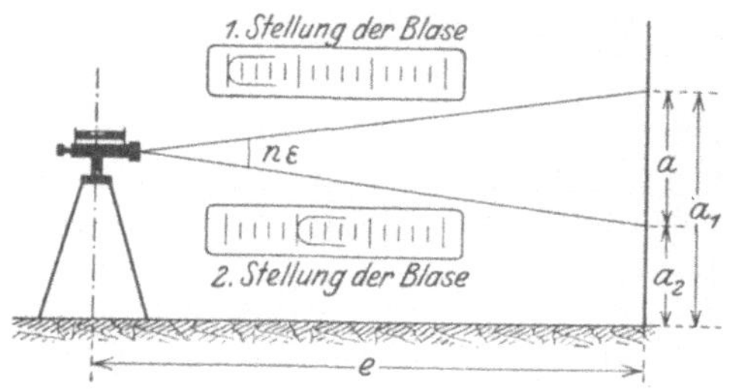

Abb. 11. Bestimmung der Angabe einer Röhrenlibelle.

Fernrohr (Abb. 11) verbunden ist. Man stellt dabei
das eine Blasenende auf
einen Strich der Libellen-
teilung ein und macht an
einem in der Entfernung e
aufgestellten Maßstab mit
dem Horizontalfaden des
Fernrohrs die Ablesung a_1;
hierauf bewegt man das-
selbe Blasenende um n z. B.
gleich fünf oder zehn Teile vorwärts und macht die neue Ablesung a_2
an dem Maßstab. Ist $a_1 - a_2 = a$, so erhält man die Libellenangabe ε

aus $\varepsilon = \dfrac{1}{n}\,\dfrac{a}{e}\,\varrho$, wobei $\varrho = \dfrac{180°}{\pi}$ ist.

b) Die **Dosenlibelle** ist ein in Metall gefaßtes, zylinderförmiges Glas-
gefäß (Abb. 12), dessen Glasdeckel im Innern kugelförmig ausgeschliffen
ist. Das Gefäß ist bis auf die kreisförmige Libellenblase mit einer leicht-

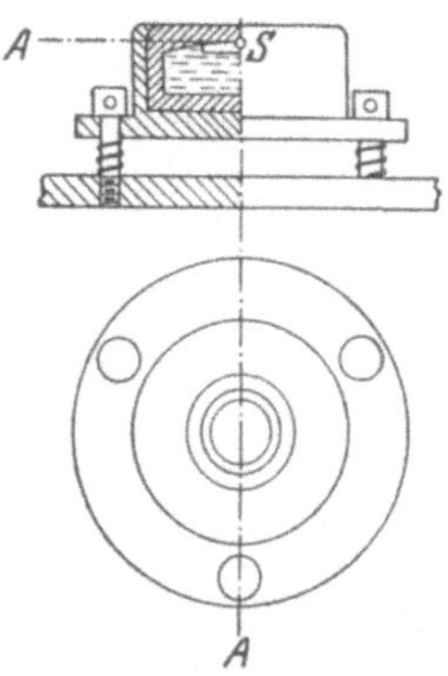

Abb. 12. Dosenlibelle.

beweglichen Flüssigkeit gefüllt; sein Boden ist
zugeschmolzen. Zur Beobachtung des Libellen-
standes ist auf der Außenseite des Deckels ein
Kreis angegeben, dessen Mittelpunkt der Spielpunkt S der Libelle ist. Die Tangentialebene A
im Spielpunkt S an die Ausschleifungskugel heißt
die Achse der Libelle; sie liegt bei einspielender
Libelle horizontal.

Die Dosenlibelle ist entweder fest mit einem
Instrument verbunden oder als Tischlibelle ausgebildet.

Soll mit einer Dosenlibelle eine Ebene horizontal gelegt oder eine Gerade vertikal gestellt
werden, so muß man an die Libelle die Anforderung stellen, daß ihre Achse parallel zu
der Ebene bzw. senkrecht zu der Geraden ist. Die Untersuchung,
ob diese Anforderung erfüllt ist, wird in ähnlicher Weise wie bei der
Röhrenlibelle vorgenommen. Die für eine Berichtigung einer Libelle
erforderliche Vorrichtung besteht z. B. aus drei Zugschrauben mit drei
sie umhüllenden Spiralfedern.

Der Vorzug der Dosenlibelle im Vergleich zur Röhrenlibelle besteht darin, daß die Horizontallegung einer Ebene — Ebene einer
Meßtischplatte — und die Vertikalstellung einer Geraden — Umdrehungsachse eines Instruments — mit Hilfe einer Dosenlibelle in
einer Lage oder Stellung der Libelle ausgeführt werden kann. Die
Dosenlibelle kommt wegen ihrer geringen Empfindlichkeit von 1—5 Minuten zunächst für weniger genaue Einstellungen in Frage; dabei leistet

sie aber wertvolle Dienste. Instrumente, die öfters neu aufgestellt werden müssen, sollten außer der Röhrenlibelle eine Dosenlibelle haben; die rohe und die genäherte Aufstellung des Instruments erfolgen dann mit Benutzung der Dosenlibelle, für die feinere Aufstellung verwendet man die Röhrenlibelle.

3. Vorrichtungen zum Ablesen an Teilungen.

Die genaue Ablesung an feinen Teilungen erfordert besondere Vorrichtungen. Die wichtigsten Ablesevorrichtungen sind der Nonius und das Ablesemikroskop. Jede Ablesevorrichtung ist mit einer Nullmarke versehen, durch deren Lage zur Teilung die jeweilige Ablesung bestimmt ist; die Aufgabe der Ablesevorrichtung besteht darin, den Abstand d der Nullmarke vom vorhergehenden Strich der Teilung zu bestimmen.

a) Der **Nonius** (Abb. 13) ist eine mit der Nullmarke beginnende, in der Richtung der Teilung gehende, in n Teile geteilte Hilfsteilung, deren Länge mit $(n-1)$ Teilen der Hauptteilung übereinstimmt. Ist $\left\{\begin{matrix} T \\ N \end{matrix}\right\}$ der Wert — bei einer Kreisteilung des Winkels — zwischen zwei aufeinanderfolgenden Strichen der $\left\{\begin{matrix} \text{Hauptteilung} \\ \text{Noniusteilung} \end{matrix}\right\}$, so ist $nN = (n-1)T$ also $T - N = \dfrac{T}{n}$. Der Unterschied $a = T - N$ heißt die **Angabe des Nonius.** Fällt ein Noniusstrich mit irgendeinem Strich der Hauptteilung zusammen (Abb. 13), so ist der Unterschied zwischen den beiden nächsten Strichen von Nonius und Teilung gleich a, zwischen den beiden übernächsten gleich $2a$ usw.; die Noniusstriche sind deshalb von der Nullmarke aus nach Vielfachen von a beziffert, so daß die an einem Noniusstrich angeschriebene Zahl bei seinem Zusammenfallen mit einem Teilungsstrich den Wert des Abstandes d zwischen der Nullmarke und dem dieser vorhergehenden Teilungsstrich vorstellt.

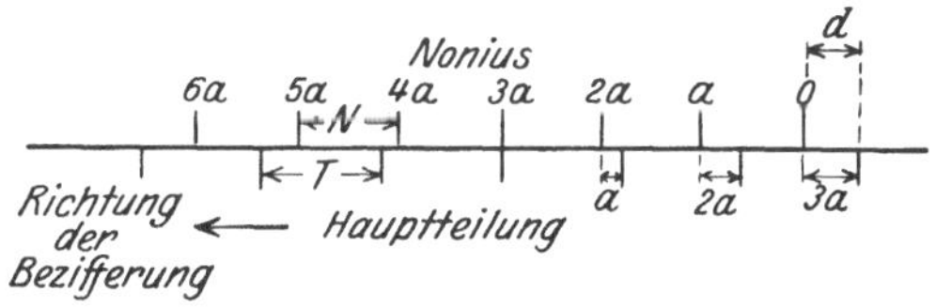

Abb. 13. Noniusbezifferung.

Jede Ablesung mit einem Nonius zerfällt insofern in zwei Teile als man zuerst die dem letzten Teilungsstrich vor der Noniusnullmarke zukommende Ablesung und sodann den Abstand d dieser beiden Striche bestimmen muß. Den Abstand d bestimmt man durch Aufsuchen desjenigen Noniusstriches, der mit irgendeinem Strich der Teilung zusammenfällt.

Bei dem in den Abb. 14 angegebenen Beispiel einer Kreisteilung ist $T = 20'$ und $n = 20$; die Angabe a des Nonius ist demnach $a = \dfrac{T}{n} = \dfrac{20'}{20} = 1'$, d. h. man kann mit ihm auf 1 Minute genau ablesen. Die der Nullmarke M des Nonius entsprechende Ablesung ist $58° 20' + d$, wobei $d = 7'$ ist, so daß also die Ablesung $58° 27'$ beträgt.

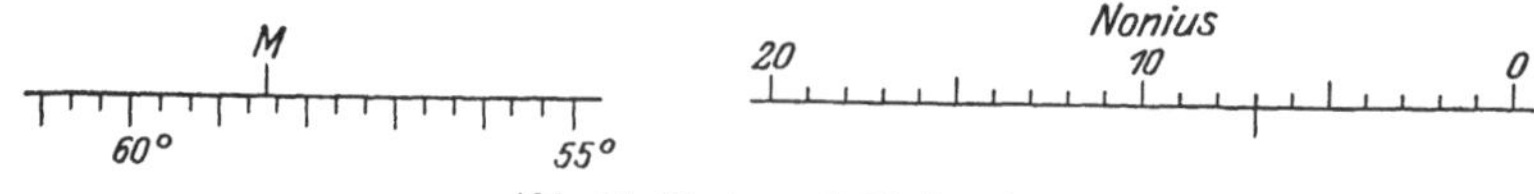

Abb. 14. Nonius mit 1′-Angabe.

In dem Beispiel der Abb. 15 ist $T = 30'$ und $n = 30$, also $a = \dfrac{T}{n} = 1'$. Die der Zeichnung entsprechende Ablesung ist $33° 30' + d = 33° 30' + 22' = 33° 52'$.

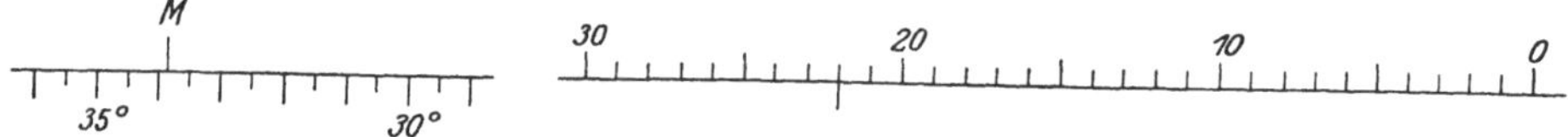

Abb. 15. Nonius mit 1′-Angabe.

Für das in den Abb. 16 angedeutete Beispiel ist $T = 20'$ und $n = 2 \times 20 = 40$, also $a = \dfrac{T}{n} = \dfrac{20 \times 60}{40} = 30''$, d. h. man kann mit dem Nonius auf 30 Sekunden genau ablesen. Die Ablesung ist $18° 40' + d = 18° 40' + 12' 30'' = 18° 52' 30''$.

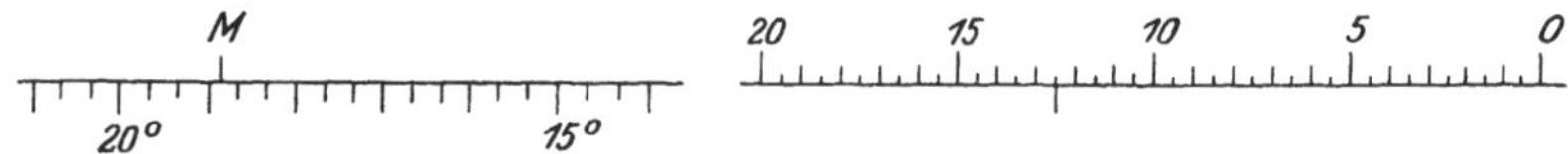

Abb. 16. Nonius mit 30′′-Angabe.

Ist die Angabe a von einem Nonius zu klein gewählt, so fallen mehrere Striche zusammen; wurde sie zu groß gewählt, so tritt häufig der Fall ein, daß überhaupt kein Noniusstrich mit einem Teilungsstrich zusammenfällt.

Mit Rücksicht darauf, daß die Ebene der Teilung und diejenige des Nonius nie vollständig genau zusammenfallen, empfiehlt es sich, auch die gegenseitige Stellung der links und rechts von dem mit einem Teilungsstrich zusammenfallenden Noniusstrich liegenden Nonius- bzw. Teilungsstriche zu vergleichen; mit Rücksicht hierauf ist der Nonius mit „Überstrichen“ vor der Nullmarke versehen. Erfordert die Ablesung mit einem Nonius eine Lupe, so stellt man diese so ein, daß der für die Ablesung in Frage kommende Noniusstrich in der Mitte des Gesichtsfeldes steht.

b) Beim **Ablesemikroskop** kann man verschiedene Arten unterscheiden; es sind dies das Strichmikroskop, das Skalamikroskop, das Noniusmikroskop, das Planglasmikroskop und das Schraubenmikroskop. Der Abstand d der mit dem Mikroskop fest verbundenen Nullmarke von dem letzten Strich der Teilung wird bei dem Strichmikroskop geschätzt, beim Skalamikroskop mit einer besonderen Teilung gemessen, beim Noniusmikroskop mit einem Nonius bestimmt, beim Planglasmikroskop mit einer Schraube in Verbindung mit einer planparallelen Glasplatte ermittelt und beim Schraubenmikroskop mit einer Schraube in Verbindung mit einem beweglichen Faden gemessen. An Instru-

menten für topographische Zwecke kommen vor das Strichmikroskop,
das Skalamikroskop und vielleicht noch das Noniusmikroskop.

Die Ablesemikroskope haben eine starke Vergrößerung und deshalb
ein kleines Gesichtsfeld; die Bezifferung der Teilung muß daher z. B.
bei Kreisteilungen so weit gehen, daß jeder einzelne Gradstrich beziffert ist.

α) Das Strichmikroskop (Abb. 17) besteht aus der das Objektiv
A haltenden Röhre B und dem in B verschiebbaren Okular C. In der
Röhre B befindet sich eine Platte D mit
dem Ablesestrich in Gestalt eines Spinn-
fadens oder einer Geraden auf einem
Glasplättchen; die Strichplatte D kann
meist mit Hilfe von zwei, gegeneinander
wirkenden Druckschrauben E_1 und E_2
um kleine Beträge in der Richtung der
Teilung F verschoben werden. Das Mikroskop wird in einer besonderen Röhre G
derart gehalten, daß der Abstand zwischen Teilung F und Objektiv A durch

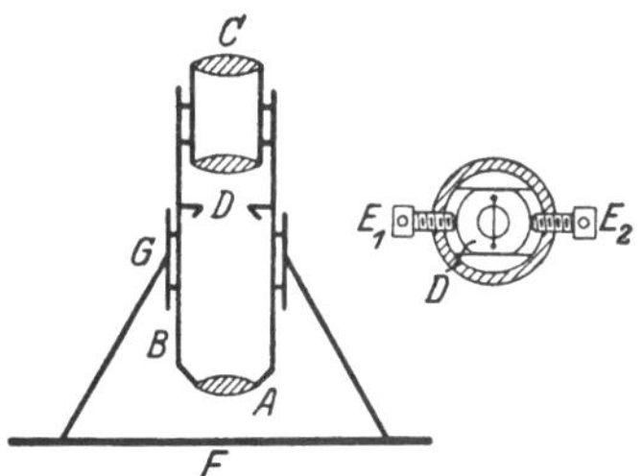

Abb. 17. Strichmikroskop.

Verschieben des Mikroskops verändert und das Mikroskop außerdem
gedreht werden kann.

An das Strichmikroskop werden zwei Anforderungen gestellt;
es müssen nämlich erstens der Ablesestrich auf der Platte D und die
Striche der Teilung F zu gleicher Zeit gut sichtbar sein, und zweitens
muß der Ablesestrich parallel zu den Strichen der Teilung liegen. Diese
Anforderungen verlangen ein Einstellen des Strichmikroskops;
dabei wird zunächst durch Verschieben des Okulars C der Ablestrich
und sodann durch Verschieben des ganzen Mikroskops in der Fassung G
die Teilung scharf eingestellt, wobei zusammen mit der Verschiebung
des Mikroskops dieses so gedreht wird, daß der Ablesestrich parallel zu
den Strichen der Teilung liegt. Wurde von einem Beobachter ein
Strichmikroskop richtig eingestellt, so daß er die Bilder des Ablese-
striches und der Teilung zu gleicher Zeit scharf, also parallaxenfrei sieht,
und soll das Mikroskop von einem anderen Beobachter mit einer anderen
deutlichen Sehweite benutzt werden, so hat dieser nur
das Okular C entsprechend zu verschieben.

Wird ein Strichmikroskop zum Ablesen an einer
Kreisteilung benutzt, so wird diese meist in der Weise
ausgeführt, daß ihre Striche einen Abstand von 10 Minuten haben; mit dem Ablesestrich des Mikroskops
können dann noch einzelne Minuten geschätzt werden.
Für eine solche Kreisteilung — mit Einteilung des
rechten Winkels in 90 Grade[1] — ist das Gesichtsfeld

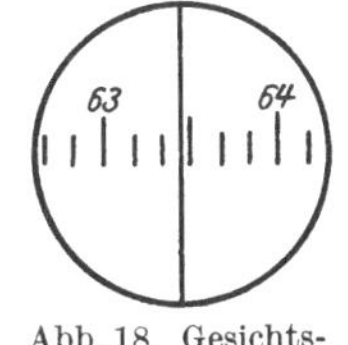

Abb. 18. Gesichts-
feld von einem
Strichmikroskop.

eines Strichmikroskops in der Abb. 18 angegeben; die Ablesung beträgt
dabei $63°\,27'$.

---

[1] Wenn im folgenden nichts bemerkt ist, so wird stillschweigend immer die
Sexagesimalteilung oder alte Teilung mit 1 Rechten $= 90°$, $1° = 60'$ und $1' = 60''$
vorausgesetzt.

β) Das Skalamikroskop hat an Stelle des einfachen Striches beim Strichmikroskop eine auf einem Glasplättchen angegebene Skala; diese ist meist derart ausgeführt, daß — im Mikroskop gesehen — zehn Teile der Skala mit einem Teil der Teilung übereinstimmen, so daß man unmittelbar auf $\frac{1}{10}$ und durch Schätzung auf $\frac{1}{100}$ eines Teils der Hauptteilung ablesen kann. Wird ein Skalamikroskop zur Ablesung an einer Kreisteilung verwendet, so hat diese meist eine Einteilung in $\frac{1}{3}$ Grade, so daß ihre Striche von 20 zu 20 Minuten gehen; mit einem Mikroskop

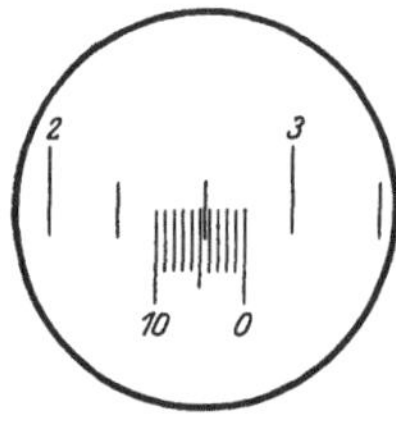

Abb. 19. Gesichtsfeld von einem Skalamikroskop.

der angegebenen Art kann man dann unmittelbar auf 2 Minuten und durch Schätzung auf 0,2 Minuten oder 12 Sekunden genau ablesen. Für eine solche Kreisteilung ist das Gesichtsfeld eines Skalamikroskops in der Abb. 19 angegeben; die Ablesung mit Hilfe der der Hauptteilung entgegengesetzt bezifferten Skala ergibt bei dem gezeichneten Beispiel $2°\,40' + 4,5$ Teile oder $2°\,40' + 9',0$ oder $2°\,49'\,00''$.

Das Skalamikroskop muß man nicht nur wie das Strichmikroskop einstellen, sondern auch noch abstimmen. Ein Skalamikroskop ist abgestimmt, wenn — im Mikroskop gesehen — die Länge S der Skala genau übereinstimmt mit dem Abstand T zweier Striche der Teilung (Abb. 20a). Die Untersuchung, ob ein zuvor eingestelltes Mikroskop abgestimmt ist, geschieht dadurch, daß man die Nullmarke oder den Nullstrich der Skala auf einen Strich der Teilung einstellt; erscheint dann S kleiner als T (Abb. 20b), so muß man das Objektiv gegen die Skala zu verschieben, erscheint S größer als T (Abb. 20c), so muß man das Objektiv gegen

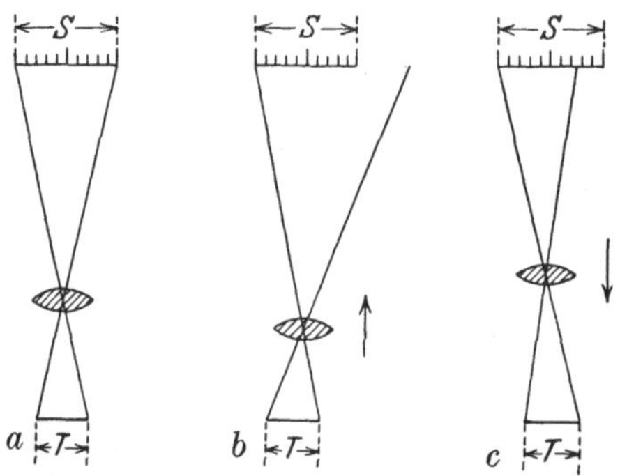

Abb. 20. Abstimmen von einem Skalamikroskop.

die Teilung zu verschieben. Nach einer solchen Verschiebung des Objektivs muß die Teilung erneut eingestellt werden, worauf der Vorgang wiederholt wird. Das Einstellen und Abstimmen des Skalamikroskops erfordert die in der Abb. 21 angedeutete Einrichtung, bei der — im Gegenteil zum Strichmikroskop — auch das Objektiv für sich zum Verschieben eingerichtet ist.

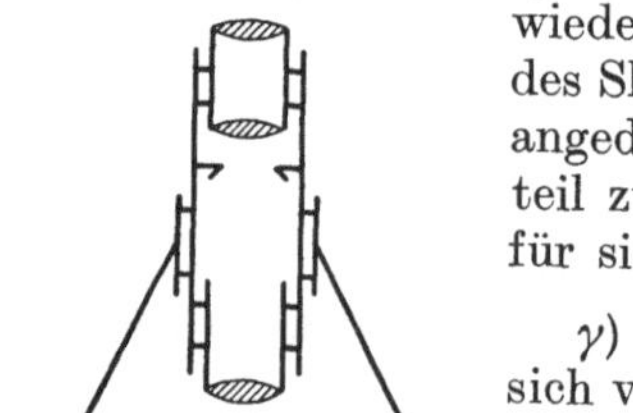

Abb. 21. Skalamikroskop.

γ) Das Noniusmikroskop unterscheidet sich vom Skalamikroskop dadurch, daß an Stelle der Skala ein der Teilung entsprechender Nonius im Gesichtsfeld erscheint. Das Noniusmikroskop muß ebenfalls eingestellt und abgestimmt werden.

4. Vorrichtungen zur mittelbaren Streckenmessung.

Für die unmittelbare Messung von Strecken verwendet man im einfachsten Falle ein Meßband oder Meßlatten. Bei topographischen Aufnahmen tritt an die Stelle der unmittelbaren Streckenmessung die mittelbare Streckenmessung. Der Grundgedanke der mittelbaren Streckenmessung besteht darin, daß man die gesuchte Strecke s mit Hilfe eines Dreiecks mit einem kleinen Winkel ε ermittelt, von dem man eine Seite — die Grundstrecke oder Basis b — und die erforderlichen Winkel kennen bzw. bestimmen muß. Der der Grundstrecke gegenüberliegende kleine Winkel ε heißt mikrometrischer oder auch parallaktischer Winkel. Die Instrumente zur mittelbaren oder optischen Streckenmessung heißen Entfernungsmesser oder Distanzmesser oder Telemeter.

Man kann die Entfernungsmesser verschiedenfach einteilen. Da die Grundstrecke entweder im Standpunkt des Instruments oder im Zielpunkt liegen kann, und der mikrometrische Winkel umgekehrt dann im Zielpunkt bzw. Standpunkt liegt, so kann man die Entfernungsmesser einteilen in Entfernungsmesser mit der Grundstrecke im Standpunkt oder Zielwinkelentfernungsmesser und Entfernungsmesser mit der Grundstrecke im Zielpunkt oder Standwinkelentfernungsmesser. Ferner kann man die Entfernungsmesser einteilen in Entfernungsmesser mit unveränderlicher Grundstrecke und veränderlichem mikrometrischem Winkel und Entfernungsmesser mit veränderlicher Grundstrecke und unveränderlichem mikrometrischem Winkel.

a) Entfernungsmesser mit der Grundstrecke im Standpunkt. α) Mikrometrischer Winkel ε unveränderlich und Grundstrecke b veränderlich. Der Abstand s eines Punktes Z (Abb. 22) von einer durch mehrere Fluchtstäbe ausgefluchteten Geraden AB kann z. B. mit Hilfe eines Winkelspiegels bestimmt werden, dessen Spiegelebenen einen Winkel von $45° \pm \dfrac{\varepsilon}{4}$ bilden[1], so daß mit ihm unveränderliche Winkel von $90° \pm \dfrac{\varepsilon}{2}$ abgesteckt werden. Die doppelte Benutzung des Winkelspiegels ergibt zwei Punkte S_1 und S_2 und damit die Grundstrecke $S_1 S_2 = b$; es ist dann $s = \dfrac{b}{2 \operatorname{tg} \dfrac{\varepsilon}{2}}$.

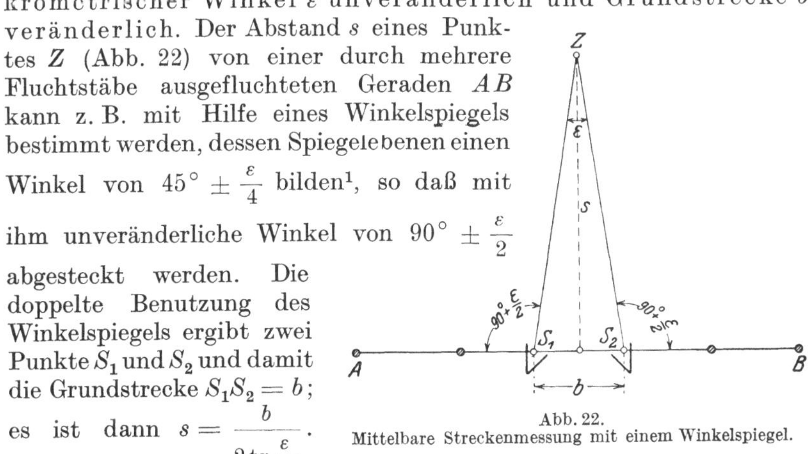

Abb. 22.
Mittelbare Streckenmessung mit einem Winkelspiegel.

Verwendet man zur Messung von b ein Meßband mit entsprechender, einfach zu berechnender Teilung, so kann man daran unmittelbar s ablesen.

---

[1] An Stelle eines Winkelspiegels verwendet man praktisch besser ein entsprechend geschliffenes Prisma; ein Prisma dieser Art wird von M. Hensoldt und Söhne hergestellt.

β) **Grundstrecke b unveränderlich und mikrometrischer Winkel ε veränderlich.** Ein Entfernungsmesser dieser Art besteht in seiner einfachsten Form (Abb. 23) aus zwei Spiegeln S_1 und S_2, von denen S_1 fest und S_2 drehbar mit einem Brettstück verbunden sind. Beim Gebrauch wird der Spiegel S_2 solange gedreht, bis das im Spiegel S_1 gesehene Bild des Zielpunktes Z genau z. B. unter dem unmittelbar — senkrecht zu S_1S_2 — gesehenen Punkt Z liegt; die Entfernung s kann dann an einer mit dem Spiegel S_2 verbundenen Teilung unmittelbar abgelesen werden.

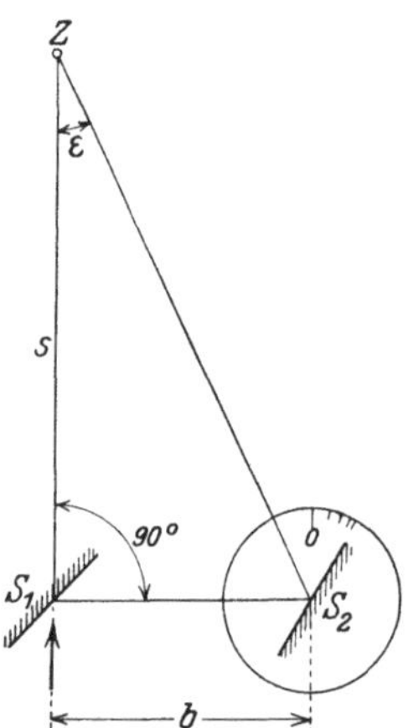

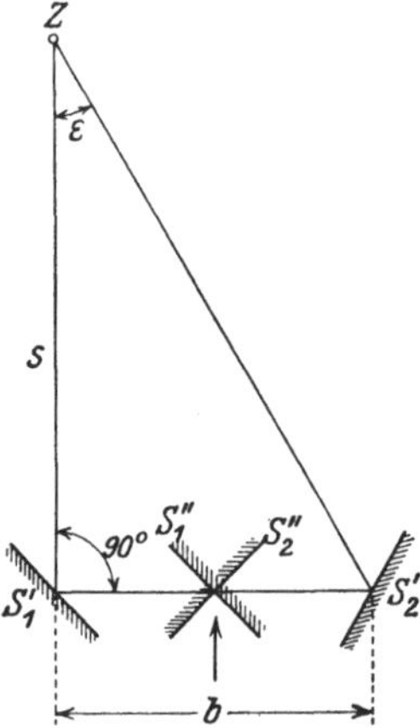

Abb. 23. Einfacher Entfernungsmesser mit unveränderlicher Grundstrecke.

Abb. 24. Doppelbildentfernungsmesser.

An Stelle von nur zwei Spiegeln kann man auch zwei Spiegelpaare S_1' und S_1'' sowie S_2' und S_2'' (Abb. 24) verwenden, von denen S_1', S_1'' und S_2'' fest, S_2' dagegen drehbar in einem Rohr angeordnet sind; der Spiegel S_1' lenkt dabei den vom Zielpunkt Z kommenden Lichtstrahl um 90° ab, die Spiegel S_1'' und S_2'' stehen senkrecht übereinander. Bei einem solchen Entfernungsmesser müssen die beiden im Gesichtsfeld erscheinenden Bilder des Zielpunktes Z genau übereinandergestellt

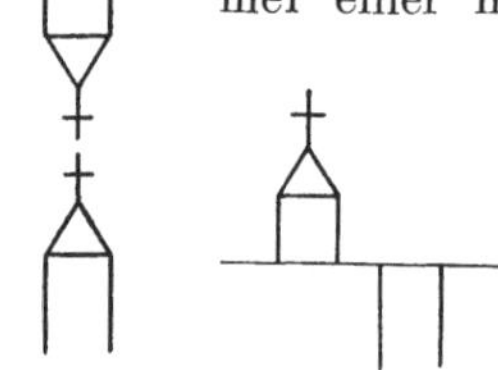

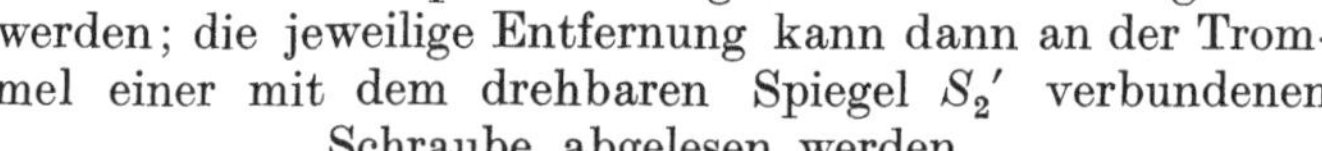

werden; die jeweilige Entfernung kann dann an der Trommel einer mit dem drehbaren Spiegel S_2' verbundenen Schraube abgelesen werden.

Mit Rücksicht auf die Schwierigkeit des Übereinanderstellens der beiden Bilder — auch bei Benutzung einer im Gesichtsfeld angebrachten Geraden — werden diese Doppelbildentfernungsmesser oder Koinzidenzentfernungsmesser mit „Kehrbildern" und mit „Schnittbildern" hergestellt. Beim Kehrbild- oder Invertentfernungsmesser steht das eine Bild aufrecht und das andere umgekehrt

Abb. 25. Bilder des Zielpunktes beim Kehrbildentfernungsmesser.

Abb. 26. Bilder des Zielpunktes beim Schnittbildentfernungsmesser.

(Abb. 25); beim Schnittbild- oder Halbbildentfernungsmesser erscheint der Zielpunkt in der Mitte durchgeschnitten, so daß man zwei halbe Bilder (Abb. 26) sieht.

b) Entfernungsmesser mit der Grundstrecke im Zielpunkt. α) Mikrometrischer Winkel ε unveränderlich und Grundstrecke b veränderlich. Ein solcher Entfernungsmesser besteht in seiner einfachsten Form aus einer T-förmigen Grundplatte (Abb. 27) mit drei in S, M_1 und M_2 senkrecht zur Platte befestigten Nadeln für die Zielung; durch

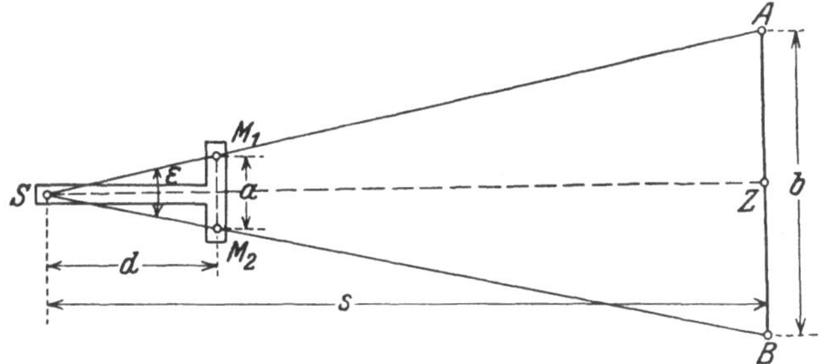

Abb. 27. Grundgedanke des Fadenentfernungsmessers.

die beiden Geraden SM_1 und SM_2 ist dabei der mikrometrische Winkel ε bestimmt. Ist $AB = b$ die an einem im Zielpunkt Z senkrecht zu ZS gehaltenen Maßstab abgelesene, durch SM_1 und SM_2 bestimmte Grundstrecke, so erhält man die Strecke s zwischen dem Standpunkt S und dem Zielpunkt Z aus $s = \dfrac{b}{a}\, d$, wobei a der Abstand der Zielmarken M_1 und M_2, und d der Abstand der Zielmarke S von $M_1 M_2$ ist; mit Rücksicht auf die Unveränderlichkeit von a und d kann man auch schreiben $s = k\,b$.

Der in der Abb. 27 angedeutete Grundgedanke findet Anwendung beim Fadenentfernungsmesser, auf den später besonders eingegangen wird.

β) Grundstrecke b unveränderlich und mikrometrischer Winkel ε veränderlich. Bei den Entfernungsmessern dieser Art wird

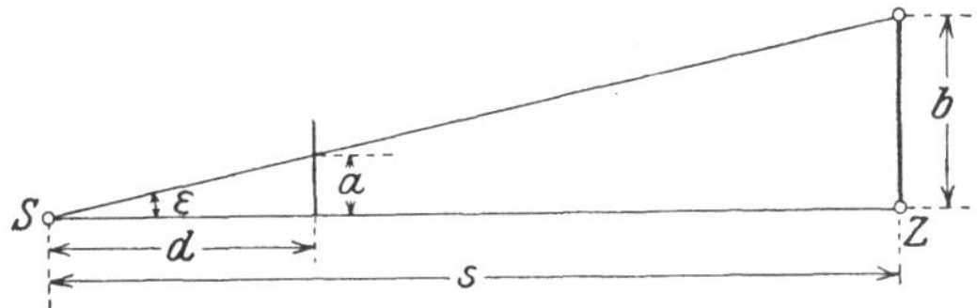

Abb. 28. Grundgedanke des Schraubenentfernungsmessers.

im Standpunkt S (Abb. 28) mit Hilfe einer Teilung im Gesichtsfeld eines Fernrohrs oder einer Schraube im unveränderlichen Abstand d von S die Strecke a gemessen, die der im Zielpunkt Z senkrecht zu ZS gestellten Grundstrecke b entspricht; es ist dann $s = \dfrac{b}{a}\, d$, oder, da b und d unveränderlich sind, $s = \dfrac{k}{a}$. Dieses Verfahren der Entfernungsmessung findet insbesondere Anwendung beim Schraubenentfernungsmesser, von dem ebenfalls später noch die Rede sein wird.

c) Außer den seither betrachteten, eine nur einäugige Beobachtung erfordernden Entfernungsmessern gibt es noch den auf dem stereoskopischen oder räumlichen Sehen beruhenden, also zweiäugige Beobachtung verlangenden Raumbildentfernungsmesser oder **stereoskopischen Entfernungsmesser,** bei dem die Grundstrecke im Standpunkt liegt. Dieser Entfernungsmesser wird in zwei Bauarten hergestellt; bei der einen werden die Entfernungen mit Hilfe eines räumlichen Maßstabes und bei der anderen mit einer räumlich bewegbaren Marke gemessen. Bei der zuerst angegebenen Ausführung kann man zwischen den einzelnen Strichen oder Marken des im Gesichtsfeld erscheinenden räumlichen Maßstabs die jeweilige Entfernung unmittelbar ablesen. Bei der zweiten Ausführung ist im Gesichtsfeld eine im Raum freischwebende Marke vorhanden, die mittels einer Schraube räumlich bewegt werden kann; stellt man die Marke — räumlich gesehen — über den Zielpunkt, so kann man dessen Entfernung an der Trommel der auf die Marke wirkenden Schraube ablesen. Das Instrument mit räumlichem Maßstab im Gesichtsfeld kann freihändig benutzt werden; dasjenige mit räumlich bewegbarer Marke erfordert eine feste Aufstellung auf einem entsprechenden Stativ.

Die Firma C. Zeiß fertigt drei, für topographische Zwecke in Frage kommende stereoskopische Entfernungsmesser mit Grundstrecken von 36, 50 und 70 cm Länge und festem Maßstab im Gesichtsfeld. Das Instrument mit 36 cm langer Grundstrecke kann zur Messung von Strecken von 30—1000 m benutzt werden; dabei hat man mit Fehlern von mindestens 0,1 bzw. 50 m zu rechnen. Das Instrument mit 50 cm langer Grundstrecke dient zur Messung von Strecken von 100 m an, wobei man mit einem Fehler von mindestens 0,5 m zu rechnen hat; bei 500 m langen Strecken muß man mit Fehlern von mindestens 10 m und bei 1000 m mit 50 m rechnen. Das Instrument mit 70 cm langer Grundstrecke kommt für Strecken von 100—5000 m Länge in Frage; die zu erwartenden Fehler sind mindestens 0,1 m bei 100 m, 10 m bei 1000 m und 250 m bei 5000 m.

5. Der Fadenentfernungsmesser.

Der Fadenentfernungsmesser oder auch Okularfadenentfernungsmesser ist ein wichtiger Bestandteil des Tachymetertheodolits und der Kippregel; wie schon oben angegeben wurde, ist er ein Entfernungsmesser mit veränderlicher Grundstrecke im Zielpunkt und mit unveränderlichem mikrometrischen Winkel im Standpunkt. Der nur 30 bis 60 Minuten große mikrometrische Winkel ε ist bestimmt durch die Brennweite f des Objektivs eines Fernrohrs und zwei, zu beiden Seiten des eigentlichen Horizontalfadens auf der Fadenplatte des Fernrohrs in unveränderlichem Abstand aufgezogene bzw. angegebene „Distanzfäden". Soll die horizontale Entfernung E zwischen zwei in derselben Höhe gelegenen Punkten S und Z gemessen werden, so stellt man das entfernungsmessende Fernrohr in S und in Z einen auf einer Latte angegebenen Maßstab mit Zentimeter- oder Dezimeterteilung vertikal auf und liest an diesem den mit E veränderlichen Abschnitt l zwischen den beiden Distanzfäden ab; man erhält dann E als Funktion von l und den Abmessungen des Fernrohrs.

Für das meistbenutzte Ramsdensche Fernrohr (Abb. 29) mit der Objektivbrennweite f, dem Fadenabstand a und dem Abstand d zwischen Objektiv und Fernrohrmitte[1] ist

$$E - (d + f) = \frac{f}{a}\, l \quad \text{oder} \quad E = (d + f) + \frac{f}{a}\, l$$

oder

$$E = c + kl, \text{ wobei } c = d + f \text{ und } k = \frac{f}{a}\,.$$

Da a, d und f unveränderliche Größen sind, so sind auch c und k unveränderlich; c heißt die Additionskonstante und k die Multiplikationskonstante des Fernrohrs. Der Fadenabstand a wird meist derart gewählt, daß k eine runde Zahl — z. B. gleich 100 — ist. Der mikrometrische Winkel ε hat seinen Scheitel in dem äußeren Brennpunkt F des Objektivs, der auch anallaktischer Punkt heißt.

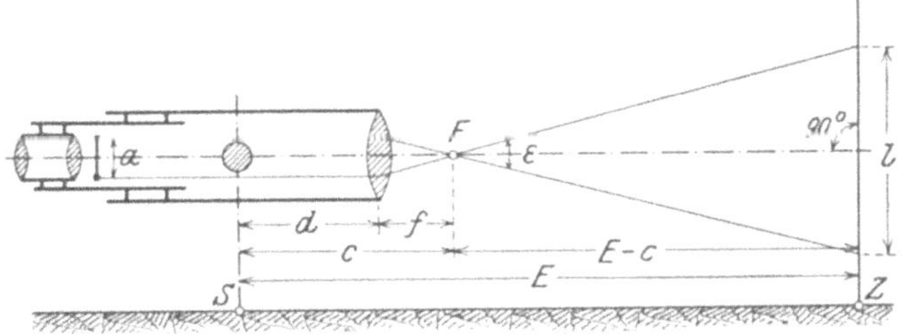

Abb. 29. Wirkungsweise des Fadenentfernungsmessers eines Fernrohrs nach Ramsden.

Bei dem Fernrohr nach Ramsden erfolgt die Bestimmung der Konstanten c und k getrennt. Man erhält c genügend genau durch unmittelbares Abmessen[2] von d und f aus $c = d + f$. Für die Konstante k genügt unmittelbare Abmessung von f und a nicht; man bestimmt k dadurch, daß man mehrere Entfernungen das eine Mal mittelbar mit dem Fadenentfernungsmesser und das andere Mal unmittelbar mit Meßlatten oder einem Meßband mißt. Ist E_i eine unmittelbar gemessene Entfernung und l_i der entsprechende Abschnitt an dem Maßstab, so ist $k = \dfrac{E_i - c}{l_i}$. Man führt die Bestimmung von k in der Weise aus, daß man für mehrere Punkte in am besten unrunden Entfernungen zwischen 30 und 60 m zuerst die Abschnitte l bestimmt und sodann vom Brennpunkt F aus die Entfernungen $E - c$ mißt.

Beispiel für eine Konstantenbestimmung. An einem Fernrohr Ramsdenscher Art wurde abgemessen $d = 14$ cm und $f = 21$ cm,

---

[1] Ist das Fernrohr mit einem Theodolit verbunden, so liegt die „Fernrohrmitte" in der Umdrehungsachse des Theodolits.

[2] Die Brennweite f kann man dadurch bestimmen, daß man die Objektivlinse herausschraubt und dann mit ihr das Bild eines sehr weit entfernten Gegenstandes (Sonne) auf einem Papier auffängt; in den meisten Fällen genügt es, mit dem Fernrohr einen weit entfernten Gegenstand einzustellen; f ist dann gleich dem Abstand zwischen Objektiv und Fadenkreuz. Vielfach ist f vom Mechaniker angegeben.

so daß $c = d + f = 35$ cm ist. Zur Bestimmung von k wurden 10 Punkte benutzt; die Messung ergab bei ungefähr horizontaler Lage des Fernrohrs und vertikaler Stellung des Maßstabes in den Streckenendpunkten die folgenden Werte:

Punkt	Ablesungen am Maßstab m	l m	$E - c$ * m	k **
1	1,100 1,482	0,382	38,83	101,65
2	1,100 1,497	0,397	40,30	101,51
3	1,100 1,518	0,418	42,41	101,46
4	1,100 1,536	0,436	44,28	101,56
5	1,100 1,550	0,450	45,66	101,47
6	1,000 1,471	0,471	47,81	101,51
7	1,000 1,489	0,489	49,64	101,51
8	1,000 1,509	0,509	51,68	101,53
9	1,000 1,526	0,526	53,42	101,56
10	1,000 1,547	0,547	55,53	101,52

Damit erhält man im Mittel $k = 101,53 \pm 0,02$. Für das Fernrohr gilt somit die Gleichung $E = 0,35 + 101,53\,l$.

Die Berechnung von E auf Grund der Gleichung $E = c + kl$ geschieht am einfachsten mit Hilfe der Gleichung $E = k_0 l + \varDelta E$, in der

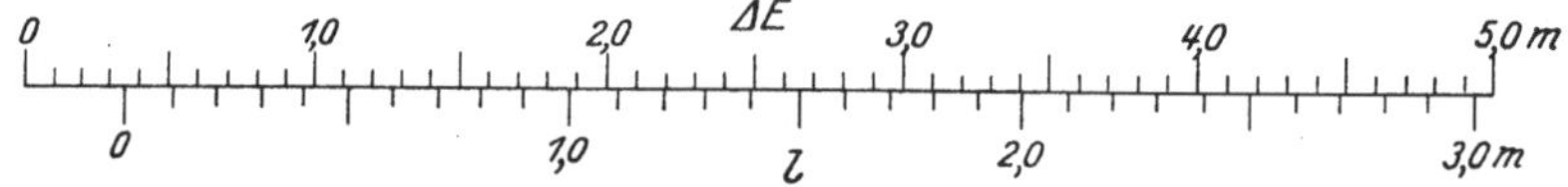

Abb. 30. Tafel zur Bestimmung von $\varDelta E$ bei der Gleichung $E = 100\,l + \varDelta E$ eines entfernungsmessenden Fernrohrs.

k_0 gleich einer runden Zahl — also z. B. gleich 100 — angenommen wird, und $\varDelta E = c + (k - k_0)\,l$ ist; die $\varDelta E$-Werte kann man dabei mittels einer graphischen Tafel bestimmen. Eine solche Tafel zeigt für die Gleichung $E = 0,35 + 101,53\,l = 100\,l + \varDelta E$ die Abb. 30.

---

* Die Strecken $E - c$ wurden mit Meßlatten gemessen.

** Da k in der Nähe von 100 liegt, so setzt man zur Berechnung der einzelnen k-Werte $k = 100 + \varDelta k$; damit erhält man $E - c = kl = 100\,l + l\,\varDelta k$ und $\varDelta k = \dfrac{(E - c) - 100\,l}{l}$. Die Berechnung der $\varDelta k$-Werte kann man mit Hilfe des Rechenschiebers ausführen.

Bei dem Fernrohr mit innerer Einstellinse kann man die
Gleichung zur Berechnung einer Entfernung E aus dem Maßstab-
abschnitt l ebenfalls auf die Form bringen $E = c + kl$; dabei sind aber
c und k infolge des veränderlichen Abstandes zwischen der inneren Einstellinse und dem Objektiv nicht unveränderlich, sondern von E bzw.
l abhängig. Liegt k in der Nähe eines runden Wertes k_0 — z. B. 100 —
so schreibt man

$$E = c + kl = k_0 l \pm \Delta E,$$

wobei ΔE eine Funktion von l ist. Die Bestimmung der Werte ΔE
für bestimmte runde Werte von l — z. B. $l = 0{,}20$; $0{,}40$; $\ldots 1{,}00$;
$1{,}20 \ldots 2{,}00$ m — geschieht in ähnlicher Weise wie die Bestimmung von
k beim Ramsdenschen Fernrohr; nur mißt man dabei zweckmäßigerweise die Entfernungen E und nicht $E - c$. Die Genauigkeit der einzelnen ΔE-Werte kann man in einfacher Weise dadurch erhöhen, daß
man für jeden l-Wert mehrere, in E nur um wenige Dezimeter verschiedene Punkte wählt.

Beispiel. Für ein Fernrohr mit innerer Einstellinse, dessen Multiplikationskonstante in der Nähe von 100 liegt, wurden zur Bestimmung
der ΔE-Werte der Gleichung $E = 100\,l + \Delta E$ 10 Gruppen von je
6 Punkten benutzt; die Messung der Strecken E mit Meßlatten und
der Abschnitte l an dem vertikal aufgestellten Maßstab und bei ungefähr
horizontalem Fernrohr ergab die nachstehenden Werte:

Gruppe	Punkt	Ablesungen am Maßstab m	l m	E m	Gruppe	Punkt	Ablesungen am Maßstab m	l m	E m
I	1	1,644 / 1,450	0,194	19,51	III	1	2,164 / 1,570	0,594	59,55
	2	1,647 / 1,450	0,197	19,70		2	2,178 / 1,580	0,598	59,74
	3	1,6485 / 1,450	0,1985	19,91		3	2,180 / 1,580	0,600	59,94
	4	1,651 / 1,450	0,201	20,15		4	2,171 / 1,570	0,601	60,10
	5	1,652 / 1,450	0,202	20,31		5	2,173 / 1,570	0,603	60,27
	6	1,655 / 1,450	0,205	20,48		6	2,183 / 1,580	0,603	60,47
II	1	1,915 / 1,520	0,395	39,50	IV	1	2,422 / 1,630	0,792	79,58
	2	1,917 / 1,520	0,397	39,70		2	2,437 / 1,640	0,797	79,76
	3	1,918 / 1,520	0,398	39,88		3	2,428 / 1,630	0,798	79,98
	4	1,910 / 1,510	0,400	40,05		4	2,439 / 1,640	0,799	80,15
	5	1,911 / 1,510	0,401	40,25		5	2,441 / 1,640	0,801	80,30
	6	1,913 / 1,510	0,403	40,45		6	2,444 / 1,640	0,804	80,44

Gruppe	Punkt	Ablesungen am Maßstab m	l m	E m	Gruppe	Punkt	Ablesungen am Maßstab m	l m	E m
V	1	2,722 1,730	0,992	99,52	VIII	1	3,590 2,000	1,590	159,54
	2	2,735 1,740	0,995	99,75		2	3,592 2,000	1,592	159,70
	3	2,725 1,730	0,995	99,99		3	3,593 2,000	1,593	159,92
	4	2,731 1,730	1,001	100,15		4	3,594 2,000	1,594	160,12
	5	2,741 1,740	1,001	100,30		5	3,598 2,000	1,598	160,28
	6	2,735 1,730	1,005	100,47		6	3,605 2,000	1,605	160,46
VI	1	3,013 1,820	1,193	119,51	IX	1	3,890 2,100	1,790	179,55
	2	2,995 1,800	1,195	119,70		2	3,892 2,100	1,792	179,70
	3	3,016 1,820	1,196	119,90		3	3,895 2,100	1,795	179,87
	4	3,017 1,820	1,197	120,15		4	3,897 2,100	1,797	180,09
	5	3,019 1,820	1,199	120,31		5	3,901 2,100	1,801	180,29
	6	3,022 1,820	1,202	120,48		6	3,905 2,100	1,805	180,47
VII	1	3,290 1,900	1,390	139,53	X	1	3,940 1,950	1,990	199,51
	2	3,293 1,900	1,393	139,71		2	3,945 1,950	1,995	199,76
	3	3,295 1,900	1,395	139,91		3	3,948 1,950	1,998	199,95
	4	3,299 1,900	1,399	140,09		4	3,950 1,950	2,000	200,18
	5	3,301 1,900	1,401	140,29		5	3,950 1,950	2,000	200,31
	6	3,302 1,900	1,402	140,47		6	3,952 1,950	2,002	200,50

Gleicht man die Messungen gruppenweise in der in der Abb. 31 angedeuteten Weise graphisch aus, so erhält man für die runden Werte von E die folgenden Werte von $\varDelta E$:

$$E = \quad 20{,}00 \quad 40{,}00 \quad 60{,}00 \quad 80{,}00 \quad 100{,}00 \text{ m}$$
$$\varDelta E = + \quad 0{,}05 \quad 0{,}08 \quad 0{,}03 \quad 0{,}19 \quad 0{,}22 \text{ m}$$
$$E = \quad 120{,}00 \quad 140{,}00 \quad 160{,}00 \quad 180{,}00 \quad 200{,}00 \text{ m}$$
$$\varDelta E = + \quad 0{,}31 \quad 0{,}33 \quad 0{,}47 \quad 0{,}33 \quad 0{,}29 \text{ m}.$$

Unterzieht man auch diese Werte einer graphischen Ausgleichung (Abb. 32), so ergeben sich die Werte

$$E = \quad 0{,}00 \quad 50{,}00 \quad 100{,}00 \quad 150{,}00 \quad 200{,}00 \text{ m,}$$
$$\Delta E = + \ 0{,}00 \quad 0{,}11 \quad 0{,}22 \quad 0{,}33 \quad 0{,}44 \text{ m}$$

und damit die in der Abb. 33 angegebene Tafel.

Da das Huygenssche Fernrohr sich weniger für die Entfernungs-messung eignet, so wird es kaum mehr dazu verwendet.

Bei dem nach Porro benannten oder anallaktischen Fernrohr ist die Additionskonstante c gleich Null, so daß $E = kl$; die Bestimmung der Multiplikationskonstanten k geschieht in derselben Weise wie beim Ramsdenschen Fernrohr.

Das im vorstehenden über den Fadenentfernungsmesser Gesagte gilt nur für den Fall, daß Standpunkt und Zielpunkt gleich hoch liegen, so daß die Zielung über den mittleren Horizontalfaden

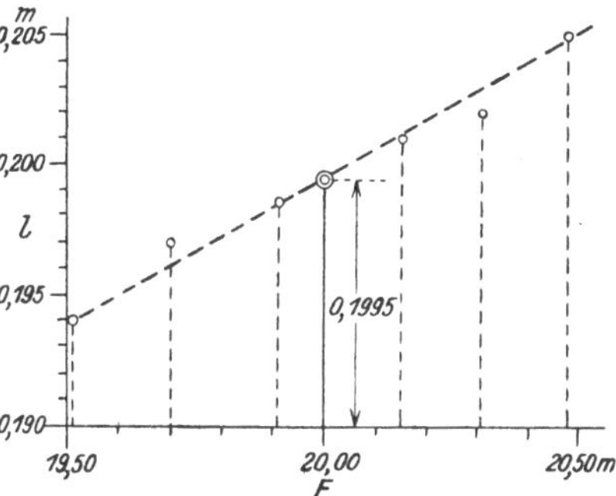

Abb. 31. Ausgleichung einer Gruppe von Beobachtungen bei der Bestimmung der Multiplikationskonstanten eines entfernungsmessenden Fernrohrs mit innerer Einstellinse.

horizontal oder senkrecht zu dem vertikal gehaltenen Maßstab ist; der allgemeine Fall wird später behandelt.

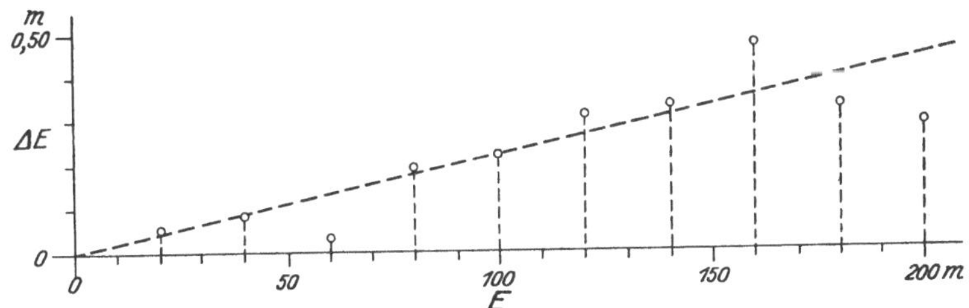

Abb. 32. Ausgleichung der Werte verschiedener Gruppen von Beobachtungen bei der Bestimmung der Multiplikationskonstanten eines entfernungsmessenden Fernrohrs mit innerer Einstellinse.

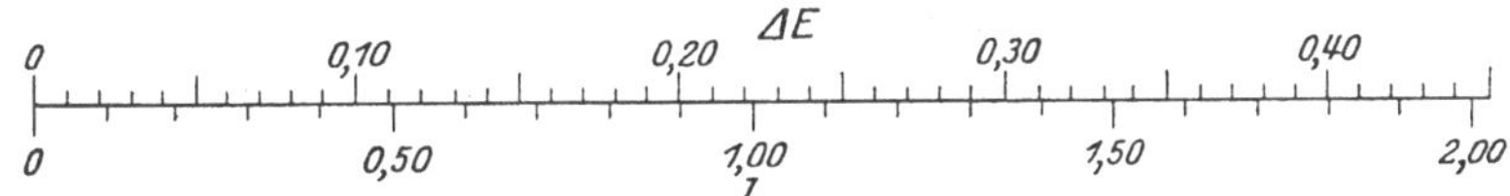

Abb. 33. Tafel zur Bestimmung von ΔE bei der Gleichung $E = 100\,l + \Delta E$ eines entfernungsmessenden Fernrohrs.

6. Der Schraubenentfernungsmesser.

Beim Schraubenentfernungsmesser liegt — wie schon früher angegeben wurde — die unveränderliche Grundstrecke b im Zielpunkt und der veränderliche mikrometrische Winkel ε im Standpunkt; die Messung von ε erfolgt nicht unmittelbar in Gradmaß, sondern mittelbar mit Hilfe seiner Tangens. Die Bestimmung des Tangenswertes des Winkels ε geschieht mittels einer horizontal oder vertikal wirkenden Meßschraube; da die Verwendung einer horizontal wirkenden Schraube hinsichtlich der Bequemlichkeit und der Genauigkeit der Messung im Vorteil ist, so soll im folgenden nur von einer solchen die Rede sein.

Die Streckenmessung mit einer horizontal wirkenden Meßschraube besteht im Grundgedanken darin, daß man die gesuchte Strecke s als Höhe eines gleichschenkligen Dreiecks bestimmt, dessen horizontal liegende Grundlinie durch eine, z. B. 2 m lange Strecke an einer Latte angegeben ist, und bei dem man den kleinen Winkel an der Spitze mit Hilfe einer als Tangensschraube wirkenden Meßschraube ermittelt. Die Meßschraube ist derart mit einem um eine vertikale Achse U (Abb. 34) drehbaren Zielfernrohr verbunden, daß bei ihrer Nullstellung die Schraubenachse AB senkrecht zur Verbindungsgeraden zwischen Umdrehungsachse U und Schraubenspitze S_0 steht.

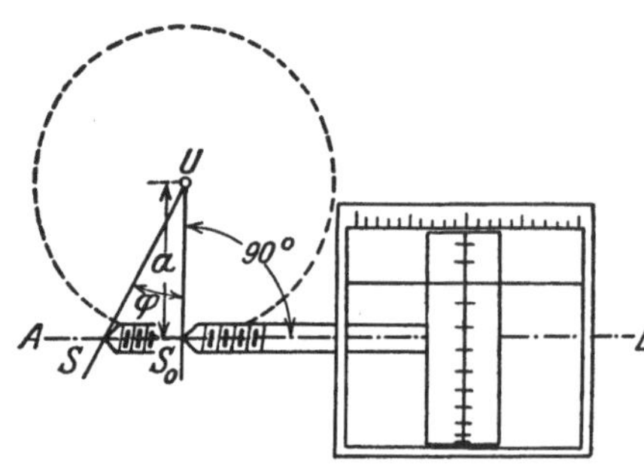

Abb. 34. Wirkungsweise der Tangensschraube eines Schraubenentfernungsmessers.

Einer Vorwärtsbewegung der Schraubenspitze von S_0 nach S entspricht ein Winkel φ, für den $\operatorname{tg} \varphi = \dfrac{S_0 S}{a}$ ist, wenn a den Abstand der Umdrehungsachse von der Schraubenachse AB vorstellt. Sind g die Ganghöhe der Schraube und n die der Strecke $S_0 S$ oder dem Winkel φ entsprechende Zahl von Schraubenumdrehungen, so ist $S_0 S = ng$ und damit $\operatorname{tg} \varphi = \dfrac{ng}{a}$ oder $\operatorname{tg} \varphi = \dfrac{n}{k}$, wobei $k = \dfrac{a}{g}$ ist. Die Größen a und g werden z. B. so gewählt, daß $\dfrac{a}{g} = 200$ ist; es ist dann $\operatorname{tg} \varphi = \dfrac{n}{200}$. Die Meßschraube ist mit einer Trommel versehen, an der man n bis auf 0,001 genau ablesen kann.

Bei der Messung einer kleineren Strecke s (Abb. 35) wird im Zielpunkt Z die die Grundstrecke b tragende Latte mit Hilfe einer besonderen Zielvorrichtung so aufgestellt, daß ihre Mittelsenkrechte durch den Standpunkt S geht. Ist die Umdrehungsachse des in S stehenden Instruments mittels der dazu erforderlichen Libelle vertikal gestellt, so bringt man die Meßschraube in ihre Nullstellung und zielt dann die Mitte M der Grundstrecke b mit Benutzung einer hierfür vorhandenen Feinbewegungsschraube an. Die jetzt beginnende eigentliche Messung besteht in der Anzielung der Enden E_1 und E_2 der Grundstrecke b mit jedesmaliger Ablesung der Schraubenstellungen n_1 und n_2[1]; es ist dann $s = a\,\dfrac{b}{ng}$ oder $s = \dfrac{kb}{n}$, wobei $n = n_1 + n_2$ ist. Ist $\dfrac{a}{g}$ z. B. gleich 200 und $b = 2{,}000$ m, so hat man zur Berechnung von s die Gleichung

---

[1] Es ist hierbei angenommen, daß die Teilung zur Ablesung der ganzen Schraubenumdrehungen von der Schraubennullstellung aus nach rechts und links beziffert ist.

$s = \dfrac{400}{n}$. Zur Erhöhung der Genauigkeit erfolgt die Messung von n_1 und n_2 nicht nur einmal, sondern z. B. fünfmal. Alle Einstellungen der

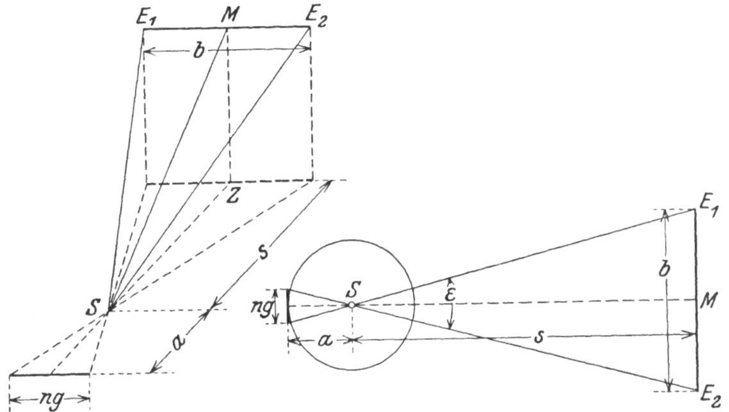
Abb. 35. Einfachste Art der Streckenmessung mit einem Schraubenentfernungsmesser.

Punkte E_1 und E_2 erfolgen mit Drehen der Schraube im Uhrzeigersinn. Man kann so z. B. 150 m lange Strecken mit einem mittleren Fehler von ± 3 bis ± 5 cm messen.

Die Messung einer größeren Strecke $AB = s$ (Abb. 36) verlangt die Benutzung eines Hilfspunktes H, den man am besten so wählt, daß der Winkel $AHB = \varphi \approx 90°$,
und daß die Strecke $AH \approx \sqrt{s}$ ist. Die Messung von $AH = b$ erfolgt mit Hilfe der in H aufgestellten 1 m langen Meßlatte in der oben angegebenen Weise mit der Meßschraube des in A aufgestellten Theodolits. Der Winkel $HAB = \alpha$ wird mit Benützung des Horizontalkreises des Theodolits in zwei

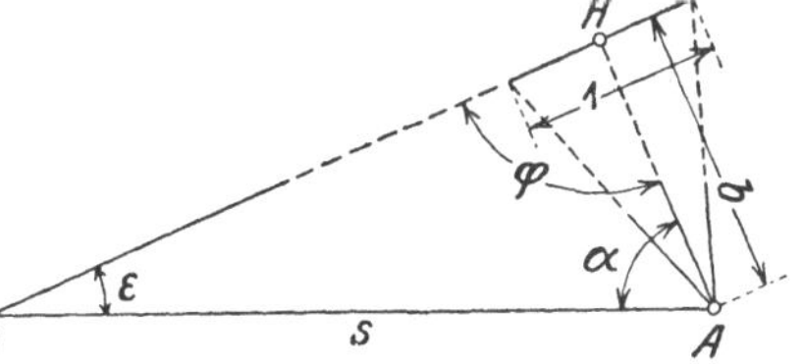
Abb. 36. Streckenmessung mit einem Schraubenentfernungsmesser mit Benutzung eines Hilfspunktes.

Fernrohrlagen gemessen. Die Messung des kleinen Winkels ε in B erfolgt mit der Meßschraube in der Weise, daß man die Schraube auf Null

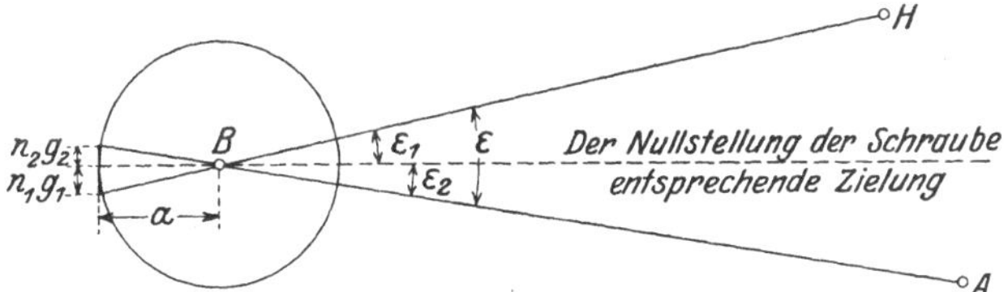

Abb. 37. Messung eines kleinen Horizontalwinkels mit einer Tangensschraube.

stellt und bei festgeklemmtem Oberbau den Unterbau des Instruments in eine solche Stellung bringt, daß durch die Zielachse des Fernrohrs der Winkel ε in zwei ungefähr gleich große Winkel ε_1 und ε_2 (Abb. 37) zerlegt wird. Bei festgeklemmtem Unter- und Oberbau zielt man dann mit Hilfe der Meßschraube z. B. zuerst den Punkt H und sodann den Punkt A an und macht dabei an der Schraube die Ablesungen n_1 und n_2. Die beiden Winkel ε_1 und ε_2 ergeben sich aus den Gleichungen

$$\operatorname{tg} \varepsilon_1 = \frac{n_1 g}{a} \quad \text{und} \quad \operatorname{tg} \varepsilon_2 = \frac{n_2 g}{a},$$

wobei g wieder die Ganghöhe der Schraube und a den Abstand der Drehachse von der Schraubenachse bedeuten. Ist $\frac{a}{g}$ z. B. gleich 200, so gehen die beiden Gleichungen über in

$$\operatorname{tg} \varepsilon_1 = \frac{n_1}{200} \quad \text{und} \quad \operatorname{tg} \varepsilon_2 = \frac{n_2}{200}.$$

Damit erhält man dann ε aus $\varepsilon = \varepsilon_1 + \varepsilon_2$. Die Messung von n_1 und n_2 führt man z. B. fünfmal aus. Da die Genauigkeit des Winkels ε von großem Einfluß auf die Genauigkeit der zu messenden Strecke s ist, so mißt man ε am besten zweimal; beide Messungen unterscheiden sich in der Lage der Nullstellung der Schraube zu den Schenkeln von ε.

Hat man die drei Stücke $AH = b$, Winkel $HAB = \alpha$ und Winkel $HBA = \varepsilon$ des Dreiecks ABH gemessen, so findet man die gesuchte Strecke s (Abb. 36) nach dem Sinussatz aus

$$s = b \, \frac{\sin \varphi}{\sin \varepsilon}, \quad \text{wobei} \quad \varphi = 180° - (\alpha + \varepsilon).$$

Die Strecke b erhält man hierfür aus

$$b = \frac{200}{n},$$

wenn n die Anzahl der Schraubenumdrehungen ist, die man bei der Messung von b mit der 1 m langen Latte erhalten hat.

Theoretische Überlegungen und praktische Versuche[1] haben ergeben, daß man in der angedeuteten Weise eine rund 1000 m lange Strecke mit einem mittleren Fehler von rund $\pm 0,5$ m messen kann.

Die Vorteile der Streckenmessung mit einer Tangensschraube bestehen insbesondere darin, daß man unabhängig von dem Höhenunterschied zwischen dem Standpunkt und dem Zielpunkt sofort die horizontale Strecke erhält, und daß man — abgesehen von Sichthindernissen — unabhängig von Messungshindernissen ist.

Die Streckenmessung mit dem Schraubenentfernungsmesser findet insbesondere Anwendung bei der Messung der Standlinie bei stereophotogrammetrischen Aufnahmen von der Erde aus und bei der Messung der Seiten von Polygonzügen als Grundlage für topographische Aufnahmen; es wird hiervon später im Zusammenhang die Rede sein.

7. Doppelbildentfernungsmesser.

Zunächst für Katastermessungen bestimmt, aber auch für die Streckenmessung bei Polygonzügen als Grundlage für topographische Aufnahmen in Frage kommend, sind die Entfernungsmesser von

---

[1] Vgl. Werkmeister, P.: Streckenmessung mit Hilfe des Zeißschen Streckenmeßtheodolits. Z. Vermessungswesen **1922**, 321—332 u. 353—363.

A. Aregger, R. Bosshardt und H. Wild; alle drei Instrumente sind Doppelbildentfernungsmesser mit der Grundstrecke im Zielpunkt.

a) Bei dem Instrument von A. Aregger[1] befindet sich vor dem Objektiv eines Fernrohrs ein besonders gebautes Doppelbildprisma, durch das von einer im Zielpunkt horizontal aufgestellten Latte zwei, sich teilweise überdeckende Bilder erzeugt werden. Die Latte trägt zwei, oberhalb und unterhalb einer Geraden liegende, im Gesichtsfeld des Fernrohrs aneinander stoßende Teilungen. Die eine Teilung ist die Hauptteilung, an der schiefe Entfernungen abgelesen werden; die andere Teilung ist ein der Hauptteilung angepaßter Nonius. Die Länge der Hauptteilung wird so gewählt, daß die Multiplikationskonstante des anallaktischen Fernrohrs — Additionskonstante gleich Null — genau gleich 100 ist. Der Nonius ist so gestaltet, daß mit ihm die schiefen Entfernungen unmittelbar auf 5 cm genau abgelesen werden können; bei einiger Übung können Bruchteile dieser Angabe noch geschätzt werden. Nach den mit dem Entfernungsmesser ausgeführten Versuchen können mit ihm Strecken von 60—100 m Länge mit einem mittleren Fehler von ± 3 cm gemessen werden.

b) Der Hauptteil des nach den Angaben von R. Bosshardt unter Mitwirkung von A. König bei C. Zeiß gebauten „Reduktionstachymeters"[2] ist ein entfernungsmessendes Fernrohr, bei dem von der im Zielpunkt horizontal aufgestellten Latte dadurch zwei Bilder erzeugt werden, daß vor der unteren Hälfte des Objektivs zwei gleich starke Glaskeile hintereinander angebracht sind. Die Lattenteilung besteht aus einer Hauptteilung und einem Nonius; im Gesichtsfeld des Fernrohrs erscheinen beide übereinander, so daß mit dem Nonius an der Hauptteilung abgelesen werden kann. Das Fernrohr und die Lattenteilungen sind so ausgeführt, daß die Länge der zu messenden Strecke gleich dem 100fachen der Ablesung an der Latte ist.

Fällt kein Noniusstrich ganz genau mit einem Strich der Hauptteilung zusammen, so wird der in Frage kommende Noniusstrich durch eine Parallelverschiebung des Lichtstrahls in der oberen Hälfte des Fernrohrs zum Zusammenfallen mit einem Strich der Hauptteilung gebracht; dies geschieht mit Hilfe einer dem oberen Teil des Objektivs vorgeschalteten planparallelen Glasplatte, die mit einer Schraube um eine — bei horizontal liegendem Fernrohr — vertikale Achse gedreht werden kann. Die Schraube hat eine Trommel mit Teilung, an der man unmittelbar die Zentimeter und durch Schätzung die Millimeter der zu messenden Entfernung ablesen kann. Diese Einrichtung ist so einfach, daß man von jeder Entfernung in kurzer Zeit mehrere, voneinander unabhängige Messungen ausführen kann.

Wäre der durch die beiden Glaskeile vor dem Objektiv bestimmte parallaktische Winkel immer derselbe, so würde man schiefe Entfernungen messen; damit man unmittelbar horizontale Entfernungen erhält, sind

---

[1] Eine ausführliche Beschreibung des Instruments hat A. Aregger in der Schweiz. Z. Vermessungswesen **1926**, 217, gegeben.

[2] Vgl. Bosshardt, R.: Das neue Reduktionstachymeter. Schweiz. Vermessungswesen **1927**, 1.

die beiden Keile drehbar angeordnet. Jede Kippbewegung des Fernrohrs um eine horizontale Achse wird mit Hilfe von zwei Zahnrädern auf die beiden Glaskeile übertragen; der parallaktische Winkel erreicht dadurch seinen größten Wert bei horizontal und seinen kleinsten Wert — gleich Null — bei vertikal liegendem Fernrohr.

Eingehende Untersuchungen haben ergeben, daß für Strecken bis etwa 150 m Länge bei normalen Sichtverhältnissen kein Unterschied besteht zwischen den Ergebnissen der Messung mit Meßlatten und derjenigen mit dem Entfernungsmesser von R. Bosshardt.

c) Bei dem Entfernungsmesser von H. Wild[1] werden von der horizontal aufgestellten Latte durch zwei übereinander liegende, vor dem Objektiv eines Fernrohrs angebrachte Glaskeile zwei aneinander stoßende Bilder entworfen, von denen das untere den mit einer Dezimeterteilung versehenen linken Lattenteil und das obere den mit einer Zentimeterteilung versehenen rechten Lattenteil zeigt. Das Fernrohr und die Lattenteilung sind so eingerichtet, daß man die durch die beiden Bilder bestimmte Ablesung mit 100 multiplizieren muß, um die zu messende Entfernung — auf Meter genau — zu erhalten.

Die Größe des durch die beiden fest eingebauten Glaskeile erzeugten parallaktischen Winkels kann mit Hilfe von zwei, vor den Keilen symmetrisch um eine — bei horizontalem Fernrohr — vertikale Achse drehbaren planparallelen Glasplatten um kleine Beträge verändert werden. Durch Drehen der planparallelen Platten mittels einer Schraube kann man die — im allgemeinen zunächst nicht zusammenfallenden — Striche der Zentimeter- und der Dezimeterteilung der Latte zum Übereinstimmen bringen; an der Teilung der Schraubentrommel können dann die Dezimeter und Zentimeter der zu messenden Strecke abgelesen werden.

Der Wildsche Entfernungsmesser liefert — wie der von A. Aregger — die schiefe Entfernung zwischen Standpunkt und Zielpunkt; die gemessene Entfernung muß deshalb durch Multiplikation mit dem Kosinus des hierfür zu messenden Vertikalwinkels auf die Horizontale umgerechnet werden.

Die Genauigkeit der Streckenmessung mit dem Wildschen Instrument ist ungefähr dieselbe wie bei dem Instrument von R. Bosshardt, das aber unmittelbar die horizontale Entfernung liefert.

Da die drei im vorstehenden besprochenen Instrumente zunächst zur genauen Messung von kürzeren — etwas bis 150 m langen — Strecken dienen, so werden sie auch als Präzisionsdistanzmesser bezeichnet. Die den Instrumenten beigegebenen, horizontal zu verwendenden Latten sind je mit einer besonderen Vorrichtung versehen, mit deren Hilfe man die Latte senkrecht zu der zu messenden Strecke einstellen kann; die Vorrichtung ist dabei derart, daß man die Stellung der Latte vom Instrument aus beurteilen kann.

---

[1] Vgl. Hammer, E.: Der neue Wildsche Theodolit mit Präzisionsdistanzmesser. Z. Instrumentenkde **1925**, 353.

8. Die Bussole.

Die Bussole kommt in zwei Bauarten vor, die man als Vollkreisbussole und Strichbussole bezeichnen kann. Die mit einer Zielvorrichtung verbundene Vollkreisbussole oder Büchsenbussole dient zur Messung des von der magnetischen Nordrichtung aus gezählten magnetischen Richtungswinkels einer Geraden; die mit einer Anlegekante versehene Strichbussole oder Kastenbussole dient zum Einrichten einer Geraden in die magnetische Nordrichtung, sie heißt deshalb auch Einrichtebussole.

a) Die **Vollkreisbussole** besteht aus einer bei ihrer Benutzung horizontal schwingenden Magnetnadel N (Abb. 38) und einer Kreisteilung T; die Spitze S, auf die die Nadel mit einem Hütchen aufgesetzt ist, und um die die Nadel schwingt, fällt mit dem Mittelpunkt des Teilkreises zusammen. Bei Bussolen für einfache Messungen ist die Nadel eine Rhombennadel; Bussolen für genauere Messungen haben Balkennadeln. Die der horizontalen Lage des Teilkreises entsprechende Lage der Nadel wird durch Verschieben des kleinen Gewichtes G auf der Nadel hergestellt. Mit Rücksicht auf die durch Erschütterungen entstehenden Beschädigungen der Spitze S oder des Nadelhütchens muß die Nadel vor jeder Beförderung von der Spitze S abgehoben werden; die Bussole ist für diesen Zweck mit einer besonderen Vorrichtung versehen. Der Teilkreis ist meist in

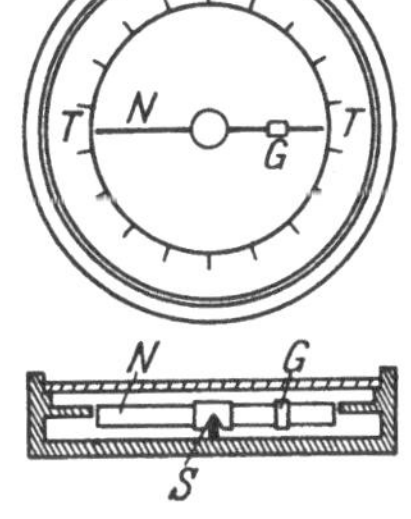

Abb. 38. Vollkreisbussole.

ganze oder halbe Grade geteilt, so daß an ihm durch Schätzung auf $0,1°$ genau abgelesen werden kann.

Die Vollkreisbussole findet in drei als Freihandbussole, Stockbussole und Reitbussole bezeichneten Ausführungen Verwendung. Die Freihandbussole wird — wie der Name sagt — freihändig verwendet; bei der Stockbussole ist der untere Teil des Gehäuses derart ausgebildet, daß die Bussole auf einen Stock oder Stab gesetzt werden kann; die Reitbussole ist mit einem Träger versehen, mit dessen Hilfe sie auf die horizontal liegende Kippachse eines Tachymetertheodolits gesetzt werden kann.

Die zum Messen von Winkeln bestimmte Vollkreisbussole ist mit einer Zielvorrichtung versehen; diese hat bei der Freihand- und bei der Stockbussole die Form eines mit dem Bussolengehäuse und damit dem Teilkreis fest verbundenen Schlitz-Fadendiopters, bei der Reitbussole[1] ist die Zielvorrichtung das Fernrohr des Theodolits. Da der Teilkreis alle Drehungen in horizontalem Sinn der mit ihm in fester Verbindung stehenden Zielebene mitmacht und die magnetischen Richtungswinkel im Uhrzeigersinn gemessen werden, so ist der Teilkreis gegen den Uhrzeigersinn beziffert. Liegt demnach der Nullstrich der Bussolenteilung

---

[1] Bei manchen Instrumenten trifft man an Stelle einer Reitbussole eine zwischen die Träger des Fernrohrs eingebaute Bussole; ein grundsätzlicher Unterschied zwischen einer solchen und einer Reitbussole besteht nicht.

in der Zielebene beim Fadenteil des Diopters bzw. über dem Objektiv des Fernrohrs (Abb. 39), so stellt die der Zielung nach einem Punkt Z entsprechende Ablesung an dem Teilkreis den magnetischen Richtungs-

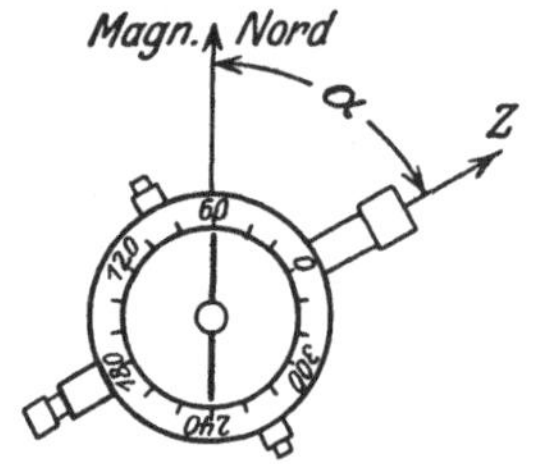

Abb. 39. Messung des magnetischen Richtungswinkels einer Geraden.

winkel α vor. Für manche Zwecke ist es bequem, wenn die an der Bussole gemachten Ablesungen nicht „magnetische" Richtungswinkel, sondern „geodätische", von der $+x$-Richtung eines Koordinatensystems aus gemessene Richtungswinkel vorstellen; dies erfordert, daß man die Bussolenteilung in dem Gehäuse um den erforderlichen Betrag drehen und dann wieder festklemmen kann. Bei der Reitbussole ist dies im allgemeinen immer möglich, oder es kann in einfacher Weise dafür gesorgt werden, daß es möglich ist.

An eine Bussole stellt man die Anforderungen, daß der Schwingungspunkt der Nadel mit dem Mittelpunkt des Teilkreises zusammenfällt, daß die Nadel genügend magnetisch ist, und daß das Hütchen und die Nadel nicht beschädigt sind. Ob die erste Anforderung erfüllt ist, untersucht man dadurch, daß man bei verschiedenen Stellungen des Teilkreises zur Nadel an beiden Nadelenden abliest, wobei beide Ablesungen sich je um genau 180° unterscheiden müssen. Die auf die beiden anderen Anforderungen sich beziehenden Untersuchungen kann man in der Weise ausführen, daß man die der zur Ruhe gekommenen Nadel entsprechende Ablesung macht, der Nadel dann mit einem schwachen Magnet einen Ausschlag erteilt und die Nadel wieder zur Ruhe kommen läßt; die Ablesung an der Nadel muß dann dieselbe sein wie zuvor. Steht — wie bei der Reitbussole eines Tachymetertheodolits — die Bussole in fester Verbindung mit dem horizontal liegenden Teilkreis eines Theodolits, so kann man eine durchgreifende Untersuchung der Bussole dadurch ausführen, daß man am Horizontalkreis des Theodolits der Reihe nach z. B. die Einstellungen 0°, 30°, 60° ... macht und für jede die Bussole abliest.

b) Die **Strichbussole** besteht aus einer in einem rechteckigen Gehäuse untergebrachten Magnetnadel N (Abb. 40), deren Nordende

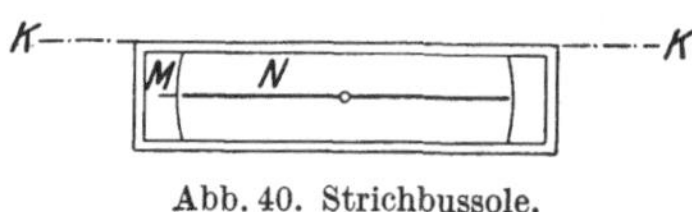

Abb. 40. Strichbussole.

beim Gebrauche auf eine mit dem Gehäuse fest verbundenen Strichmarke M zeigen muß, die meist auf beiden Seiten mit einer wenige Grade umfassenden Gradteilung versehen ist. Die eine Kante K des Gehäuses dient als Lineal zum Zeichnen von Geraden oder zum Anlegen an solche. Die Nadel ist mit einer Vorrichtung zum Abheben von der Spitze versehen, so daß sie bei Beförderungen vor Beschädigungen geschützt werden kann. Die Strichbussole findet insbesondere Verwendung zur Einrichtung der Platte des Meßtisches.

c) Bei einer nach **Schmalcalder** benannten, am besten auf einem Stock benutzten Bussole ist der Teilkreis mit der Nadel verbunden und schwingt so mit dieser; die Ablesungen werden mit Hilfe eines mit der Zielebene verbundenen Prismas ausgeführt. Bei der Fluidbussole ist das Gehäuse zur Dämpfung der Schwingungen der Magnetnadel mit einer Flüssigkeit gefüllt.

d) Bei der **Verwendung einer Bussole** zu Messungen hat man zu beachten, daß die durch die Bussole bestimmten Richtungen von der Deklination abhängig sind, und daß diese nicht nur jährlichen, sondern auch regelmäßigen täglichen Schwankungen — bis etwa 10 Minuten — und außerdem plötzlichen Störungen — unter Umständen bis 2° — unterworfen ist. Ferner hat man zu berücksichtigen, daß die Bussole nicht in der Nähe von eisernen Zäunen, Geleisen, Masten u. dgl. und von Starkstromleitungen mit Gleichstrom verwendet werden darf.

B. Der Tachymetertheodolit und seine Verwendung.

Als Tachymetertheodolit bezeichnet man einen zur Festlegung von Punkten nach Polarkoordinaten bestimmten Theodolit; er ist demnach ein Theodolit mit einem Horizontalkreis zum Messen von Horizontalwinkeln, einem Vertikalkreis zum Messen von Vertikalwinkeln, einer Einrichtung für mittelbare Streckenmessung und einer Vollkreisbussole zur Messung von magnetischen Richtungswinkeln bei gewissen Meßverfahren.

Der Tachymetertheodolit dient zunächst zur tachymetrischen Punktbestimmung bei der Durchführung von topographischen Aufnahmen; er kann aber auch unter Umständen Verwendung finden bei der Messung von Horizontal- und Vertikalwinkeln, wie sie bei der Schaffung der Grundlagen für die Aufnahme auszuführen sind. Außerdem kann der Tachymetertheodolit zu Höhenbestimmungen durch Nivellieren benutzt werden.

1. Der Bau des Tachymetertheodolits.

Der Tachymetertheodolit besteht aus dem dreibeinigen Stativ und dem eigentlichen Instrument. Die Befestigung des Instruments auf dem Stativteller geschieht entweder mit einer als Stengelhaken bezeichneten Schraube mit einer kräftigen, das Instrument leicht andrückenden Spiralfeder (Abb. 41a) oder mit einer Schraube, die auf eine mit den Fußschrauben in Verbindung stehende Platte wirkt (Abb. 41b). Für manche Zwecke ist es notwendig, daß das Instrument vor dem letzten Anziehen der Befestigungsschraube um einige Zentimeter von der Mitte aus nach allen Seiten auf dem Stativteller verschoben werden kann.

Bei dem Instrument selbst unterscheidet man zwei Hauptteile, den Unterbau und den Oberbau. Der Unterbau besteht aus den drei Fuß- oder Stellschrauben A (Abb. 41) und dem Limbus B mit dem Horizontalkreis. Beim einfachen Theodolit (Abb. 41 a) ist der Limbus und damit der Teilkreis fest mit dem Unterbau verbunden; beim Repetitionstheodolit (Abb. 41 b) ist der Limbus mit dem Teilkreis drehbar im Unterbau angeordnet. Am Unterbau selbst oder an der Schraube zum Befestigen auf dem Stativteller ist ein Haken zum Anhängen eines Schnurlotes.

Der im Unterbau drehbare Oberbau besteht aus der Alhidade C mit der Vorrichtung zum Ablesen am Teilkreis, den beiden Fernrohrträgern D, der Kippachse E, dem Fernrohr F, dem mit der Kippachse verbundenen Vertikalkreis G und der an einem Fernrohrträger angebrachten Vorrichtung H zum Ablesen am Vertikalkreis.

Für den Gebrauch muß die Umdrehungsachse U des Theodolits mit Hilfe der Fußschrauben A vertikal gestellt werden; die hierzu erforderliche Röhrenlibelle ist entweder eine fest mit der Alhidade verbundene Alhidadenlibelle J (Abb. 41 a) oder eine lose, auf die Kippachse gesetzte Reitlibelle M (Abb. 41 b). Für die erste, genäherte Aufstellung des Instruments ist es vorteilhaft, wenn eine z. B. zwischen den Fernrohrträgern angebrachte Dosenlibelle L vorhanden ist. Die Messung von Vertikalwinkeln erfordert eine Röhrenlibelle parallel zur Ebene des

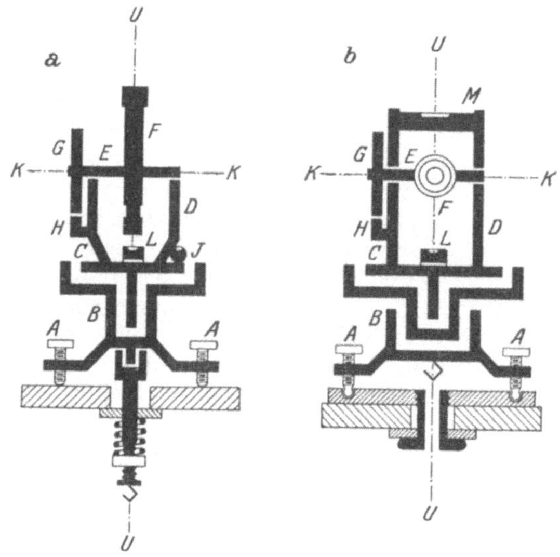

Abb. 41. Schematische Darstellung von einem einfachen Theodolit und einem Repetitionstheodolit.

Vertikalkreises G; es kann dies sein eine feste Alhidadenlibelle (Abb. 42 a) oder besser eine mit der Ablesevorrichtung verbundene, mit einer Feinbewegungsschraube S um kleinere Beträge drehbare Nonien- bzw. Mikroskoplibelle (Abb. 42 b) oder auch eine auf dem Fernrohr angebrachte Fernrohrlibelle (Abb. 42 c) in Gestalt einer Doppellibelle. Jede Libelle ist mit einer Berichtigungsvorrichtung versehen, von der bei der Untersuchung des Instruments noch die Rede sein wird.

Zur Festhaltung von bestimmten Stellungen der drehbaren Teile — Limbus beim Repetitionstheodolit, Alhidade und Fernrohr mit Vertikalkreis — sind Klemmschrauben erforderlich; zu jeder Klemmschraube gehört eine Feinbewegungs- oder Mikrometerschraube, mit deren Hilfe der geklemmte Teil noch um kleine Beträge gedreht werden kann. Außer dem einfachen Theodolit mit festem Horizontalkreis und dem Repetitionstheodolit mit drehbarem, aber mit Klemm- und Feinbewegungsschraube versehenem Teilkreis werden auch noch Instrumente mit von

Hand drehbarem Teilkreis gebaut, der nur durch Reibung festgehalten wird.

Zum Schutz der auf Silberstreifen angegebenen Teilungen sind die Teilkreise mit einem Verdeck versehen. Die Teilungseinheit der beiden Kreise richtet sich insbesondere nach dem Kreisdurchmesser und der Art der Ablesevorrichtung; es kommen vor die Werte $1°$, $\frac{1}{2}°$, $\frac{1}{3}°$ und $\frac{1}{6}°$. Die Richtung der Bezifferung des Horizontalkreises entspricht der des Uhrzeigers. Die Bezifferung des Vertikalkreises geht am besten gegen den Uhrzeigersinn, und zwar von 0—360° derart, daß bei links

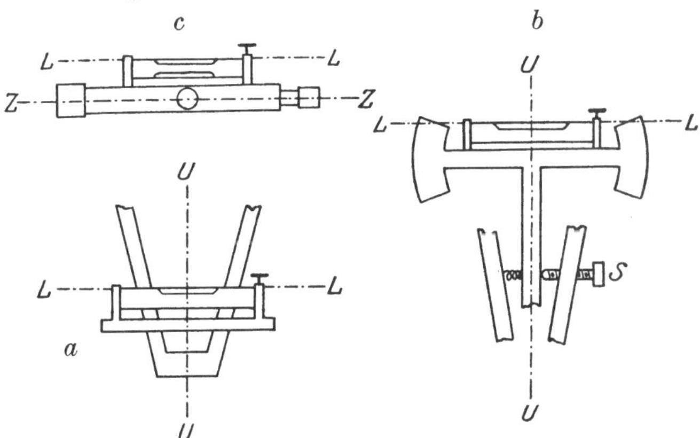

Abb. 42. Libellenanordnungen für Vertikalwinkelmessung.

liegendem Kreis an der beim Okular des Fernrohrs liegenden Ablesevorrichtung bei horizontaler Zielachse 0° abgelesen wird. Für genauere Messungen ist insbesondere der Horizontalkreis mit zwei, einander gegenüberliegenden Ablesevorrichtungen versehen.

Die Kippachse und das Fernrohr sind fest miteinander verbunden. Der eine der beiden Fernrohrträger ist bei manchen Instrumenten horizontal oder vertikal aufgeschnitten, so daß mit Hilfe einer Zug- und einer Druckschraube das eine Kippachsenende um kleine Beträge gehoben oder gesenkt werden kann. Das Fernrohr ist am besten zwischen den beiden Fernrohrträgern angeordnet; es gibt aber auch Instrumente mit seitlich angebrachtem Fernrohr. Zweckmäßig ist es, wenn das Fernrohr durchgeschlagen werden kann, so daß das Objektiv und das Okular in ihrer Lage einfach vertauscht werden können.

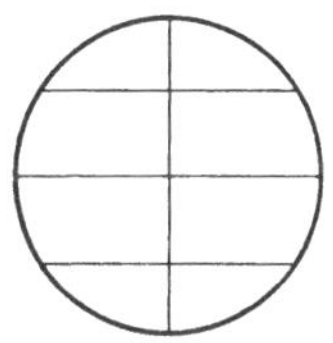

Für die mittelbare Streckenmessung mit dem Tachymetertheodolit eignet sich am besten der Fadenentfernungsmesser; das „Fadenkreuz" des Fernrohrs (Abb. 43) besteht deshalb aus dem Vertikalfaden für die Horizontalwinkelmessung, dem Horizontalfaden für die Vertikalwinkelmessung und zwei weiteren Horizontalfäden für die Streckenmessung.

Abb. 43. Gesichtsfeld eines Fernrohrs mit Fadenentfernungsmesser.

Die Bussole ist am besten eine auf die Kippachse des Fernrohrs auf-
setzbare Reitbussole, die bei Nichtbenutzung im Instrumentenkasten
untergebracht werden kann; beim Aufsetzen der Bussole ist zu beachten, daß der Nullstrich ihrer Teilung z. B. stets über dem Objektiv
des Fernrohrs liegen muß. Es gibt auch Instrumente, bei denen die
Bussole zwischen den Fernrohrträgern eingebaut ist.

Zur Behandlung des Instruments ist besonders zu bemerken, daß
man das Instrument beim Aus- und Einpacken und bei der Beförderung
in verpacktem oder unverpacktem Zustand vor raschen und starken
Stößen hüten soll; außerdem ist das Instrument vor Feuchtigkeit,
Staub, Sonnenbestrahlung und starken Spannungen zu schützen.

2. Die Untersuchung und die Berichtigung des Tachymetertheodolits.

Nachdem die Untersuchung der auf das Fernrohr, die Ablesevorrichtungen und die Bussole sich beziehenden Anforderungen bereits früher
besprochen wurde, ist im folgenden nur die Rede von der Untersuchung
des Tachymetertheodolits für die Zwecke der Horizontalwinkelmessung,
der Vertikalwinkelmessung und der Höhenmessung durch Nivellieren.

a) Bei der **Messung von Horizontalwinkeln** mit dem Theodolit kann
man die Messung so anordnen, daß die wichtigsten der in Betracht
kommenden Instrumentalfehler auf das Messungsergebnis ohne Einfluß
sind; trotzdem trägt man dafür Sorge, daß die Fehler des Instruments
möglichst klein sind. Bei der Horizontalwinkelmessung für tachymetrische Punktbestimmungen wendet man außerdem ein einfaches Verfahren an, bei dem der Einfluß der Instrumentalfehler nicht unschädlich gemacht wird; man muß deshalb das Instrument von Zeit zu Zeit —
z. B. nach größeren Beförderungen — unter-
suchen und erforderlichenfalls berichtigen.

Bei einem Theodolit kann man vier
Achsen unterscheiden: die Umdrehungsachse U (Abb. 44), die Kippachse K, die
Zielachse Z und die Libellenachse L. An
einen Theodolit stellt man die Anforderung,
daß bei vertikal stehender Umdrehungsachse die Zielachse beim Kippen des Fernrohrs eine vertikale Ebene beschreibt. Damit die Umdrehungsachse U mit Hilfe der
vorhandenen Libelle vertikal gestellt werden kann, muß U senkrecht zur Libellenachse L sein; die genannte Anforderung
ist erfüllt, wenn zweitens die Zielachse Z
senkrecht zur Kippachse K steht, so daß Z
beim Kippen des Fernrohrs eine Ebene be-

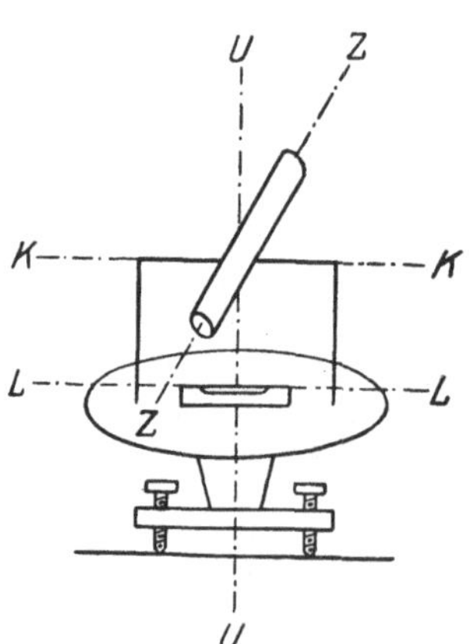

Abb. 44. Die vier Achsen eines
Theodolits.

schreibt, und wenn drittens die Kippachse K senkrecht zur Umdrehungsachse U steht, so daß bei vertikaler Stellung von U jene Ebene eine
Vertikalebene wird. Bei den auf diese Einzelanforderungen sich beziehenden Untersuchungen hat man zu unterscheiden, ob die vor-

handene Libelle eine Alhidadenlibelle J (Abb. 41a) oder eine Reitlibelle M (Abb. 41b) ist.

α) **Ist eine Alhidadenlibelle vorhanden**, so wird die Untersuchung des Instruments folgendermaßen ausgeführt:

1. **Umdrehungsachse U senkrecht zur Libellenachse L.** Man stellt zunächst die Libelle parallel zur Verbindungsgeraden zweier Fußschrauben, hierauf über die dritte Fußschraube und läßt in beiden Lagen die Libelle einspielen (Abb. 45); damit ist die Umdrehungsachse U näherungsweise — so gut es die noch nicht untersuchte Libelle erlaubt — vertikal gestellt[1]. Nun stellt man die Libelle entweder in die Richtung über zwei Fußschrauben oder über eine Fußschraube und läßt sie scharf einspielen; zeigt die Libelle nach einer Drehung um 180°

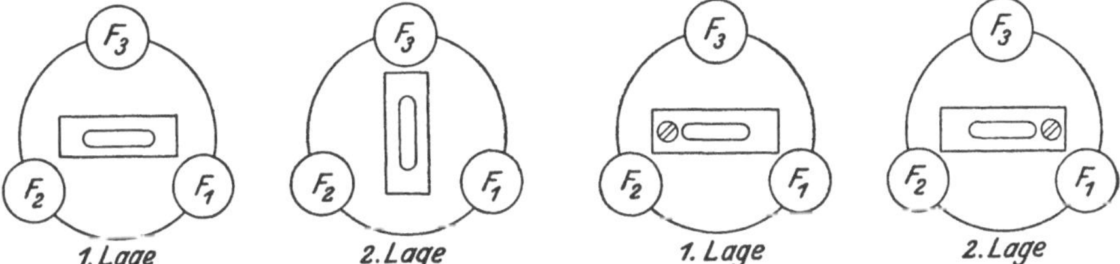

Abb. 45. Vertikalstellen der Umdrehungsachse eines Instruments mit einer Röhrenlibelle.

Abb. 46. Untersuchung einer Libelle.

(Abb. 46) einen Ausschlag, so entspricht dieser dem doppelten Libellenfehler und wird deshalb zur Hälfte mit einer Fußschraube und zur Hälfte mit der hierfür erforderlichen Berichtigungsvorrichtung der Libelle weggeschafft. Hat man die Vertikalstellung der Umdrehungsachse U mit der so berichtigten Libelle verbessert, so wird das Verfahren wiederholt.

2. **Zielachse Z senkrecht zur Kippachse K.** Zur Untersuchung dieser Anforderung gibt es verschiedene Verfahren; bei dem einfachsten davon wird der Horizontalkreis benutzt. Man zielt bei vertikal stehender Umdrehungsachse U und festgeklemmtem Teilkreis einen gut bezeichneten, mit dem Instrument ungefähr in derselben Höhe liegenden, mindestens 100 m entfernten Punkt scharf an[2] und macht mit der einen Ablesevorrichtung die Ablesung a_1 am Teilkreis; hierauf schlägt man das Fernrohr durch, dreht den Oberbau um etwa 180°, zielt denselben Punkt wieder an und macht mit derselben Ablesevorrichtung die Ablesung a_2. Stimmen — abgesehen von 180° — a_1 und a_2 nicht überein, so stellt man $\dfrac{a_1 + a_2}{2}$ mit der Feinbewegungsschraube der Alhidade am Teilkreis ein und verschiebt dann die Fadenkreuzplatte mit den für diesen Zweck vorhandenen Schrauben (Abb. 1) so weit, bis der Punkt

---

[1] Man könnte die Umdrehungsachse auch mit Hilfe der Dosenlibelle näherungsweise vertikal stellen.

[2] Einen Punkt mit dem Fernrohr anzielen, heißt den Vertikalfaden zur Deckung bringen mit dem Punkt; dies erfordert eine genäherte Einstellung des Fernrohres von Hand und eine genaue — nach Festklemmung der Oberteiles des Instruments — mit Hilfe der Feinbewegungsschraube. Den Vertikalfaden benutzt man ungefähr in der Nähe des Horizontalfadens.

wieder angezielt ist. Ist der Theodolit ein Repetitionstheodolit, so läßt sich eine kleine Verschärfung des Verfahrens dadurch erreichen, daß man vor der Anzielung des Punktes a_1 genau z. B. gleich 0° einstellt.

Im allgemeinen empfiehlt sich eine Wiederholung des Verfahrens.

3. Kippachse K senkrecht zur Umdrehungsachse U. Auch für diese Anforderung gibt es verschiedene Verfahren; bei dem einfachsten wird ebenfalls der Horizontalkreis verwendet. Man zielt bei vertikal stehender Umdrehungsachse U und festgeklemmtem Teilkreis einen im Vergleich zum Instrument sehr hoch gelegenen Punkt scharf an und macht am Teilkreis mit der einen Ablesevorrichtung die Ablesung a_1; hierauf schlägt man das Fernrohr durch, dreht den Oberbau um ungefähr 180°, zielt denselben Punkt wieder an und macht mit derselben Ablesevorrichtung die Ablesung a_2. Sind a_1 und a_2 — abgesehen von 180° — verschieden, so stellt man $\frac{a_1 + a_2}{2}$ am Teilkreis mit der Feinbewegungsschraube der Alhidade ein und hebt bzw. senkt das mit einem aufgeschnittenen Lager versehene Kippachsenende derart, daß der Punkt wieder angezielt ist. Bei einem Repetitionstheodolit empfiehlt sich auch hier, a_1 vor der ersten Anzielung des Punktes gleich einer runden Zahl einzustellen.

β) Ist eine **Reitlibelle** vorhanden, so gestaltet sich die Untersuchung des Instruments folgendermaßen:

1. Libellenachse L parallel zur Kippachse K. Nach — wenigstens genäherter — Vertikalstellung der Umdrehungsachse U mit der noch nicht untersuchten Libelle oder mit der Dosenlibelle läßt man die Reitlibelle bei festgeklemmtem Oberbau entweder mit zwei Fußschrauben — erste Lage in Abb. 45 — oder mit einer Fußschraube — zweite Lage in Abb. 45 — scharf einspielen und setzt die Libelle durch Vertauschen ihrer beiden Enden um; zeigt sich nun ein Ausschlag bei der Libelle, so entspricht er dem doppelten Fehler zwischen L und K und wird deshalb zur einen Hälfte mit einer Fußschraube und zur anderen Hälfte mit der Berichtigungsvorrichtung der Libelle weggeschafft. Das Verfahren wird so lange wiederholt, bis kein Ausschlag nach dem Umsetzen der Libelle auftritt.

2. Umdrehungsachse U senkrecht zur Libellenachse L. Bei der hierauf sich beziehenden Untersuchung verfährt man in derselben Weise, wie wenn die Libelle eine Alhidadenlibelle wäre; zeigt sich dabei nach der Drehung des Oberbaus um 180° ein Ausschlag der Libelle, so entspricht er ebenfalls dem doppelten Fehler und wird zur Hälfte mit einer Fußschraube und zur anderen Hälfte durch Heben bzw. Senken des aufgeschnittenen Lagers beseitigt. Auch hier empfiehlt sich eine Wiederholung der Untersuchung nach erforderlicher Berichtigung.

3. Zielachse Z senkrecht zur Kippachse K. Die Untersuchung und die Berichtigung werden genau in derselben Weise ausgeführt wie für den Fall, daß eine Alhidadenlibelle vorhanden ist.

Da bei der Untersuchung eines Instruments mit Alhidadenlibelle ein sehr hochgelegener Punkt erforderlich ist und ein solcher z. B. im freien Felde nicht ohne weiteres zu haben ist, so ist es bequem, wenn dem Instrument neben der festen Alhidadenlibelle eine bei der Benutzung des Instruments zu Messungen im Kasten untergebrachte Reitlibelle beigegeben ist.

Wie aus dem Vorstehenden hervorgeht, kann man von den Instrumentalfehlern den Umdrehungsachsenfehler — davon herrührend, daß die Umdrehungsachse nicht senkrecht zur Libellenachse steht —, den Zielachsenfehler — davon herrührend, daß die Zielachse nicht senkrecht zur Kippachse steht — und den Kippachsenfehler — davon herrührend, daß die Kippachse nicht senkrecht zur Umdrehungsachse steht — in einfacher Weise beseitigen bzw. so klein machen, daß sie ohne Einfluß auf das Messungsergebnis sind; nicht unmittelbar möglich ist dies bei dem von einer Exzentrizität der Alhidade herrührenden Fehler. Ein solcher ist vorhanden, wenn der Schnittpunkt der Alhidadenumdrehungsachse mit der Ebene des Teilkreises nicht mit dessen Mittelpunkt zusammenfällt.

b) Bei der **Messung von Vertikalwinkeln** soll die Umdrehungsachse des Theodolits vertikal stehen; da dies mit einer Libelle — am einfachsten in Gestalt einer Alhidadenlibelle — bequem zu erreichen ist für den Fall, daß die Umdrehungsachse senkrecht zur Libellenachse steht, so untersucht und berichtigt man die gegenseitige Stellung dieser beiden Achsen in der oben angegebenen Weise.

Ein besonders bei tachymetrischen Punktbestimmungen benutztes Verfahren zur Messung von Vertikalwinkeln setzt voraus, daß das Instrument mit einer Nonienlibelle (Abb. 42b) und einer Fernrohrlibelle (Abb. 42c) versehen ist; man stellt dabei die Anforderung, daß die Ablesung am Vertikalkreis bei horizontal liegender Zielachse und einspielender Nonienlibelle genau 0° sein soll. Die Horizontallegung der Zielachse geschieht mit der Fernrohrlibelle; sie setzt voraus, daß die Achse dieser Libelle parallel zu der Zielachse ist. Die hierauf sich beziehende Untersuchung ist besonders einfach für den Fall, daß die Fernrohrlibelle eine Doppellibelle (Abb. 7) ist; sie besteht darin, daß

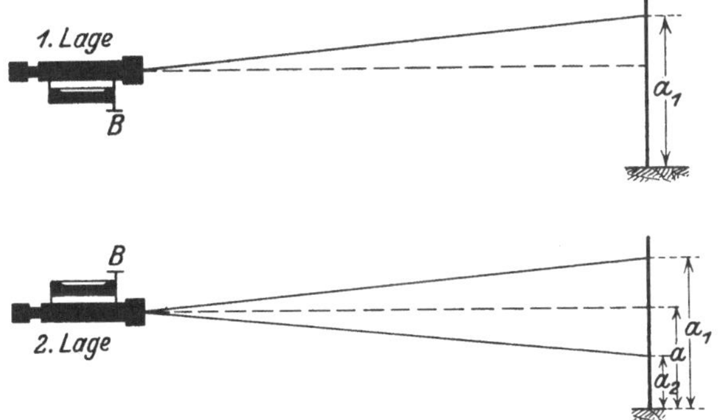

Abb. 47. Untersuchung der Fernrohrlibelle eines Tachymetertheodolits.

man zuerst in der einen Fernrohrlage — mit Libelle unten — und dann in der anderen Fernrohrlage — mit Libelle oben — (Abb. 47) bei scharf einspielender Libelle an einem in etwa 40—50 m Entfernung vertikal aufgestellten Maßstab abliest. Werden dabei zwei verschiedene Ablesungen a_1 und a_2 gemacht, so liegt die Zielachse nicht parallel zu den beiden Libellenachsen, also bei einspielender Libelle nicht horizontal; da die horizontale Lage der Zielachse durch die Ablesung $a = \dfrac{a_1 + a_2}{2}$ bestimmt ist, so stellt man diese ein und bringt die dann ausschlagende Libelle wieder zum Einspielen mit Hilfe ihrer Berichtigungsvorrichtung B. Das Einspielen der Libelle vor der Ausführung der Ablesungen a_1 und a_2, sowie das Einstellen der Ablesung a erreicht man bei festgeklemmtem Fernrohr mit Benutzung der Feinbewegungsschraube des Fernrohrs.

Ist dafür gesorgt, daß die Zielachse parallel zur Achse der Fernrohrlibelle liegt, so läßt man diese scharf einspielen und stellt dann mit der auf die Nonienlibelle wirkenden Feinbewegungsschraube S (Abb. 42 b) die Ablesung 0° mit dem Nonius ein; schlägt die Nonienlibelle jetzt aus, so bringt man sie mit ihrer Berichtigungsschraube zum Einspielen.

c) Wird der Tachymetertheodolit zur **Höhenmessung durch Nivellieren** verwendet, so muß er mit einer Fernrohr- oder Nivellierlibelle (Abb. 42 c) ausgerüstet sein, mit deren Hilfe die Zielachse horizontal gelegt werden kann; es muß dann die Zielachse parallel zu den beiden Achsen der Fernrohrlibelle liegen. Die Untersuchung dieser Anforderung geschieht in der vorhin angegebenen Weise (Abb. 47).

3. Die Messung von Horizontalwinkeln.

Bei der Messung von Horizontalwinkeln kann man zwei Verfahren unterscheiden; bei dem einen mißt man jeden Winkel nur einmal oder in einer Fernrohrlage, bei dem anderen mißt man jeden Winkel zweimal, und zwar in jeder der beiden möglichen Fernrohrlagen je einmal.

Jeder Winkelmessung voraus geht die Aufstellung des Theodolits in oder über dem auf dem Boden gegebenen Scheitelpunkt des zu messenden Winkels. Der Theodolit ist richtig aufgestellt, wenn seine mittels der Libelle vertikal gestellte und mit einem angehängten Schnurlot nach unten verlängerte Umdrehungsachse durch den Punkt geht. Liegt der Aufhängepunkt des Schnurlotes in der Höhe der Fußschrauben (Abb. 41 b), so kann man sofort genau „zentrieren" und dann „horizontieren"; liegt der Aufhängepunkt tiefer (Abb. 41 a), so erreicht man die richtige Aufstellung durch mehrmaliges Zentrieren und Horizontieren.

a) Die **Winkelmessung in nur einer Fernrohrlage** setzt voraus, daß die Instrumentalfehler so klein sind, daß ihr Einfluß für den in Frage kommenden Zweck vernachlässigt werden kann; bei ihr müssen demnach der Umdrehungsachsenfehler, der Zielachsenfehler und der Kippachsenfehler vor der Messung weggeschafft bzw. genügend klein gemacht werden, und außerdem muß vom Mechaniker aus das Instrument so gebaut sein, daß der Alhidadenexzentrizitätsfehler und die Fehler in der Teilung des Horizontalkreises verschwindend klein sind.

Soll in einem Standpunkt S der Winkel φ gemessen werden zwischen zwei Punkten A („Punkt links") und B („Punkt rechts"), so zielt man der Reihe nach A und B mit dem Vertikalfaden an und macht nach jeder Zielung die Ablesung a bzw. b an dem während der Messung feststehenden[1] Horizontalkreis; der Winkel φ ist dann gleich der Differenz $b - a$. Ist das Instrument ein Repetitionstheodolit oder ein einfacher Theodolit mit von Hand drehbarem Horizontalkreis, so kann man den Kreis so einstellen, daß die der Zielung nach A entsprechende Ablesung a genau gleich $0°$ ist; die Ablesung b stellt dann unmittelbar den Winkel φ vor.

b) Bei der **Winkelmessung in zwei Fernrohrlagen** werden der Zielachsenfehler, der Kippachsenfehler und der Alhidadenexzentrizitätsfehler durch die Anordnung der Messung unschädlich gemacht; da dies beim Umdrehungsachsenfehler nicht in einfacher Weise erreichbar ist, so hat man vor der Messung dafür Sorge zu tragen, daß die Umdrehungsachse senkrecht zur Libellenachse und damit bei einspielender Libelle vertikal steht. Der Einfluß eines Exzentrizitätsfehlers der Alhidade läßt sich auch dadurch unschädlich machen, daß man nach jeder Zielung an zwei, einander gegenüberliegenden Stellen des Teilkreises abliest; die Benutzung von zwei, rund $180°$ auseinander liegenden Ablesevorrichtungen dient außerdem zur Erhöhung der Genauigkeit der Messung.

Man kann bei der Messung von Horizontalwinkeln zwei Arten unterscheiden; es sind dies die richtungsweise Winkelmessung und die repetitionsweise Winkelmessung.

$\alpha)$ Die richtungsweise Winkelmessung oder Winkelmessung aus Richtungen kommt dann in Frage, wenn in einem Standpunkt die Winkel zwischen mehr als zwei Zielpunkten zu messen sind. Die Messung besteht darin, daß man bei feststehendem bzw. festgeklemmtem Teilkreis die Zielpunkte von links nach rechts — der Bezifferung des Teilkreises entsprechend im Uhrzeigersinn — der Reihe nach anzielt und nach jeder Zielung die Ablesungen an beiden Ablesevorrichtungen macht; hierauf schlägt man das Fernrohr durch und wiederholt die Zielungen und Ablesungen in der zweiten Fernrohrlage in umgekehrter Reihenfolge. Eine derartige Messung heißt ein Satz; das Verfahren wird daher auch als satzweise Winkelmessung bezeichnet.

Bei der Messung eines Satzes beginnt man mit demjenigen Zielpunkt, der am schärfsten angezielt werden kann. Hat der Theodolit einen drehbaren Horizontalkreis, so sorgt man mit Rücksicht auf die Übersichtlichkeit und die Rechnung dafür, daß bei der Zielung nach dem ersten Punkt die Ablesung an der ersten Ablesevorrichtung zwischen $0°$ und $10°$ liegt. Während der Messung des Satzes muß die Lage des Teilkreises dieselbe bleiben; eine Sicherung hierfür erhält man dadurch, daß man nach jedem Halbsatz den zuerst angezielten Punkt nochmals anzielt und die entsprechenden Ablesungen macht.

Zur Erhöhung der Genauigkeit mißt man im allgemeinen mehrere Sätze; damit man nicht bei jedem Satz ungefähr dieselben Ablesungen

---

[1] Beim einfachen Theodolit (Abb. 41a) steht der Kreis ohne weiteres fest; beim Repetitionstheodolit (Abb. 41 b) muß er mit der Klemmschraube des Limbus festgehalten werden.

36 Die topographischen Instrumente.

erhält, und mit Rücksicht auf etwa vorhandene Teilungsfehler des Kreises ändert man zwischen je zwei Sätzen bei der Messung von n Sätzen die Lage des Teilkreises um $\frac{180°}{n}$. Dies setzt aber einen drehbaren Teilkreis voraus. Zwischen je zwei Sätzen hat man die Aufstellung

Richtungsweise Winkelmessung.

Datum: *1929, Juli 29.*   Wetter: *ruhig, bewölkt.*   Bemerkungen: *Zum Polygonnetz von A.*
Instrument: *57.*   Beobachter: *N. N.*

Standpunkt	Satz	Zielpunkt	1. Fernrohrlage							2. Fernrohrlage							Mittel aus beiden Fernrohrlagen			Richtungen			Gesamt-Mittel		
			Nonius 1			No-nius 2		Mittel		Nonius 1			No-nius 2		Mittel										
			°	′	″	′	″	′	″	°	′	″	′	″	′	″	°	′	″	°	′	″	°	′	″
A	1.	B	0	11	30	11	00	11	15	180	12	00	12	00	12	00	0	11	38	0	00	00			
		C	29	45	00	45	00	45	00	209	45	30	45	45	45	38	29	45	19	29	33	41			
		D	314	56	30	56	30	56	30	134	57	00	57	00	57	00	314	56	45	314	45	07			
		E	345	12	30	12	30	12	30	165	13	30	13	30	13	30	345	13	00	345	01	22			
	2.	B	90	05	30	05	15	05	23	270	05	00	05	00	05	00	90	05	12	0	00	00	0	00	00
		C	119	39	00	39	00	39	00	299	38	30	38	30	38	30	119	38	45	29	33	33	29	33	37
		D	44	50	15	50	15	50	15	224	50	00	50	00	50	00	404	50	08	314	44	56	314	45	02
		E	75	07	00	06	30	06	45	255	06	00	06	30	06	15	435	06	30	345	01	18	345	01	20

des Theodolits mit dem angehängten Schnurlot und die Stellung der Umdrehungsachse mit der Libelle nachzusehen und wenn notwendig zu verbessern. Während der Messung eines Satzes darf man die Stellung der Umdrehungsachse nicht verändern, die Fußschrauben also nicht berühren.

Zur Aufschreibung und Berechnung der Messung verwendet man einen Vordruck von der obenstehenden Art. Bei der richtungsweisen

Winkelmessung berechnet man im allgemeinen nicht einzelne Winkel, sondern Richtungen; diese bezieht man dabei meist auf die Richtung nach dem ersten Zielpunkt, die dann die Anfangs- oder Nullrichtung vorstellt.

β) Die repetitionsweise Winkelmessung kommt insbesondere dann zur Anwendung, wenn einzelne Winkel mit großer Genauigkeit zu messen sind und die Genauigkeit der Ablesevorrichtungen des Teilkreises eine geringe ist. Die Messung besteht darin, daß man den zu bestimmenden Winkel mehrmals, und zwar in jeder Fernrohrlage gleich oft mißt und dabei nur die der ersten Zielung nach dem einen Punkt und die der letzten Zielung nach dem anderen Punkt entsprechenden zwei Ablesungen an dem Horizontalkreis macht.

Die Messung beginnt mit der Anzielung des links gelegenen Punktes L mit Benutzung der Klemm- und Feinbewegungsschraube vom Limbus;

Repetitionsweise Winkelmessung.

	Zielpunkt	Anzahl der Mess.	Nonius 1			Nonius 2		
			°	′	″	°	′	″
Standpunkt: *A*	*L*	*0*	*0*	*00*	*00*	*180*	*00*	*30*
	R	*1*	*74*	*23*	—	—	—	—
		6	*86*	*19*	*30*	*266*	*19*	*30*
	Differenz		*86*	*19*	*30*	*86*	*19*	*00*
	Mittel *6* facher Winkel		*440° 19′ 15″*					
	Einfacher Winkel		*74° 23′ 13″*					

nach der Ablesung an beiden Ablesevorrichtungen wird bei feststehendem Teilkreis mit Hilfe der Klemm- und Feinbewegungsschraube der Alhidade der rechts gelegene Punkt R angezielt. Um für die Zwecke der späteren Rechnung die Größe des zu messenden Winkels genähert zu kennen, macht man jetzt — als einzige Zwischenablesung — auf ganze Minuten genau die Ablesung an der ersten Ablesevorrichtung. Bei festgeklemmter Alhidade, so daß die Ablesungen am Teilkreis sich nicht ändern, zielt man nun wieder mit Hilfe der Limbusschrauben den Punkt L an; hierauf wird bei festgeklemmtem Limbus der Punkt R mittels der Alhidadenschrauben angezielt und damit der Winkel zum zweitenmal gemessen. Soll der Winkel $2n$ mal gemessen werden, so wird er in der ersten Fernrohrlage n mal in der angegebenen Weise — Anzielen des Punktes $\begin{Bmatrix} L \\ R \end{Bmatrix}$ mit den Schrauben $\begin{Bmatrix} \text{des Limbus} \\ \text{der Alhidade} \end{Bmatrix}$ — gemessen; sodann wird das Fernrohr durchgeschlagen und der Winkel in der zweiten Fernrohrlage in derselben Weise ebenfalls n mal gemessen. Nach der letzten Anzielung des Punktes R werden an den zwei Ablesevorrichtungen die entsprechenden Ablesungen gemacht.

Mit Rücksicht auf die Übersichtlichkeit bei der Messung und die Bequemlichkeit bei der Rechnung empfiehlt es sich, vor der ersten Zielung nach dem Punkt L die Alhidade so zum Limbus (Teilkreis) einzustellen, daß die Ablesung an der ersten Ablesevorrichtung genau gleich 0° 00′ 00″ ist[1]; die zweite Ablesevorrichtung ist aber trotzdem abzulesen.

Für die Aufschreibung und Rechnung verwendet man einen Vordruck der umstehenden Art. Bei der Rechnung tritt häufig der Fall ein, daß man zu der Differenz zwischen der Endablesung und der Anfangsablesung ein Vielfaches von 360° addieren muß; ob und wie weit dies notwendig ist, zeigt die Größe des einfachen Winkels.

Da man bei der Ausführung der Ablesungen den Teilkreis (Limbus) mit der festgeklemmten Alhidade beliebig drehen kann, also nicht um das Instrument herum gehen muß, so eignet sich die repetitionsweise Winkelmessung besonders auch für solche Fälle, bei denen ein Herumgehen um das Instrument nicht möglich oder nicht erwünscht ist.

4. Die Messung von Vertikalwinkeln.

Bei der Messung von Vertikalwinkeln[2] kann man zwei Verfahren unterscheiden; bei dem einen mißt man jeden Winkel nur in einer Fernrohrlage oder einmal, bei dem andern mißt man jeden Winkel in beiden Fernrohrlagen, also zweimal.

a) Die **Winkelmessung in einer Fernrohrlage** erfordert eine Fernrohrlibelle (Abb. 42c) — am besten in Form einer Doppellibelle —, deren Achsen parallel zur Zielachse des Fernrohres liegen müssen. Bei der Messung (Abb. 48) zielt man bei vertikal gestellter Umdrehungsachse

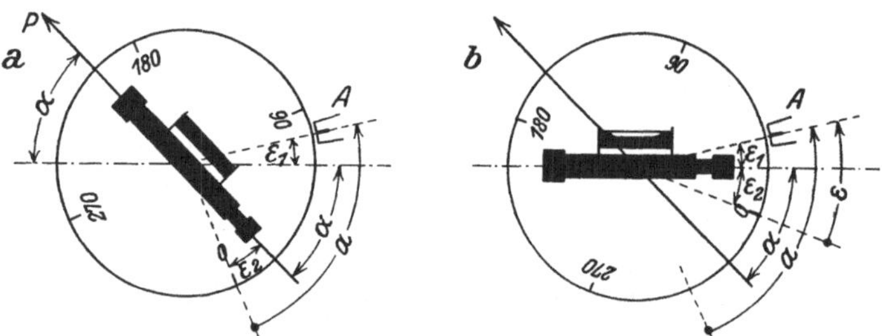

Abb. 48. Vertikalwinkelmessung in einer Fernrohrlage.

den in Frage kommenden Punkt P mit dem Horizontalfaden an und macht an der Ablesevorrichtung A — bei der Messung in nur einer Fernrohrlage genügt die Ablesung an nur einer Ablesevorrichtung — die Ablesung a; hierauf legt man die Zielachse mit Hilfe der Fernrohrlibelle horizontal und macht die zugehörige Ablesung ε. Den zu messenden Vertikalwinkel α erhält man dann aus $\alpha = a - \varepsilon$, wobei $\varepsilon = \varepsilon_1 + \varepsilon_2$. Für die Messung ist es bequem, wenn die den Fehler der Nullmarke vorstellende Ablesung ε gleich Null ist, so daß die Ablesung a unmittelbar den Vertikalwinkel α vorstellt. Der Fehler ε ist gleich Null, wenn bei einspielender Fernrohrlibelle (Abb. 42c) und einspielender Nonien- oder

---

[1] Bei der richtungsweisen Winkelmessung ist dies nicht zu empfehlen.

[2] Der Vertikalwinkel einer nicht horizontalen Geraden (Zielung) ist der Winkel zwischen der Geraden und ihrer Horizontalprojektion.

Mikroskoplibelle (Abb. 42 b) die Ablesung gleich Null ist. Da auch während der Ablesung von a der Fehler ε der Nullmarke gleich Null sein muß, so muß die Nonienlibelle vor der Ablesung von a mit Hilfe der Schraube S (Abb. 42 b) zum Einspielen gebracht werden; hierfür ist es bequem, wenn die Umdrehungsachse des Instruments gut vertikal, also senkrecht zur Achse der Alhidadenlibelle steht. Ist — wie in den meisten Fällen — das Instrument mit einer Alhidaden-, einer Nonien- und einer Fernrohrlibelle versehen, und will man dafür sorgen, daß der Nullmarkenfehler gleich Null ist, so stellt man zuerst die Umdrehungsachse senkrecht zur Achse der Alhidadenlibelle (Abb. 42 a) und mit dieser vertikal; sodann macht man in der oben angegebenen Weise (Abb. 47) die Achsen der Fernrohrlibelle parallel zur Zielachse. Läßt man jetzt die Fernrohrlibelle mit der Feinbewegungsschraube des Fernrohrs einspielen und stellt man mit der Feinbewegungsschraube S der Nonienlibelle (Abb. 42 b) die Ablesung $0° 00' 00''$ ein, so muß die Nonienlibelle einspielen; ist dies nicht der Fall, so bringt man sie mit Hilfe ihrer Berichtigungsvorrichtung zum Einspielen.

Bei Vertikalwinkelmessungen für Geländeaufnahmen genügt im allgemeinen eine Genauigkeit von einer Minute; als Ablesevorrichtung für den Vertikalkreis empfiehlt sich daher das Strichmikroskop im Zusammenhang mit einer $^1/_6$ Gradteilung, so daß man durch Schätzung auf ganze Minuten genau ablesen kann.

b) Die **Winkelmessung in zwei Fernrohrlagen** ist am einfachsten mit einer Nonienlibelle; zweckmäßig ist es, wenn neben dieser noch eine Alhidadenlibelle vorhanden ist. Bei der Messung zielt man bei vertikal stehender Umdrehungsachse in der ersten Fernrohrlage — z. B. mit „Kreis links" — den Punkt P (Abb. 49), nach dem der Vertikalwinkel α

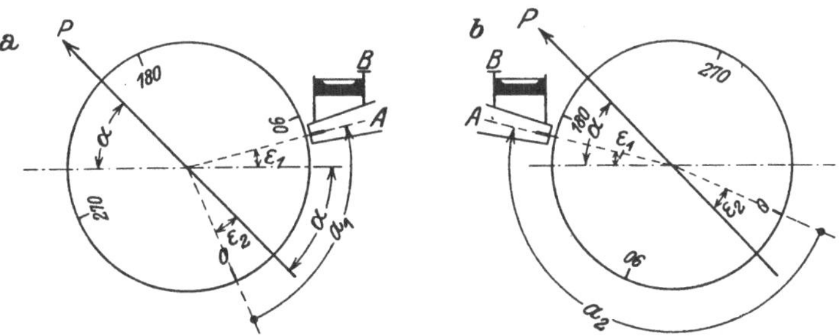

Abb. 49. Vertikalwinkelmessung in zwei Fernrohrlagen.

gemessen werden soll, mit dem Horizontalfaden an und liest an beiden Ablesevorrichtungen ab; hierauf schlägt man das Fernrohr durch, zielt den Punkt P — mit „Kreis rechts" — wieder an und liest an beiden Ablesevorrichtungen ab. Vor der Ausführung der Ablesungen — aber nach der Zielung — muß die Nonienlibelle nachgesehen und erforderlichenfalls mit ihrer Feinbewegungsschraube zum Einspielen gebracht werden.

Sind ε_1 der — mit Rücksicht auf die während der Ablesung einspielende Nonienlibelle — unveränderliche Winkel zwischen der Horizontalen durch den Kreismittelpunkt und dem Halbmesser nach der

Nullmarke A der Ablesevorrichtung, ε_2 der unveränderliche Winkel zwischen dem Halbmesser nach dem Nullpunkt der Kreisteilung und der Projektion der Zielachse in die Teilkreisebene und a_1 bzw. a_2 die den beiden Fernrohrlagen entsprechenden Ablesungen an der einen Ablesevorrichtung, so bestehen die Gleichungen

$$a_1 = \alpha + \varepsilon_1 + \varepsilon_2 \quad \text{und} \quad a_2 = 180° - \alpha + \varepsilon_1 + \varepsilon_2 \, . \tag{1}$$

Durch Subtrahieren dieser Gleichungen erhält man

$$a_2 - a_1 = 180° - 2\alpha \quad \text{oder} \quad a_2 - a_1 = 2z,$$

also

$$z = \frac{a_2 - a_1}{2}, \quad \text{wobei} \quad z = 90° - \alpha \, . \tag{2}$$

Durch Addieren der Gleichungen (1) ergibt sich

$$a_1 + a_2 = 180° + 2(\varepsilon_1 + \varepsilon_2) \tag{3}$$

und

$$\varepsilon_1 + \varepsilon_2 = \frac{a_1 + a_2}{2} - 90° \, .$$

Die Summe $(\varepsilon_1 + \varepsilon_2)$ der beiden Winkel ε_1 und ε_2 heißt Nullmarkenfehler; bleiben ε_1 und ε_2 unverändert — eine Veränderung von ε_1 kann mit Hilfe der Berichtigungsschraube B der Nonienlibelle hervorgerufen werden, eine solche von ε_2 durch Verschieben der Fadenkreuzplatte des Fernrohrs —, so erhält man mit der Summe $(a_1 + a_2)$ insofern eine Probe, als diese bei der Messung verschiedener Winkel dieselbe sein muß.

Messung von Vertikalwinkeln in zwei Fernrohrlagen.

Datum:	Kreislage	Nonius 1			Nonius 2		
1929 Juli 30		°	′	″	°	′	″
Standpunkt:	links	*9*	*20*	*30*	*189*	*20*	*00*
A	rechts	*171*	*18*	*30*	*351*	*19*	*00*
$i = 1{,}47$ m	Probe	*180*	*39*	*00*	*180*	*39*	*00*
Zielpunkt:	$2z$	*161*	*58*	*00*	*161*	*59*	*00*
B	$2z$ (im Mittel) $= 161° 58′ 30″$						
$z = 2{,}00$ m	Zenitdistanz $z = 80° 59′ 15″$						
	Vertikalwinkel $\alpha = 9° 00′ 45″$						

Bei der Vertikalwinkelmessung in zwei Fernrohrlagen liest man an zwei Ablesevorrichtungen ab; sind a_1' und a_2' die der zweiten entsprechenden Ablesungen, so gelten die Gleichungen

$$z = \frac{a_2' - a_1'}{2} \quad \text{und} \quad \varepsilon_1' + \varepsilon_2 = \frac{a_1' + a_2'}{2} - 90° \, .$$

Für die Aufschreibung der Ablesungen und die Ausführung der Rechnung verwendet man einen Vordruck der vorstehenden Art. Bei der Berechnung von $2z$ als Differenz der den beiden Fernrohrlagen entsprechenden Ablesungen a_1 und a_2 hat man zu beachten, daß bei einem $\begin{Bmatrix} \text{Höhen-} \\ \text{Tiefen-} \end{Bmatrix}$ Winkel $2z$ $\begin{Bmatrix} \text{kleiner} \\ \text{größer} \end{Bmatrix}$ als $180°$ sein muß; hieraus ergibt sich, ob man a_1 von a_2 — wie bei der oben angenommenen Art der Bezifferung — oder a_2 von a_1 subtrahieren muß, um $2z$ zu erhalten.

Soll zur Erhöhung der Genauigkeit ein Vertikalwinkel mehrmals gemessen werden, so verändert man zwischen je zwei Messungen den Nullmarkenfehler mit Hilfe der Berichtigungsschraube der mit den Ablesevorrichtungen verbundenen Libelle; die Ablesungen sind dann bei jeder neuen Messung andere.

5. Die Messung von Strecken und Höhenunterschieden mit dem Tachymetertheodolit.

Soll die Entfernung zwischen zwei Punkten mit dem Fadenentfernungsmesser des Tachymetertheodolits bestimmt werden, so stellt man in dem einen Punkt den Theodolit und in dem andern eine „Tachymeterlatte" vertikal auf und liest an dieser den durch die beiden entfernungsmessenden Fäden bestimmten Lattenabschnitt l ab; für den Fall, daß die Zielung über den mittleren Horizontalfaden horizontal liegt oder senkrecht zu der Latte steht, erhält man — wie früher gezeigt wurde — die Entfernung E aus $E = k_0 l \pm \Delta E$, wobei k_0 eine runde Zahl, z. B. gleich 100, und ΔE einem zu dem Instrument gehörigen Täfelchen zu entnehmen ist. Bildet die durch den mittleren Horizontalfaden bestimmte Zielachse mit der Horizontalen den Vertikalwinkel α (Abb. 50) und ist E' die schiefe Entfernung zwischen der Mitte M des Lattenabschnitts und der Kippachse des Theodolits, so erhält man die horizontale Entfernung e zwischen Instrument und Latte aus

$$e = E' \cos \alpha.$$

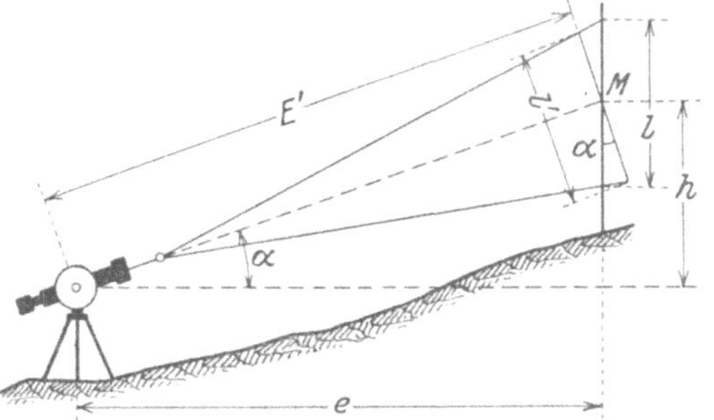

Abb. 50. Benutzung des Tachymetertheodolits zur Messung von Strecken und Höhenunterschieden.

Denkt man sich die Latte um M so weit gedreht, bis sie senkrecht zur Zielung über den Mittelfaden steht, und bezeichnet man den Abschnitt zwischen den beiden entfernungsmessenden Fäden an der schiefstehenden Latte mit l', so ist

$$E' = k_0 l' \pm \Delta E.$$

Beachtet man, daß $l' \approx l \cos \alpha$ ist, so erhält man

$$E' = k_0 l \cos \alpha \pm \Delta E$$

und damit

$$e = k_0 l \cos^2 \alpha \pm \Delta E \cos \alpha.$$

Da ΔE im allgemeinen klein ist, so kann man auch so schreiben[1]

$$e \approx k_0 l \cos^2\alpha \pm \Delta E \cos^2\alpha \approx (k_0 l \pm \Delta E) \cos^2\alpha$$

oder

$$e \approx E \cos^2\alpha, \quad \text{wobei} \quad E = k_0 l \pm \Delta E. \tag{1}$$

Die Größe E bedeutet dabei eine Hilfsgröße für die Rechnung.

Der Höhenunterschied h zwischen der Kippachse des Instruments und dem durch den Mittelfaden bestimmten Punkt M der Latte ergibt sich aus

$$h = e \, \mathrm{tg}\, \alpha. \tag{2}$$

Beachtet man die Gleichung (1), so findet man

$$h = e \, \mathrm{tg}\, \alpha \approx E \cos^2\alpha \, \mathrm{tg}\, \alpha$$

oder

$$h \approx \frac{1}{2} E \sin 2\alpha, \quad \text{wobei} \quad E = k_0 l \pm \Delta E. \tag{3}$$

Den Lattenabschnitt l liest man je nach der verlangten Genauigkeit auf Millimeter oder Zentimeter genau ab und verwendet dementsprechend eine Latte mit Zentimeter- oder eine solche mit Halbdezimeterteilung. Für die bequeme Ablesung von l stellt man den einen der beiden äußeren Horizontalfäden mit Hilfe der Feinbewegungsschraube des Fernrohrs auf einen Strich der Lattenteilung, z. B. auf 1,00 m ein. Die Latte wird mit Benutzung einer angeschraubten Dosenlibelle vertikal gehalten.

Zur Berechnung von e auf Grund der Gleichung (1) schreibt man diese am besten in der Form

$$E - e = c = E \sin^2\alpha$$

und bestimmt c mit Hilfe einer graphischen Tafel (Abb. 51).

Für die Berechnung von h auf Grund der Gleichungen (2) oder (3) gibt es eine ganze Reihe von Hilfsmitteln in Form von numerischen Tafeln, graphischen Tafeln und mechanischen Vorrichtungen.

Die bekannteste numerische Tafel für alte Kreisteilung ist die „Hilfstafel für Tachymetrie" von W. Jordan[2]; eine recht bequeme, als „Sinustafel" bezeichnete numerische Tafel wurde vom Bayerischen Topographischen Bureau bearbeitet[3]. Bei der ersten Tafel geht man zunächst mit der Hilfsgröße E, bei der zweiten mit dem Vertikalwinkel α in die Tafel ein; die letztere Anordnung bietet den Vorteil, daß bei Einschaltungen zwischen den Tafelwerten diese unmittelbar nebeneinander und nicht auf verschiedenen Seiten stehen. Eine numerische Tafel für neue Kreisteilung ist die „Tachymetertafel" von N. Jadanza, deutsche Ausgabe besorgt von E. Hammer.

Die „Graphische Tachymetertafel für alte Kreisteilung" von P. Werkmeister ist eine Tafel mit Punktskalen und einer Geraden

---

[1] Vgl. Hammer, E.: Über die Näherungen bei Anwendung des Fadendistanzmessers in der Tachymetrie. Z. Vermessungskunde **1905**, 721.

[2] Die Tafel reicht in E bis 250 m. Eine von F. Reger bearbeitete Ergänzungstafel zu der Tafel von W. Jordan geht in E bis 350 m.

[3] Die Tafel geht bei α bis 30° und in E bei kleineren Vertikalwinkeln bis 300 m, bei größeren bis 100 m.

zum Ablesen. Die Tafel reicht in E von 5—500 m und in h von 0,1—70 m; sie liefert h überall auf mindestens 0,1 m genau. Die von der Topographischen Abteilung des Reichsamts für Landesaufnahme bearbeitete „Graphische Kotentafel" für alte Kreisteilung ist eine Tafel mit Kurvenskalen; die Tafel reicht im allgemeinen für alle mit dem Meßtisch und der Kippregel auszuführenden Messungen aus.

Das wichtigste und bequemste mechanische Hilfsmittel ist der logarithmische Rechenschieber, der entweder in seiner gewöhnlichen

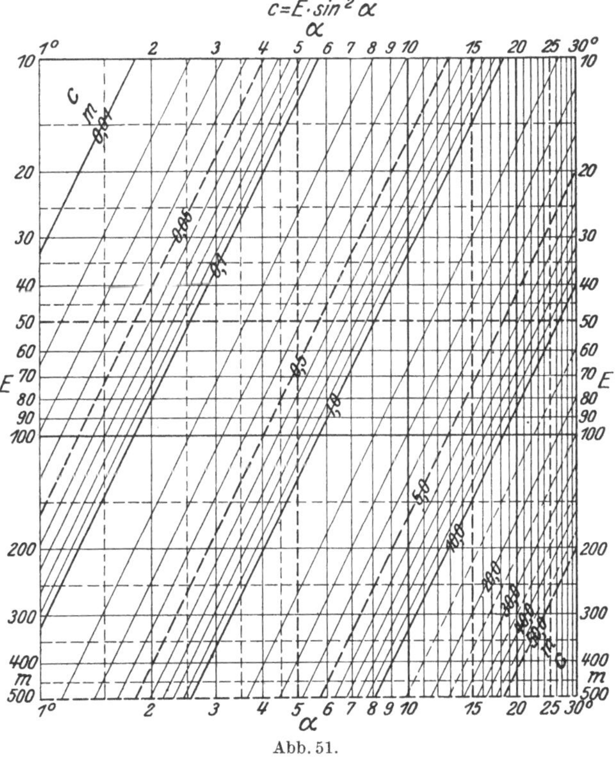

Abb. 51.

Form oder in einer Sonderform als „Tachymeterschieber" benutzt werden kann. Benutzt man den gewöhnlichen, mit einer Tangensskala versehenen Rechenschieber, so rechnet man nach der Gleichung (2) bzw. $\log h = \log e + \log \operatorname{tg} \alpha$; für die Bestimmung der Kommastellung hat man dabei zu beachten, daß $\operatorname{tg} \alpha$ genähert gleich $\dfrac{\alpha}{\varrho}$ $\left(\text{wobei } \varrho = \dfrac{180°}{\pi}\right)$ oder ganz rund gleich $\dfrac{\alpha}{60}$ ist. Bei den besonders eingerichteten Tachymeterschiebern wird auf Grund der Gleichung (3) gerechnet; die Schieber sind dementsprechend mit einer nach α bezifferten, durch $\dfrac{1}{2} \sin 2\alpha$ bestimmten Teilung versehen Die Rechnung erfolgt auf Grund der

Gleichung $\log h = \log E + \log \frac{1}{2} \sin 2\,\alpha$ in der beim Rechenschieber üblichen Weise. Zur Bestimmung der Kommastellung hat man zu beachten, daß $\frac{1}{2} \sin 2\,\alpha$ genähert gleich $\frac{\alpha}{\varrho}$, also ganz rund gleich $\frac{\alpha}{60}$ ist.

Außer dem mit einem Vertikalkreis versehenen „Kreistachymeter" gibt es auch noch „Schiebetachymeter"; es sind dies Tachymetertheodolite mit besonderen Schiebevorrichtungen zur mechanischen Berechnung von e und h auf Grund der Gleichungen (1) bis (3) oder ähnlicher Gleichungen. Instrumente dieser Art sind diejenigen von Wagner-Fennel und von Puller-Breithaupt. Die auch als „selbstrechnende" Tachymeter bezeichneten Schiebetachymeter sind für die Arbeiten des Topographen zu schwerfällig und unhandlich und haben deshalb bei topographischen Aufnahmen nur wenig Verwendung gefunden. Ein selbstrechnender Tachymeter im eigentlichen Sinne ist das von E. Hammer angegebene[1], erstmals von der Firma Otto Fennel Söhne gebaute Instrument, bei dem die Berechnung von e und h nach den Gleichungen (1) und (3) auf optischem Wege erfolgt. Im linken Teil vom Gesichtsfeld des Fernrohrs erscheinen bei dem Hammerschen Tachymeter (Abb. 52) zwei Kurven — die e-Kurve und die h-Kurve —, an denen — abgesehen von dem Multiplizieren mit 100 bzw. 20 — die horizontale Entfernung e und der Höhenunterschied h unmittelbar an der im Zielpunkt vertikal gehaltenen Latte abgelesen werden können.

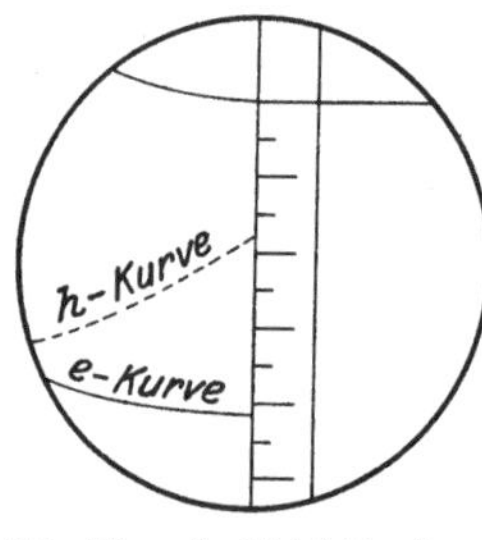

Abb. 52. Gesichtsfeld des Hammer-Fennel-Tachymeters.

In bezug auf die Genauigkeit der Streckenmessung mit dem Fadenentfernungsmesser ist zunächst zu bemerken, daß man die horizontale Entfernung e bei genaueren Messungen nach der Gleichung

$$e = k_0\, l \cos^2\alpha \pm \varDelta E \cos \alpha$$

berechnet; genügt eine geringere Genauigkeit, so verwendet man die Näherungsgleichung

$$e \approx E \cos^2\alpha, \quad \text{wobei} \quad E = k_0\, l \pm \varDelta E.$$

Die Genauigkeit von e ist abhängig von der Größe der mittleren Fehler $\mu_{\varDelta E}, \mu_l$ und μ_α von $\varDelta E, l$ und α. Für den durch $\mu_{\varDelta E}$ an e hervorgerufenen mittleren Fehler μ_e' gilt $\mu_e' = \mu_{\varDelta E} \cos^2\alpha$; nimmt man dabei den hinsichtlich α ungünstigsten Fall an, indem man $\alpha = 0$ setzt, so erhält man $\mu_e' = \mu_{\varDelta E}$. Man muß demnach $\varDelta E$ mit derselben Genauigkeit kennen, mit der man e bestimmen will.

Zwischen dem durch μ_l an e verursachten mittleren Fehler μ_e'' und μ_l besteht die Beziehung $\mu_e'' = k_0\,\mu_l \cos^2\alpha$ oder für den in bezug auf α mit $\alpha = 0$ ungünstigsten Fall $\mu_e'' = k_0\,\mu_l$; für $k_0 = 100$ ist demnach $\mu_e'' = 100\,\mu_l$.

---

[1] Vgl. Hammer, E.: Der Hammer-Fennelsche Tachymetertheodolit und die Tachymeterkippregel zur unmittelbaren Lattenablesung von Horizontaldistanz und Höhenunterschied. Stuttgart 1901.

Für den Einfluß μ_e''' eines Fehlers μ_α läßt sich zeigen, daß μ_e''' $= \dfrac{\Delta \alpha}{\varrho} E \sin 2\alpha$, wobei $\varrho = \dfrac{180°}{\pi}$ ist. Setzt man entsprechend der Gleichung (3) $E \sin 2\alpha = 2h$, so ergibt sich die Beziehung $\mu_e''' = 2h \dfrac{\Delta \alpha}{\varrho}$, damit erhält man für z. B. $\Delta \alpha = 1'$ die Werte

$$h \quad = 0 \quad 10 \quad 20 \quad 30 \quad 40 \quad 50 \text{ m},$$
$$\mu_e''' = 0 \quad 0{,}01 \quad 0{,}01 \quad 0{,}02 \quad 0{,}02 \quad 0{,}03 \text{ m}.$$

Ein in bezug auf Einfachheit bei der Bestimmung der horizontalen Entfernung e und des Höhenunterschiedes h dem oben angeführten Instrument von E. Hammer ähnliches Instrument ist der nach den Angaben von J. Szepessy von der Firma F. Süss in Budapest gebaute selbstrechnende Tachymeter. Der Grundgedanke dieses Instruments ergibt sich aus der Abb. 53, in der L eine im Zielpunkt vertikal aufgestellte Latte und S eine im Abstand a von der Kippachse K des Instruments vertikal, mit dem Nullpunkt in der Horizontalen durch K angeordnete Skala vorstellen. Entspricht einem durch zwei

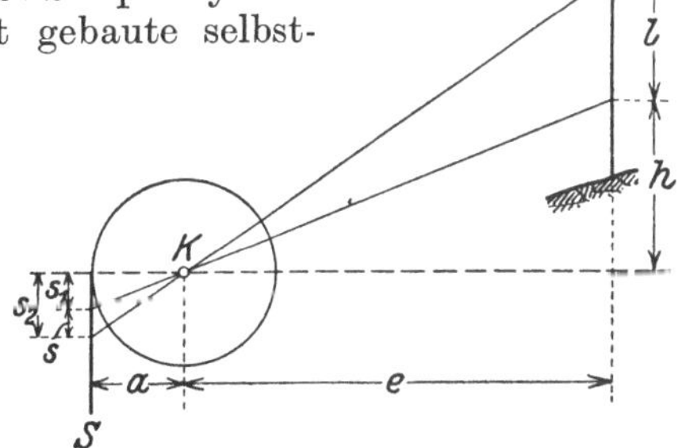

Abb. 53. Grundgedanke des Tachymeters von Szepessy.

Skalenstriche mit den Werten s_1 und s_2 bestimmten Skalenstück s ein an der Latte abzulesender Lattenabschnitt l, so erhält man die horizontale Entfernung e aus

$$e = \frac{a}{s} l \quad \text{oder} \quad e = kl, \quad \text{wenn} \quad k = \frac{a}{s}.$$

Den Höhenunterschied h zwischen der Kippachse und dem durch s_1 bestimmten Lattenpunkt findet man aus

$$h = \frac{e}{a} s_1.$$

Die Skala S ist bei dem Instrument zentral auf die Stirnfläche des Vertikalkreises projiziert und wird von hier mit Hilfe eines Linsen- und Prismensystems in das Gesichtsfeld des Fernrohrs übertragen, so daß in diesem einerseits die Skala S und andererseits die Latte L erscheinen. Die Additionskonstante des Fernrohrs ist gleich Null, die durch den Horizontalfaden bestimmte Zielachse geht demnach wie in der Abb. 53 stets durch die Kippachse K.

Benutzt man das Instrument zu Punktbestimmungen für topographische Zwecke, so bestimmt man den dem Abstand s zwischen zwei Strichen der Skala S entsprechenden Lattenabschnitt l; man findet dann die Entfernung e aus $e = kl$, wobei $k = 100$ ist. Ist s_1 der Wert des zur Bestimmung des Höhenunterschiedes h benutzten Striches der Skala S, so erhält man h aus

$$h = \frac{e}{100} s_1 \quad \text{oder} \quad h = l s_1.$$

Die mit dem Instrument erreichbare Genauigkeit kann man bei der Messung von kürzeren, etwa bis 150 m langen Strecken dadurch erhöhen, daß man in der Gleichung $e = kl$ unter Ausnutzung der ganzen Länge der Latte L die Konstante k möglichst klein oder den Lattenabschnitt l möglichst groß macht; dies erfordert aber zwei Fernrohreinstellungen. Der Vorgang bei der Messung besteht darin, daß man den Horizontalfaden des Fernrohrs zunächst genähert auf das untere Lattenende und sodann genau auf den nächstgelegenen Strich der Skala S einstellt; hierauf stellt man genähert das obere Lattenende und dann genau den nächstgelegenen Strich von S mit dem Horizontalfaden ein. Sind s_1 und s_2 die Werte der beiden eingestellten Striche der Skala S und l der den beiden Einstellungen des Horizontalfadens entsprechende Lattenabschnitt, so ergibt sich die horizontale Entfernung e aus

$$e = \frac{a}{s_2 - s_1} l \quad \text{oder} \quad e = kl, \quad \text{wenn} \quad k = \frac{a}{s_2 - s_1}.$$

Der Abstand a und die Skala S sind derart, daß k in jedem Fall eine runde Zahl ist. Nimmt man an, daß man mit dem 30fach vergrößernden Fernrohr den Lattenabschnitt l mit einem mittleren Fehler von $\pm 0,001$ m bestimmen kann, so beträgt bei einer auf 3 m ausgenutzten Latte der mittlere Fehler von e bei $e = 150$ m rund ± 5 cm, bei $e = 100$ m rund ± 3 cm und bei $e = 50$ m rund ± 2 cm. Der Tachymeter von J. Szepessy kann demnach auch zur Messung der Strecken bei Polygonzügen verwendet werden.

C. Der Meßtisch mit der Kippregel.

Der Meßtisch mit der Kippregel findet hauptsächlich Verwendung bei tachymetrischen Punktbestimmungen für die Zwecke von topographischen Aufnahmen. Der Unterschied zwischen der Festlegung eines Punktes mit dem Meßtisch und der mit dem Tachymetertheodolit besteht darin, daß die Richtung beim Meßtisch in der Zeichnung — graphisch — und beim Tachymetertheodolit in Zahlen — numerisch — festgelegt wird.

1. Der Bau des Meßtisches und der Kippregel.

Der Meßtisch (Abb. 54) besteht aus dem Stativ, dem Fußgestell und der etwa 60 auf 60 cm großen Holzplatte P. Der untere, die drei

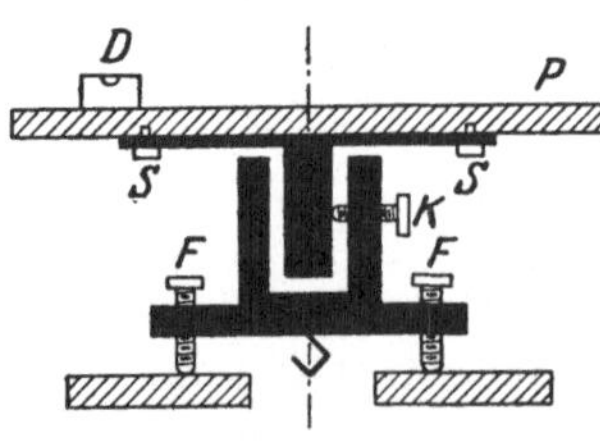
Abb. 54. Meßtisch.

Fuß- oder Stellschrauben F tragende Teil des Fußgestelles geht nach oben in eine Büchse über, in der der obere Teil mit einem Zapfen drehbar ist. Die Platte P ist mit Hilfe von drei, von Hand lösbaren Schrauben S mit dem oberen Teil des Fußgestells verbunden. Zur Festhaltung einer bestimmten Stellung der Platte P ist eine Klemmschraube K vorhanden, die mit einer Feinbewegungsschraube zur genauen Einstellung der Platte verbunden ist. Die Befestigung des Fußgestells auf dem Stativ geschieht in derselben Weise wie beim Theodolit entweder mit einem Stengelhaken mit Spiralfeder oder besser mit einer auf eine Fußplatte wirkenden Schraube. Die Horizontallegung der Platte P mittels der Fußschrauben F geschieht mit Benutzung einer lose aufsetzbaren, meist nicht zum Berichtigen eingerichteten Dosenlibelle D.

Die Kippregel (Abb. 55) besteht aus dem etwa 60 cm langen, an seiner einen Kante abgeschrägten Metallineal A, dem ein- oder zweiarmigen Kippachsenträger B, der Kippachse C, dem Fernrohr D und dem Vertikalkreis E. Libellen sind am besten vier vorhanden, eine auf dem Lineal sitzende Querlibelle F, eine Reitlibelle G zum Aufsetzen auf die Kippachse C, eine Libelle H auf dem Fernrohr und eine mit

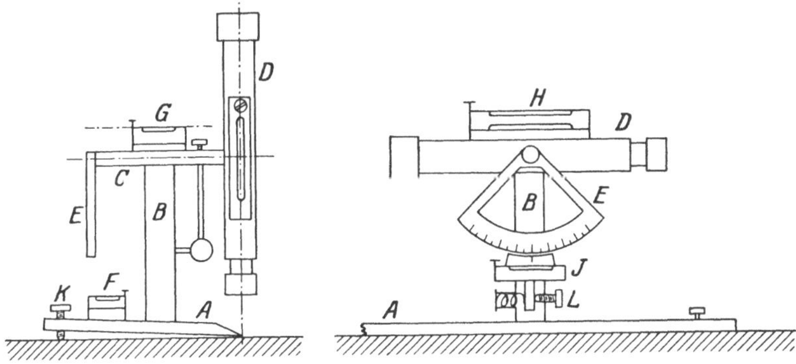

Abb. 55. Kippregel.

der Ablesevorrichtung des Vertikalkreises verbundene Libelle J; jede der Libellen ist mit einer Berichtigungsvorrichtung versehen. Die genaue Horizontallegung der Kippachse C während der Messung auf der mit der Dosenlibelle genähert horizontierten Meßtischplatte geschieht auf Grund der Libelle F mit Hilfe der Schraube K. Die Reitlibelle G wird nur zum Untersuchen und Berichtigen des Instruments benutzt. Die Fernrohrlibelle H ist mit Rücksicht auf die Untersuchung am besten eine Doppellibelle. Die Nonienlibelle J kann mit Hilfe einer besonderen Schraube L zum Einspielen gebracht werden.

Das — mit Rücksicht auf die Untersuchung der Kippregel — zum Durchschlagen eingerichtete Fernrohr ist mit einem Fadenentfernungsmesser mit der Multiplikationskonstanten gleich 100 ausgerüstet.

Eine bestimmte Lage des Fernrohrs wird mit einer Klemmschraube festgehalten; das festgeklemmte Fernrohr kann mit Hilfe einer Feinbewegungs- oder Kippschraube um kleine Beträge geneigt werden.

Der Vertikalkreis E ist wie beim Theodolit fest mit dem Fernrohr verbunden, so daß er beim Kippen des Fernrohrs dessen Bewegungen mitmacht. Da für die mit der Kippregel zu messenden Vertikalwinkel eine Genauigkeit von einer Minute im allgemeinen ausreicht, so mißt man mit der Kippregel die Vertikalwinkel nur in einer Fernrohrlage und liest dabei nur an einer Stelle des Vertikalkreises ab, der deshalb nicht als Vollkreis ausgebildet sein muß. Als Ablesevorrichtung findet man meist den Nonius; doch ist auch hier — wie beim Tachymeter-theodolit — das Strichmikroskop zu empfehlen.

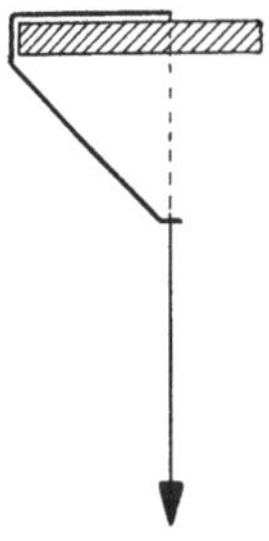

Zum Einrichten der Meßtischplatte mit Hilfe der magne-tischen Nordrichtung ist der Meßtischausrüstung meist eine Bussole in Gestalt einer Strich- oder Kastenbussole beigegeben; im allgemeinen ist diese fest mit dem Lineal verbunden.

Vielfach ist der Meßtisch so aufzustellen, daß ein an einer bestimmten Stelle der horizontalen Meßtischplatte liegen-der Punkt vertikal über dem ihm in der Natur entsprechen-den Punkt liegt. Für diesen Zweck befindet sich bei der Meßtischausrüstung eine Lotgabel (Abb. 56); diese ist derart gebaut, daß bei horizontaler Lage ihres Armes dessen in eine Spitze auslaufendes Ende vertikal über dem Aufhänge-punkt eines im Ende der Gabel anzuhängenden Schnurlotes liegt.

Abb. 56. Lotgabel.

2. Die Untersuchung und die Berichtigung des Meßtisches und der Kippregel.

An den Meßtisch werden zwei Anforderungen gestellt; es muß erstens die zur Aufnahme der Zeichnung bestimmte Oberfläche der Platte eben sein, und es muß zweitens die Platte bei einspielender Dosenlibelle horizontal liegen. Ob die erste Anforderung erfüllt ist, untersucht man in der üblichen Weise mit Hilfe der Kante eines guten Lineals. Die Dosenlibelle untersucht man in der früher angegebenen Weise, wobei man sie mit den Fußschrauben einspielen läßt und dann um 180° umsetzt; sollte sich darauf ein Ausschlag zeigen, so entspricht er dem doppelten Libellenfehler, der durch entsprechendes Abschleifen der Aufsatzfläche der Libelle zu beseitigen wäre.

Bei den an die Kippregel zu stellenden Anforderungen hat man insofern zwei Arten zu unterscheiden, als die Kippregel zur Festlegung von horizontalen Richtungen und zur Messung von Vertikalwinkeln Verwendung findet.

a) Bei einer zur **Festlegung von horizontalen Richtungen** aufgestellten Kippregel muß die Zielachse beim Kippen des Fernrohrs eine Vertikal-ebene beschreiben; daraus ergeben sich die folgenden Einzelanforde-rungen:

α) Die Achse der Reitlibelle G muß parallel sein zur Kippachse C, so daß diese bei einspielender Libelle horizontal liegt. Die auf diese Anforderung sich beziehende Untersuchung geschieht in der Weise, daß man die Reitlibelle mit der Schraube K scharf einspielen läßt und dann die Libelle umsetzt; zeigt sich dabei ein Ausschlag, so entspricht er dem doppelten Libellenfehler und wird deshalb zur Hälfte mit der Schraube K und zur Hälfte mit der Berichtigungsvorrichtung der Reit-libelle weggeschafft. Spielt die untersuchte und erforderlichenfalls be-richtigte Reitlibelle ein, so muß auch die Querlibelle F auf dem Lineal einspielen; ist dies nicht der Fall, so bringt man sie mit ihrer Berichtigungsvorrichtung zum Einspielen. Die Horizontallegung der Kippachse erfolgt dann beim Gebrauch der Kippregel mit Hilfe der Lineallibelle F.

β) Die Zielachse des Fernrohrs muß senkrecht stehen zur Kippachse. Bei der Untersuchung, ob diese Anforderung erfüllt ist, zielt man einen mindestens 100 m entfernten, in ungefähr derselben Höhe wie die Kippregel liegenden Punkt P bei horizontaler Kippachse an und zeichnet die durch die Linealkante bestimmte Gerade; hierauf schlägt man das Fernrohr durch, dreht die Kippregel um einen durch eine Nadel bezeichneten, am Rande der Meßtischplatte gelegenen Punkt um rund 180° und zielt den zuvor benutzten Punkt P bei horizontaler Kippachse wieder an. Zeichnet man die der zweiten Zielung entsprechende, durch die Linealkante bestimmte Gerade, und fällt diese mit der ersten nicht zusammen, so entspricht der Winkel zwischen beiden Geraden dem doppelten Zielachsenfehler; man stellt deshalb die Linealkante auf die Winkelhalbierende ein und verschiebt dann das Fadenkreuz so weit, bis der Punkt P wieder angezielt ist.

γ) Die Linealkante soll in oder parallel zu der Kippebene der Zielachse liegen. Ist diese Anforderung nicht erfüllt, so ist dies unschädlich für den Fall, daß die Zielpunkte alle ungefähr gleich weit entfernt sind, und daß man stets ungefähr denselben Punkt der Linealkante beim Anlegen benutzt. Die auf die Anforderung sich beziehende Untersuchung geschieht in der Weise, daß man der Länge des Lineals entsprechend zwei Nadeln senkrecht in die Meßtischplatte steckt und mit der dadurch bestimmten Geraden bei horizontaler Platte einen etwa 100 m entfernten Punkt anzielt; legt man dann die Linealkante an die beiden Nadeln an, so zeigt ein Blick durch das Fernrohr, ob die Anforderung erfüllt ist oder nicht.

b) Bei einer zur **Messung von Vertikalwinkeln** bestimmten Kippregel soll der Fehler der Nullmarke der Ablesevorrichtung gleich Null sein; dies ist der Fall, wenn bei einspielender Nonienlibelle und horizontal liegender Zielachse die Ablesung am Vertikalkreis gleich Null ist. Hieraus ergeben sich folgende Einzelforderungen:

α) Die Zielachse muß parallel sein zu den beiden, unter sich parallelen Achsen der Fernrohrlibelle. Bei der Untersuchung dieser Anforderung liest man zunächst in der einen Fernrohrlage — mit Libelle unten — und dann in der anderen Fernrohrlage — mit Libelle oben — bei gut einspielender Libelle an einem in etwa 40—50 m Entfernung vertikal aufgestellten Maßstab ab. Sind die dabei gemachten Ablesungen a_1 und a_2 verschieden, so liegt die Zielachse nicht parallel zu den beiden Libellenachsen und demnach bei einspielender Libelle nicht horizontal. Der horizontalen Lage der Zielachse entspricht die Ablesung $a = \dfrac{a_1 + a_2}{2}$; man stellt deshalb a mit Benutzung der Kippschraube des Fernrohrs am Maßstab ein und bringt die dann ausschlagende Libelle mit Hilfe ihrer Berichtigungsvorrichtung wieder zum Einspielen.

β) Liegt die Zielachse parallel zu den Achsen der Fernrohrlibelle, so läßt man diese scharf einspielen und stellt dann mit der zu der Nonienlibelle gehörigen Feinbewegungsschraube L (Abb. 55) am Vertikalkreis die Ablesung $0°$ ein; schlägt die Nonienlibelle hierauf aus, so bringt man sie mit Hilfe ihrer Berichtigungsvorrichtung zum Einspielen.

3. Die Verwendung des Meßtisches mit der Kippregel.

Bei der Verwendung des Meßtisches mit der Kippregel zu tachymetrischen Punktbestimmungen müssen Richtungen festgelegt, Strecken und Vertikalwinkel gemessen und Höhenunterschiede berechnet werden.

Die Festlegung von Richtungen erfolgt unmittelbar in der Zeichnung mit Hilfe der Linealkante der Kippregel.

Die Messung der Strecken mit dem Fadenentfernungsmesser der Kippregel geschieht genau in derselben Weise wie mit dem Tachymetertheodolit. Soll die horizontale Entfernung e zwischen dem Instrument und einem Zielpunkt Z gemessen werden, so läßt man in Z eine Tachymeterlatte vertikal aufhalten und liest an ihr den durch die beiden entfernungsmessenden Fäden bestimmten Lattenabschnitt l ab; man erhält dann e aus

$$e = E \cos^2\alpha, \quad \text{wobei} \quad E = k_0 l \pm \varDelta E.$$

Dabei ist k_0 eine runde Zahl, z. B. gleich 100; $\varDelta E$ ist einem zu der betreffenden Kippregel gehörigen Täfelchen zu entnehmen. Bei der Messung des Vertikalwinkels α genügt für den angegebenen Zweck die Messung in einer Fernrohrlage; dabei liest man — für den Fall, daß der Nullenmarkenfehler gleich Null ist — bei einspielender Nonienlibelle unmittelbar α ab.

Den Höhenunterschied h zwischen der Kippachse des Instruments und dem durch den Mittelfaden bestimmten Lattenpunkt findet man aus

$$h = e \operatorname{tg} \alpha$$

oder

$$h = \frac{1}{2} E \sin 2\alpha, \quad \text{wobei} \quad E = k_0 l \pm \varDelta E.$$

In bezug auf die Messung von l und α, sowie die Berechnung von e und h gelten die früher beim Tachymetertheodolit angeführten Einzelheiten.

Durch die Aerotopograph G. m. b. H. wird ein nach den Angaben von R. Hugershoff gebautes, als Autotachygraph bezeichnetes Instrument[1] in den Handel gebracht; es ist dies ein meßtischartiges Instrument mit einem als stereoskopischer Entfernungsmesser mit räumlich einstellbarer Marke ausgebildeten Fernrohr. Das Instrument bietet insbesondere den Vorteil, daß in den Zielpunkten keine Latte aufgehalten werden muß; es kommt deshalb zunächst zur Festlegung von unzugänglichen Punkten in Frage.

D. Die Instrumente der Photogrammetrie.

Die in der Photogrammetrie oder Phototachymetrie benutzten Instrumente kann man einteilen in Aufnahmeinstrumente und Aus-

---

[1] Vgl. Werkmeister, P.: Z. Instrumentenkde **1929**, 25.

wertungsinstrumente; mit den ersteren erfolgt die Aufnahme und mit
den letzteren die Auswertung von Meßbildern.

1. Die photogrammetrischen Aufnahmeinstrumente.

Die Aufnahmeinstrumente der Photogrammetrie lassen sich einteilen
in Stativinstrumente und Freihandinstrumente; die ersteren werden
für die Aufnahme fest aufgestellt und dienen zu Aufnahmen von der
Erde aus, die letzteren werden während der Aufnahme freihändig gehalten und finden zunächst bei Aufnahmen aus Luftfahrzeugen Verwendung[1]. Der wichtigste Teil von jedem Aufnahmeinstrument ist die
Meßkammer.

Die Meßkammer ist eine mit einem verzeichnungsfreien Objektiv
und Zentralverschluß versehene photographische Kammer, bei der die
lichtempfindliche Schicht der Platte während der Aufnahme stets in
demselben Abstand f vom Objektiv O (Abb. 57) liegt; das Kammer-

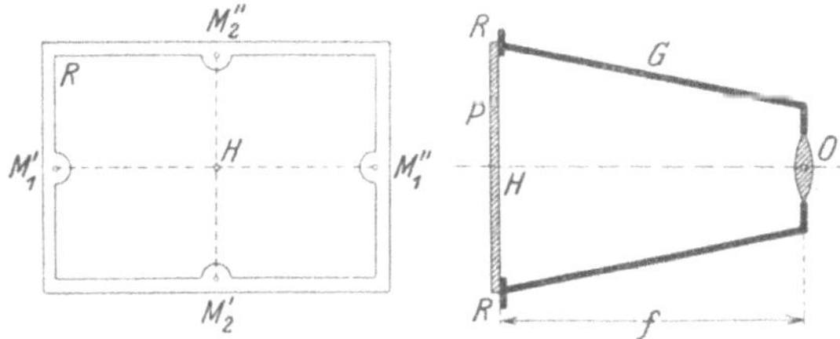

Abb. 57. Meßkammer.

gehäuse G ist deshalb starr und mit einem Rahmen R versehen, an den
die Platte P vor der Aufnahme angedrückt wird. Der Anlegerahmen R
und das Objektiv O sind so mit dem Gehäuse G verbunden, daß die
optische Achse des Objektivs senkrecht zu der photographischen
Platte P steht.

Für die Auswertung eines mit einer Meßkammer aufgenommenen
Meßbildes muß man seine „innere Orientierung" kennen. Die innere
Orientierung eines Meßbildes ist bestimmt durch die Lage des
hinteren Objektivhauptpunktes zur Bildebene bei der Aufnahme; man
kann diese Lage auf verschiedene Arten angeben, z. B. mit Hilfe der
als Bildhauptpunkt bezeichneten Projektion H des Objektivhauptpunktes auf die Bildebene oder mit Hilfe eines durch den Objektivhauptpunkt nach bestimmten Punkten des Bildes gehenden Strahlen-
büschels. Bei Benutzung des Bildhauptpunktes H ist die innere Orientierung bestimmt durch die Lage dieses Punktes und die Bildweite f.
Den Bildhauptpunkt H erhält man als Schnittpunkt der Verbindungsgeraden von zwei auf dem Anlegerahmen angebrachten Markenpaaren
M_1 und M_2, die bei der Aufnahme mitabgebildet werden. Die Bildweite
f ist bei der vom Mechaniker auf unendlich eingestellten Kammer gleich

---

[1] Daß die zu Aufnahmen aus Luftfahrzeugen benutzten Instrumente nicht nur
freihändig gehalten werden, sondern auch im Fahrzeug eingebaut verwendet
werden, bedeutet im vorliegenden Fall keinen grundsätzlichen Unterschied.

der Brennweite des Objektivs[1]. Verwendet man ein Strahlenbüschel zur Festlegung der inneren Orientierung, so ist diese z. B. bestimmt durch die Winkel im Objektivhauptpunkt zwischen dem Schnittpunkt eines Achsenkreuzes einerseits und den vier, die beiden Achsen bestimmenden Marken andererseits[2]. Die letztere Art der Angabe der inneren Orientierung einer Kammer hat insbesondere den Vorteil, daß die Orientierungswerte auch dann unverändert bleiben, wenn die Bildplatte im Augenblick der Aufnahme am Markenrahmen nicht vollständig anliegt.

Bei Meßkammern kommen Plattengrößen zwischen 9×12 und 24×30 cm und Brennweiten zwischen 100 und 1000 mm vor; für Geländeaufnahmen von der Erde aus haben sich die Plattengröße 13×18 cm und eine Brennweite von etwa 20 cm am meisten bewährt. Bei Freihandinstrumenten werden hauptsächlich 13×18 cm große Platten und Brennweiten zwischen 15 und 25 cm verwendet.

Die Stativinstrumente haben außer der Meßkammer noch eine theodolitartige, zum Messen von Winkeln bestimmte Vorrichtung; sie werden deshalb als Phototheodolit bezeichnet. In bezug auf die Verbindung von Meßkammer und Theodolit kann man in der Hauptsache drei Bauarten unterscheiden. Bei der einen Bauart kann die Kammer mit dem Theodolit oder dem Oberbau des Theodolits oder auch nur mit dem Fernrohr des Theodolits vertauscht werden; bei der anderen Bauart wird der Theodolit oder auch nur das Fernrohr auf die Kammer gesetzt; bei der dritten Bauart geht die Zielachse des Fernrohrs durch die Kammer, wobei das Kammerobjektiv zugleich Fernrohrobjektiv sein kann oder nicht.

Unter den Stativinstrumenten gibt es solche, bei denen die Meßkammer nur mit vertikal stehender Bildebene benutzt wird, und solche, bei denen die Kammer und damit die Bildebene, z. B. für Aufnahmen in steilem Gelände, beliebig oder um bestimmte unveränderliche Beträge geneigt werden kann. In bezug auf die Bequemlichkeit bei der Auswertung verdienen Aufnahmen mit vertikaler Bildebene den Vorzug. Um die nur für Aufnahmen mit vertikaler Bildebene eingerichteten Instrumente auch in steilem Gelände verwenden zu können, ist bei ihnen das Objektiv zum Verschieben in vertikalem Sinn eingerichtet, oder es ist die Kammer z. B. mit drei, übereinander angeordneten Objektiven versehen.

Die an einen Phototheodolit zu stellenden Anforderungen, die hierauf sich beziehenden Untersuchungen und die unter Umständen nötigen Berichtigungen sind von der Bauart des Instruments abgängig[3].

---

[1] Vgl. z. B. W e r k m e i s t e r, P.: Bestimmung der inneren Orientierung der Kammer eines Phototheodolits. Z. Instrumentenkde 1930.

[2] Zur Messung dieser Winkel baut G. H e y d e einen besonderen Theodolit nach den Angaben von R. Hugershoff.

[3] Vgl. z. B. die von C. Pulfrich gemachten Angaben in der Druckschrift Mess 145 von C. Zeiß; ferner H o h e n n e r, H.: Ein neuer Universalphototheodolit. Internat. Arch. Photogrammetrie 5, 228 und D o l e ž a l, E.: Das Phototachymeter Doležal-Rost. Internat. Arch. Photogrammetrie 6, 219.

Die Freihandinstrumente bestehen aus einer mit Handgriffen versehenen Meßkammer mit Zielvorrichtung, Dosenlibelle und Auslöser. Die wenig empfindliche Dosenlibelle kann in der Zielrichtung geneigt und mit Hilfe einer Gradteilung auf einen bestimmten Neigungswinkel eingestellt werden. Der hebelartig wirkende Auslöser ist in der Nähe des rechten Handgriffs derart angebracht, daß er durch einen Druck mit dem Zeigefinger betätigt werden kann. Mit Rücksicht auf die vom Luftfahrzeug aus meist rasch hintereinander auszuführenden Aufnahmen werden besondere, einen raschen Wechsel der Platten ermöglichende „Wechselkassetten" verwendet.

Zu den Freihand-, d. h. nicht fest aufgestellten Instrumenten gehören die als Reihenbildner bezeichneten Kammern, die im Luftfahrzeug eingebaut selbsttätig eine zusammenhängende Reihe von Aufnahmen herstellen, durch deren Aneinanderreihung ein größerer Geländestreifen lückenlos überdeckt wird. Ein Instrument dieser Art ist z. B. die selbsttätig arbeitende Reihenmeßbildkammer von C. Zeiß[1] mit 21 cm Brennweite; bei ihr erfolgen die Aufnahmen auf einem 60 m langen und 19 cm breiten Filmstreifen, mit dem 460 Meßbilder hintereinander aufgenommen werden können. Das Filmband wird je im Augenblick der Aufnahme durch Staudruck gegen eine ebene Platte gedrückt und mit dieser an den Anlegerahmen gepreßt. Das Instrument ist mit einer Vorrichtung zur selbsttätigen Regelung der Überdeckung der aufeinander folgenden Bilder versehen.

2. Die photogrammetrischen Auswertungsinstrumente.

Die Auswertungsinstrumente kann man in zwei Gruppen einteilen; die eine Gruppe umfaßt die Instrumente zur Auswertung von Aufnahmen in horizontalem und vertikalem Sinn, zur anderen Gruppe gehören diejenigen Instrumente, mit denen eine Auswertung nur in horizontalem Sinn möglich ist. Die Instrumente der ersten Gruppe gestatten demnach die Festlegung von jedem Punkt nach Lage und Höhe; mit den nur bei horizontalem Gelände in Betracht kommenden Instrumenten der zweiten Gruppe kann man jeden Punkt nur seiner Lage nach festlegen. Die Instrumente der ersten Gruppe erfordern zwei, von verschiedenen Standpunkten aus aufgenommene Meßbilder, man kann sie daher als Zweibildinstrumente bezeichnen; bei den Instrumenten der zweiten Gruppe geschieht die Auswertung auf Grund von nur je einem Bild, sie sind deshalb Einbildinstrumente.

a) Die Zweibildinstrumente haben die folgende Aufgabe zu lösen: Von einem Stück der Erdoberfläche wurde von zwei verschiedenen Punkten aus je ein Meßbild aufgenommen, auf Grund von diesen beiden Bildern soll das Geländestück nach Lage und Höhe dargestellt werden; die beiden Bildebenen können dabei beliebig im Raum liegen.

Zweibildinstrumente sind der von C. Pulfrich erdachte Stereokomparator von C. Zeiß, der nach den Gedanken von E. v. Orel bei

---

[1] Vgl. Schneider, F.: Ein neues Reihenbildgerät für Luftmeßaufnahmen. Bildmessung u. Luftbildwesen **1926**, 29.

C. Zeiß gebaute Stereoautograph[1], der von R. Hugershoff erdachte Autokartograph[2] von G. Heyde, der nach den Angaben von W. Bauersfeld bei C. Zeiß hergestellte Stereoplanigraph[3], der von M. Gasser angegebene Doppelprojektor, der von H. Wild erdachte und gebaute Autograph[4] und der nach den Angaben von R. Hugershoff von G. Heyde gebaute Aerokartograph[5].

Der Stereokomparator gestattet nur punktweise Auswertung der Bilder; mit den anderen Instrumenten können die Bilder linienweise ausgewertet werden. Der Stereokomparator und der Stereoautograph kommen zunächst zur Auswertung von Bildern in Frage, die von der Erde aus mit vertikalen Bildebenen aufgenommen wurden; der Autokartograph, der Stereoplanigraph, der Doppelprojektor, der Aerokartograph und der Autograph können auch zur Auswertung von Bildern benutzt werden, die vom Luftfahrzeug aus aufgenommen wurden.

b) Mit den Einbildinstrumenten kann man schräg, vom Luftfahrzeug aus aufgenommene Bilder so umformen oder entzerren, daß sie die Eigenschaften von Bildern mit horizontaler Bildebene haben; die Instrumente heißen deshalb auch Umformer oder Entzerrungsinstrumente. Da ein umgeformtes oder entzerrtes Bild — ungefähr horizontales Gelände vorausgesetzt — unmittelbar den Grundriß des von ihm erfaßten Geländestücks liefert, so heißen die Einbildinstrumente auch Grundrißbildner.

Die Hauptteile eines Einbildinstruments sind die Lichtquelle Q (Abb. 58), die Kondensorlinse K, der Bildhalter B, die Linse L und der Projektionsschirm S.

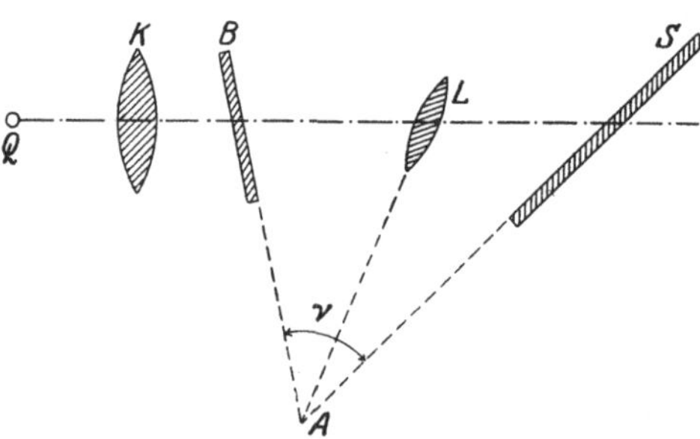

Abb. 58. Grundgedanke der Entzerrungsgeräte.

Der Bildhalter B dient zur Befestigung der Negativplatte des umzuformenden Bildes; auf dem Schirm S wird entweder ein lichtempfindliches Papier oder eine lichtempfindliche Platte zum Auffangen des umgeformten Bildes angebracht. Der Winkel ν zwischen den Ebenen des Bildhalters B und des Schirmes S muß gleich dem Neigungswinkel des Bildes gegen die Horizontale im Augenblick der Aufnahme sein; Bildhalter B und Schirm S sind deshalb

[1] Vgl. Lüscher, H.: Der Stereoautograph Modell 1914, seine Berichtigung und Anwendung. Z. Instrumentenkde 1919, 2.

[2] Vgl. Doležal, E.: Photogrammetrische Instrumente. Internat. Arch. Photogrammetrie 6, 288.

[3] Vgl. Gruber, O. v.: Der Stereoplanigraph der Firma Carl Zeiß, Jena. Z. Instrumentenkde 1923, 1.

[4] Vgl. Die Photogrammetrie und ihre Anwendung bei der schweizerischen Grundbuchvermessung und bei der allgemeinen Landesvermessung. Sammlung von Referaten. Brugg 1926, 141.

[5] Vgl. Gruner, H.: Der Aerokartograph nach Prof. Dr.-Ing. Hugershoff, Stuttgart.

drehbar angeordnet. Soll das auf dem Schirm entstehende umgeformte Bild an allen Stellen gleich scharf sein, so muß bei der Umformung die Hauptebene der Linse L durch die Schnittgerade A der Bild- und der Schirmebene gehen; die Linse L muß deshalb zum Drehen eingerichtet sein.

Unter den Einbildinstrumenten gibt es solche, die die umgeformten Bilder in einem beliebigen Maßstab liefern, und solche, mit denen die schräg aufgenommenen Bilder umgeformt und zugleich auf einen bestimmten Maßstab gebracht werden können[1]. Einbildinstrumente der letzteren Art sind die Entzerrungsgeräte der Photogrammetrie G. m. b. H. München und der Firma C. Zeiß; diese beiden Instrumente sind so eingerichtet, daß bei ihnen die oben angegebene Bedingung — die Hauptebene der Linse L muß durch die Schnittgerade A der Bild- und der Schirmebene gehen — selbsttätig erfüllt wird.

c) Bei den oben erwähnten Zweibildinstrumenten werden bei der Auswertung beide Bilder gleichzeitig verwendet. Ein Bildpaar kann auch in der Weise ausgewertet werden, daß man jedes Bild für sich verwendet; das dabei benutzte Instrument ist der Bildtheodolit[2], bei dem das auszuwertende Meßbild in einem Bildhalter befestigt und mit dessen Hilfe in diejenige Lage im Raum gebracht wird, die es im Augenblick der Aufnahme hatte. Der Bildtheodolit hat einen theodolitartigen, mit Horizontal- und Vertikalkreis versehenen Teil, der so mit dem Bildträger verbunden ist, daß man nach den einzelnen Punkten des im Träger befestigten Bildnegativs dieselben Horizontal- und Vertikalwinkel messen kann wie mit einem in dem Punkte, in dem die Aufnahme ausgeführt wurde, aufgestellten gewöhnlichen Theodolit.

Bildtheodolite, die in ihren Grundgedanken auf C. Koppe zurückgehen, werden nach den Angaben von C. Pulfrich und R. Hugershoff von C. Zeiß und G. Heyde gebaut[3].

E. Instrumente für flüchtige Aufnahmen.

Flüchtige oder weniger genaue, zur Ausarbeitung in einem kleinen Maßstab bestimmte Messungen werden z. B. auf Reisen ausgeführt zur Festlegung des Reiseweges zwischen den durch astronomische Messungen festgelegten Punkten und zur Aufnahme des durchzogenen Geländestreifens. Man hat dabei Strecken, Winkel und Höhen zu messen. Die zu messenden Strecken sind die horizontalen Entfernungen der in Frage kommenden Punkte. Die Höhen kann man mit dem Barometer oder mit dem Siedethermometer oder mit einfachen, keine feste Aufstellung erfordernden Nivellierinstrumenten messen. Bei der barometrischen Höhenmessung kann man entweder Quecksilberbarometer oder Feder-

---

[1] Vgl. Gruber, O. v.: Die perspektivischen und optischen Verhältnisse bei der Entzerrung von Fliegerbildern. Z. Instrumentenkde **1922**, 161.

[2] Das Instrument wird auch als Bildmeßtheodolit oder besser Meßbildtheodolit bezeichnet.

[3] Vgl. auch Samel, P.: Die Prüfung und Berichtigung eines Bildmeßtheodolits. Bildmessung und Luftbildwesen **1929**, 74.

barometer benutzen. Zur Festlegung des Reiseweges in horizontalem Sinn gibt es auch selbstaufzeichnende Instrumente. Zur Festlegung einzelner Punkte und zur Aufnahme von Einzelheiten werden gelegentlich auch Flachwinkel- und Rechtwinkelinstrumente benutzt.

1. Instrumente zur Messung von Strecken.

Die bei flüchtigen Aufnahmen zu messenden Strecken können entweder unmittelbar oder mittelbar gemessen werden.

Die unmittelbare Streckenmessung geschieht mit Hilfe eines Meßbandes, durch Abschreiten oder mit dem Meßrad.

Als Meßbänder benutzt man 20 oder 25 m lange, mit Dezimeterteilung versehene Stahlbänder, die in unbenutztem Zustand aufgerollt werden, und die bei Benutzung an den Enden entweder von Hand oder mit Hilfe von besonderen Stäben straff gezogen werden. Solche Stahlmeßbänder können auch zu gelegentlich vorkommenden genaueren Streckenmessungen verwendet werden.

Bei der Streckenmessung durch Abschreiten oder mit Hilfe des Schrittmaßes benutzt man besondere Instrumente zum Zählen der Schritte. Es gibt selbsttätig wirkende Schrittzähler und solche, die vom Benutzer in Tätigkeit gesetzt werden müssen. Bei den selbsttätigen, meist uhrförmigen Schrittzählern werden die Schritte durch die Bewegung des Körpers auf ein Pendel, und von diesem auf ein Zählwerk übertragen, an dem die Zahl der ausgeführten Schritte abgelesen werden kann. Soll ein selbsttätiger Schrittzähler einwandfrei wirken, so muß er vertikal, z. B. am Rock angehängt, getragen werden; mit Rücksicht auf die nicht zu umgehende Unsicherheit bei der Benutzung des Instruments verwendet man am besten mindestens zwei Instrumente gleichzeitig. Bei den nicht selbsttätig wirkenden Schrittzählern muß die Zählvorrichtung bei jedem Schritt durch einen Fingerdruck in Tätigkeit gesetzt werden.

Das Meßrad ist ein z. B. genau 1 m im Umfang messendes Metallrad, das mit Hilfe eines Holzgriffes geschoben oder gezogen wird; die einzelnen Umdrehungen des Rades werden auf ein mit dem Rad verbundenes Zählwerk übertragen und können an diesem abgelesen werden.

Für die mittelbare Streckenmessung bei flüchtigen Aufnahmen kommen in Frage der Fadenentfernungsmesser, der Schraubenentfernungsmesser, ein Doppelbildentfernungsmesser mit Grundstrecke im Standpunkt oder ein Raumbildentfernungsmesser. Der Fadenentfernungsmesser und der Schraubenentfernungsmesser haben den Nachteil, daß im Zielpunkt eine Latte aufgehalten bzw. aufgestellt werden muß. Sollen die Messungen in möglichst kurzer Zeit ausgeführt werden, so verwendet man einen Doppelbildentfernungsmesser oder einen Raumbildentfernungsmesser; das Instrument wird dabei auf einem leichten Stativ aufgestellt, oder es wird — wie beim Raumbildentfernungsmesser mit räumlichem Maßstab im Gesichtsfeld — auch freihändig benutzt.

2. Instrumente zur Messung von Winkeln.

Bei der Ausführung von flüchtigen Aufnahmen hat man Horizontalwinkel oder horizontale Richtungen und Neigungswinkel[1] zu messen.

Das wichtigste Hilfsmittel zur Festlegung von horizontalen Richtungen und damit zum Messen von Horizontalwinkeln ist die Bussole in Gestalt einer Vollkreisbussole. Je nach der angestrebten Genauigkeit und der zur Verfügung stehenden Zeit verwendet man eine Stockbussole oder auch nur eine Freihandbussole.

Sollen gelegentlich Horizontalwinkel etwas genauer gemessen werden als dies mit der Bussole möglich ist, so kann man — wenn man nicht zum Theodolit greifen will — einen Freihandwinkelmesser z. B. in Gestalt eines Sextanten verwenden. Ein für viele Zwecke recht brauchbares Instrument ist der nach den Angaben von C. Pulfrich bei C. Zeiß gebaute Freihandwinkelmesser[2].

Zur Messung von Neigungswinkeln gibt es besondere, für freihändigen Gebrauch eingerichtete Neigungsmesser verschiedener Bauart. In seiner einfachsten Form besteht ein Neigungsmesser aus einer auf einer Metallplatte angegebenen Gradteilung T (Abb. 59) und einem in dem Teilungsmittelpunkt aufgehängten Pendel P. Mit der Teilung T ist eine — z. B. aus Schlitz und Faden bestehende — Zielvorrichtung AB derart verbunden, daß bei horizontaler Lage von AB die Marke M des Pendels auf den Nullpunkt der Teilung T weist. Die Teilung ist vom Nullpunkt aus nach links und rechts beziffert. Es gibt auch Neigungs

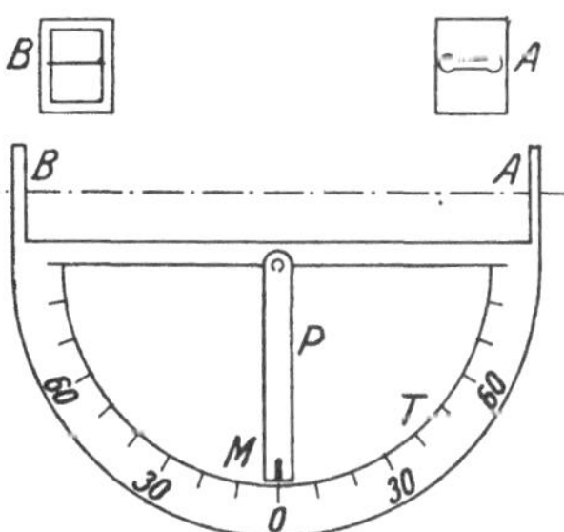

Abb. 59. Neigungsmesser.

messer, bei denen an Stelle oder neben der Gradteilung eine Teilung vorhanden ist, an der man die Neigung in Prozenten der horizontalen Entfernung abliest.

3. Quecksilberbarometer.

Die Quecksilberbarometer kann man einteilen in Gefäßbarometer, Heberbarometer und Gefäßheberbarometer; ihrer Beförderungsmöglichkeit entsprechend teilt man sie auch ein in Stations- oder Standbarometer und Feld- oder Reisebarometer. Der Gefäßheberbarometer ist ein ausgesprochenes Stationsinstrument und kommt deshalb hier nicht in Frage; als Reisebarometer eignet sich der Gefäßbarometer, der dann mit einer besonderen Vorrichtung zum Abschließen des Quecksilbers während der Beförderung ausgestattet sein muß.

Einen bei Reisen verwendbaren Gefäßbarometer baut die Firma R. Fueß. Bei diesem Instrument ist das Gefäß G (Abb. 60) unten mit einer Schraube S_1 abgeschlossen; soll das Instrument befördert werden,

---

[1] Der Neigungswinkel einer nichthorizontalen Geraden ist der Winkel zwischen der Geraden und ihrer Horizontalprojektion.

[2] Vgl. Pulfrich, C.: Ein neuer Freihand-Winkelmesser. Z. Instrumentenkde **1919**, 201.

so dreht man es um, entfernt die Schraube S_1 und setzt an ihre Stelle eine Schraube S_2, durch welche die mit Quecksilber gefüllte Glasröhre abgeschlossen wird.

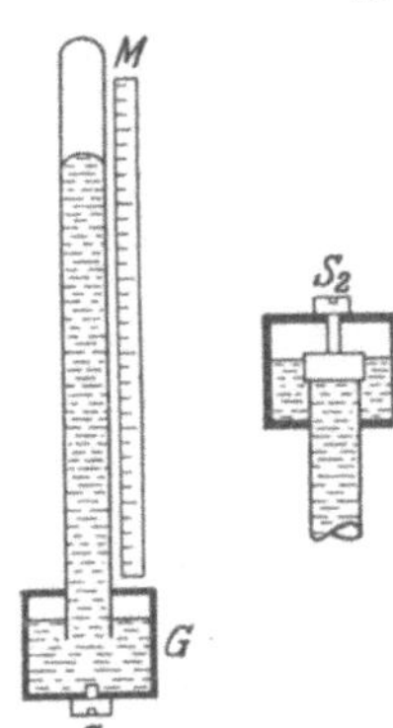
Abb. 60. Gefäßbarometer.

Die an einem Quecksilberbarometer gemachte Ablesung stellt nicht unmittelbar den Luftdruck vor; um diesen zu erhalten, muß man an der Ablesung verschiedene Verbesserungen anbringen, es sind dies die Gefäßverbesserung c_1, die Temperaturverbesserung c_2, die Verbesserung c_3 wegen der Kapillardepression, die aus zwei Teilen c_4 und c_5 bestehende Schwereverbesserung und die Standverbesserung c_6.

Ist der Maßstab M (Abb. 60) mit dem Gefäß G fest verbunden, und fallen der Nullpunkt des Meßstabes und die Oberfläche des Quecksilbers im Gefäß bei der Barometerablesung b_0 zusammen, so ist eine andere Ablesung b um c_1 zu $\left\{\begin{matrix}\text{verkleinern}\\\text{vergrößern}\end{matrix}\right\}$, wenn der Nullpunkt des Maßstabes $\left\{\begin{matrix}\text{eintaucht}\\\text{absteht}\end{matrix}\right\}$; dabei ist $c_1 = (b - b_0)\dfrac{d^2}{D^2}$, wobei $\left\{\begin{matrix}D\\d\end{matrix}\right\}$ der Durchmesser $\left\{\begin{matrix}\text{des Gefäßes}\\\text{der Röhre}\end{matrix}\right\}$ ist. Bei dem erwähnten Instrument von R. Fueß ist die Gefäßkorrektion in der Teilung des Maßstabes berücksichtigt, so daß man mit ihr nichts mehr zu tun hat.

Wegen der Veränderungen der Längen der Quecksilbersäule und des Maßstabes mit der Temperatur muß man die Ablesungen an einem Quecksilberbarometer z. B. auf $0°$ umrechnen; dies erfordert die Anbringung der Wärmeverbesserung[1] $c_2 = -b(\alpha - \beta)t$, wobei b der abgelesene Barometerstand, t die Temperatur von Quecksilber und Maßstab und $\left\{\begin{matrix}\alpha\\\beta\end{matrix}\right\}$ der Wärmeausdehnungskoeffizient des $\left\{\begin{matrix}\text{Quecksilbers}\\\text{Maßstabes}\end{matrix}\right\}$ ist.

Infolge der gegenseitigen Anziehung von Glas und Quecksilber entsteht die Kapillardepression; die Ablesungen am Barometer sind um c_3 zu klein. Der Wert von c_3 ist abhängig vom inneren Durchmesser des Rohres und von der Höhe der Quecksilberkuppe; c_3 kann besonderen, durch Versuche bestimmten Tafeln[2] entnommen werden.

Die beiden Schwereverbesserungen c_4 und c_5 sind durch die Veränderlichkeit der Fallbeschleunigung mit der geographischen Breite φ und der Meereshöhe H bestimmt; es läßt sich zeigen, daß $c_4 = -b\beta\cos 2\varphi$ und $c_5 = -\dfrac{2bH}{r}$, wobei b der abgelesene Barometerstand, r der Erdhalbmesser und $\beta = 0{,}00265$ ist.

Die Standverbesserung c_6 ist bei jedem Instrument eine andere; sie muß durch Vergleichen mit einem Normalbarometer bei verschiedenen Barometerständen bestimmt werden.

---

[1] Eine Tafel für c_2 — bezogen auf einen Messingmaßstab — ist enthalten in dem Lehrbuch der praktischen Physik von F. Kohlrausch.

[2] Siehe Kohlrausch, F.: Lehrbuch der praktischen Physik.

Ein bei der Ausführung von barometrischen Höhenmessungen zur Messung der Lufttemperatur gebrauchtes Hilfsinstrument ist der Schleuderthermometer; es ist dies ein an einer etwa 0,5 m langen Schnur befestigter Thermometer, der so lange von Hand durch die Luft geschleudert wird, bis die an ihm gemachte Ablesung dieselbe bleibt.

4. Federbarometer.

Bei den als Feld- oder Standbarometer benutzbaren Federbarometern wird der Luftdruck mit Hilfe der Hebungen bzw. Senkungen des Deckels einer luftleeren Dose gemessen. Von den verschiedenen Bauarten eignet sich am besten diejenige von Naudet, die besonders von den Firmen O. Bohne (Berlin) und G. Lufft (Stuttgart) hergestellt wird. Bei dem Instrument nach Naudet werden die kleinen Bewegungen des Dosendeckels mit Hilfe eines Hebelsystems auf ein Gliederkettchen und von diesem vergrößert auf einen Zeiger übertragen; die zu dem Zeiger gehörige Teilung gibt meist ganze oder halbe Millimeter, so daß man durch Schätzung auf 0,1 mm genau ablesen kann. Da der Stand des Zeigers außer vom Luftdruck auch von der Temperatur der Instrumententeile abhängig ist, so werden die Federbarometer einerseits durch entsprechende Umhüllung gegen Temperaturschwankungen geschützt und andererseits mit einem Thermometer versehen, an dem die Innentemperatur des Instruments abgelesen werden kann; von den beiden genannten Firmen werden auch „kompensierte" Federbarometer gebaut, bei denen der Zeigerstand unabhängig von der Temperatur der Instrumententeile ist.

Die an einem Federbarometer gemachte Ablesung ist — wie beim Quecksilberbarometer — nicht unmittelbar der Luftdruck. Sollen die bei verschiedenen Luftdrucken und verschiedenen Innentemperaturen gemachten Ablesungen miteinander verglichen und weiterverwertet werden, so muß man an den einzelnen Ablesungen drei Verbesserungen anbringen; es sind dies die Temperaturverbesserung, die Teilungsverbesserung und die Standverbesserung. Diese Verbesserungen müssen für jedes Instrument durch entsprechende Untersuchungen besonders bestimmt werden; das Ergebnis einer solchen Untersuchung drückt man aus in einer Gleichung von der Form

$$A_r = A + a\,t + b\,(A_t - C) + c, \quad \text{wobei} \quad A_t = A + a\,t.$$

Dabei sind A_r die umgerechnete Ablesung, A die ursprüngliche Ablesung, a der Temperaturkoeffizient, t die Innentemperatur, $a\,t$ die Temperaturverbesserung, b der Teilungskoeffizient, C ein beliebiger, gleich einer runden Zahl angenommener Barometerstand, $b\,(A_t - C)$ die Teilungsverbesserung und c die Standverbesserung.

Der Temperaturkoeffizient a wird für sich, und zwar zuerst bestimmt; den Teilungskoeffizienten b und die Standverbesserung c bestimmt man gemeinsam.

Den Temperaturkoeffizient a bestimmt man dadurch, daß man an dem Instrument bei möglichst verschiedenen Innentemperaturen Ablesungen macht und dabei die in der Zeit zwischen den einzelnen Ablesungen eingetretenen Luftdruckänderungen durch je gleichzeitiges Ablesen an einem Quecksilberbarometer oder einem zweiten, in der Temperatur und Höhenlage nicht veränderten Federbarometer ermittelt. Die Untersuchung führt man im Winter aus; man bringt dabei das seiner Umhüllung entnommene Instrument unter Einhaltung derselben Höhenlage zuerst ins Freie und dann in verschieden erwärmte Räume, wobei vor Ausführung der einzelnen Ablesungen das Instrument so lange in jeder neuen Temperatur liegen muß, bis anzunehmen ist, daß seine einzelnen Teile die Temperatur angenommen haben.

Ein Beispiel für die Bestimmung des Temperaturkoeffizienten eines Federbarometers ist das folgende:

Zeit	Quecksilber-barometer auf 0° umger.	Federbarometer		Innen-temperatur
		Luftdruck		
		abgelesen	auf 762,2 umger.	
h	mm	m	mm	°
10	762,2	760,6	760,6	— 8,5
12	761,4	760,2	761,0	+ 18,5
14	759,1	758,3	761,4	+ 46,0
16	758,0	756,7	760,9	+ 30,0
18	757,6	756,4	761,0	+ 21,5

Trägt man in einem rechtwinkligen Koordinatensystem die Temperaturen als Abszissen und die zugehörigen, auf 762,2 mm umgerechneten Ablesungen als Ordinaten an, so erhält man die fehlerzeigende Punkt-

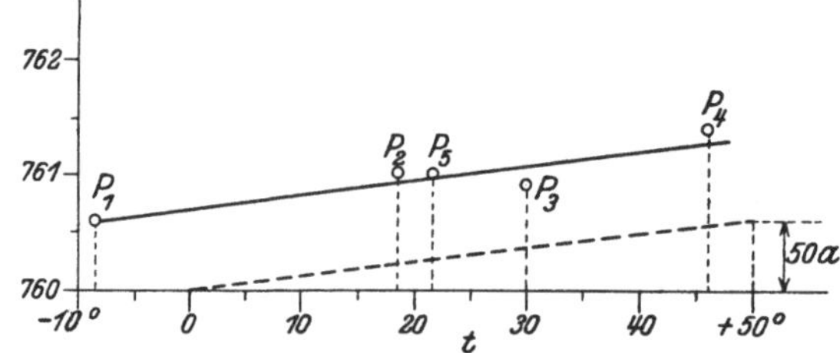

Abb. 61. Bestimmung des Temperaturkoeffizienten eines Federbarometers.

reihe P_1 bis P_5 (Abb. 61); zeichnet man für diese nach Gutdünken die plausibelste Gerade, so findet man mit dieser für $t = 50°$ den Wert $at = 0,6$ mm, also $a = -0,01_2$.

Den Teilungskoeffizienten b und die Standverbesserung c ermittelt man in der Weise, daß man bei möglichst verschiedenen Luftdrucken die Ablesungen am Federbarometer mit den gleichzeitig gemachten und umgerechneten Ablesungen an einem Quecksilberbarometer oder einem Siedethermometer[1] vergleicht. Verschiedene Luftdrucke erhält man dadurch, daß man die Vergleichungen über einen längeren Zeitabschnitt ausdehnt, oder daß man Vergleichungen in verschiedenen Meereshöhen vornimmt.

Beispiel. Zur Bestimmung des Teilungskoeffizienten b und der Standverbesserung c für den Federbarometer mit dem Temperatur-

---

[1] Vgl. den folgenden Abschnitt 5 „Der Siedethermometer".

koeffizienten $a = -0{,}01_2$ wurden an ihm und an einem Quecksilberbarometer je gleichzeitig in fünf Punkten mit verschiedenen Meereshöhen die folgenden Ablesungen gemacht:

Federbarometer		$A_t = A + at$	Umgerechnete Ablesungen am Quecksilberbarometer A_r	$A_r - A_t$	$A_t - C$ für $C = 700{,}0$ mm
Luftdruck A	Innentemperatur t				
mm	°	mm	mm	mm	mm
723,5	18,3	723,3	725,5	2,2	+ 23,3
716,0	18,2	715,8	717,7	1,9	+ 15,8
705,4	18,1	705,2	706,9	1,7	+ 5,2
697,4	18,3	697,2	698,6	1,4	− 2,8
685,2	18,4	685,0	685,8	0,8	− 15,0

Schreibt man die oben angegebene Gleichung in der Form

$$A_r - A_t = b(A_t - C) + c$$

und betrachtet man die fünf zu $A_t - C$ und $A_r - A_t$ gehörigen Wertepaare als rechtwinklige Koordinaten, so erhält man fünf, eine fehlerzeigende Punktreihe bildende Punkte P_1 bis P_5 (Abb. 62); deren plausibelste Gerade ergibt $c = +1{,}4$ mm und für $c = 0$ und $A_t - C = 50$ den Wert $b(A_t - C) = 1{,}8$ mm, also $b = +0{,}03_6$.

Die Gleichung des den vorstehenden Untersuchungen zugrunde liegenden Federbarometers lautet somit

$$A_r = A - 0{,}01_2\, t + 0{,}03_6\,(A_t - C) + 1{,}4.$$

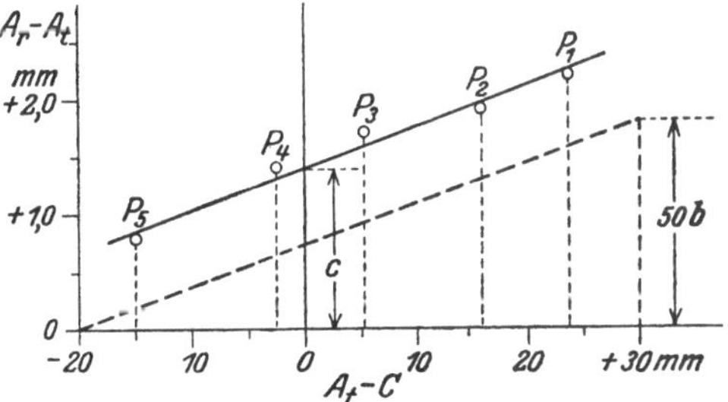

Abb. 62. Bestimmung des Teilungskoeffizienten und der Standverbesserung eines Federbarometers.

Für den praktischen Gebrauch schreibt man die Gleichung in der Form

$$A_r = A + v_1 + v_2$$

und bestimmt die an der Ablesung A anzubringenden Verbesserungen mit Hilfe von zwei graphischen Täfelchen; solche für das im vorstehen-

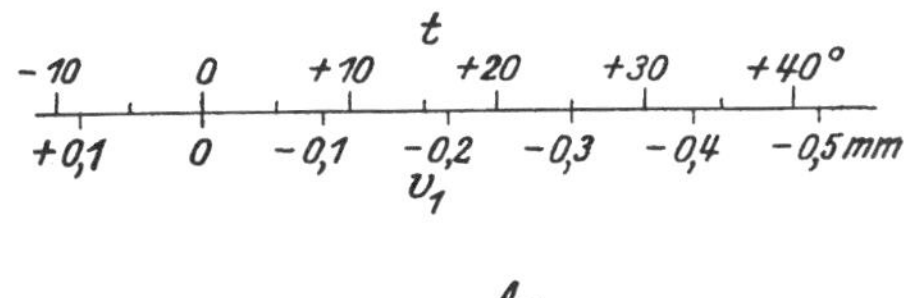

Abb. 63. Tafeln zur Bestimmung der Verbesserungen eines Federbarometers.

den benutzte Instrument zeigt die Abb. 63. Für z. B. $A = 708{,}7$ mm und $t = 15{,}3°$ erhält man $A_r = 708{,}7 - 0{,}2 + 1{,}7 = 710{,}2$ mm.

Der Temperaturkoeffizient a ist — auch bei den als kompensiert bezeichneten Instrumenten — mit der Zeit veränderlich und sollte in Abständen von mindestens zwei Jahren neu bestimmt werden. Da bei der am Thermometer des Federbarometers abzulesenden Innentemperatur t mit einer Unsicherheit von mindestens $\pm 1°$ gerechnet werden muß, so sollte a — für den Fall, daß man den Luftdruck mit keinem größeren Fehler als $\pm 0,1$ mm bestimmen will — nicht größer sein als 0,14. Auch der Teilungskoeffizient b und die Standverbesserung c sind nicht unveränderlich und müssen deshalb im Abstand von etwa zwei Jahren neu bestimmt werden; besonders c kann infolge von starken Erschütterungen des Instruments große Veränderungen erfahren. Für gewisse Messungsverfahren braucht man b und c nicht zu kennen; a sollte stets bekannt sein. Bei den meisten, für Höhenmessungen bestimmten Federbarometern kann man die Standverbesserung c mit Hilfe einer am Boden des Instruments von außen sichtbaren Schraube verändern bzw. für einen bestimmten Luftdruck auf Null stellen; ein solcher Eingriff in das Instrument empfiehlt sich schon deshalb nicht, weil c einfach berücksichtigt werden kann.

Beim Gebrauch ist der Federbarometer so — am besten horizontal — zu tragen, daß er vor starken Erschütterungen — z. B. durch den Körper — geschützt ist; mit Rücksicht auf eine gleichbleibende Innentemperatur ist das Instrument vor einseitiger Erwärmung — z. B. durch Sonnenbestrahlung — zu schützen. Hemmungen in den zwischen der Dose und dem Zeiger eingebauten Übertragungsteilen werden durch leichtes Beklopfen des Instruments vor jeder Ablesung ausgelöst.

Infolge der elastischen Nachwirkung wird ein einem $\begin{Bmatrix} \text{abnehmenden} \\ \text{zunehmenden} \end{Bmatrix}$ Luftdruck ausgesetzter Federbarometer beim Übergang in einen gleichbleibenden Luftdruck zunächst noch $\begin{Bmatrix} \text{fallen} \\ \text{steigen} \end{Bmatrix}$ und erst nach einiger Zeit seinen richtigen Stand einnehmen; hierauf hat man bei der Ausführung von Messungen unter Umständen in der Weise Rücksicht zu nehmen, daß man vor jeder Ablesung genügend lange wartet.

Für manche Zwecke, z. B. zur Ausführung von fortlaufenden Beobachtungen an demselben Orte verwendet man mit Vorteil einen den Barometerstand bzw. die Luftdruckänderungen selbsttätig aufzeichnenden Barographen; es ist dies ein Federbarometer, bei dem der Zeiger als Schreibfeder ausgebildet ist, die leicht an einem mit entsprechenden Teilungen für die Zeit und den Luftdruck versehenen Papierstreifen anliegt, der durch ein mit der Teilung übereinstimmendes Uhrwerk fortbewegt wird.

Bei Verwendung eines Barographen zum Aufzeichnen des Luftdrucks in einem bestimmten Ort wird häufig neben diesem ein Thermograph zum Aufzeichnen der Lufttemperatur bzw. deren Veränderungen verwendet; es ist dies ein in ähnlicher Weise wie der Barograph wirkender Metallthermometer.

5. Der Siedethermometer.

Mit dem Siedethermometer wird die vom Luftdruck abhängige Siedetemperatur des Wassers bestimmt. Das Instrument besteht aus dem

Spiritusbrenner A (Abb. 64), dem Wasserbehälter B und dem Thermometer C. Der Wasserbehälter und die Flamme des Brenners sind von einem beide gegen Luftzug schützenden Gefäß D umgeben. Der Wasserbehälter B geht nach oben in eine Röhre E über, in der der Thermometer mit Hilfe eines verschiebbaren Gummiringes F gehalten wird.

Der Thermometer hat entweder eine Teilung zur Ablesung der Siedetemperatur des Wassers oder eine solche zur unmittelbaren Ablesung des Luftdrucks; im ersten Fall ist meist ein Grad in 20 Teile eingeteilt, so daß man durch Schätzung mit Benutzung einer Lupe auf 0,005° genau ablesen kann. Hat der Thermometer eine Luftdruckteilung, so hat diese meist Striche von 2 zu 2 mm, so daß der Luftdruck durch Schätzung auf 0,2 mm genau abgelesen werden kann. Ist die Thermometerteilung eine Temperaturteilung, so erhält man aus den an dieser gemachten Ablesungen den entsprechenden Luftdruck mit Hilfe der in der Abb. 65 angegebenen Tafel.

Die an einem Siedethermometer gemachten Ablesungen erfordern die Anbringung einer „Standverbesserung"; diese muß für jedes Instrument besonders durch Vergleichen mit einem Normalbarometer bei verschiedenen Luftdrucken

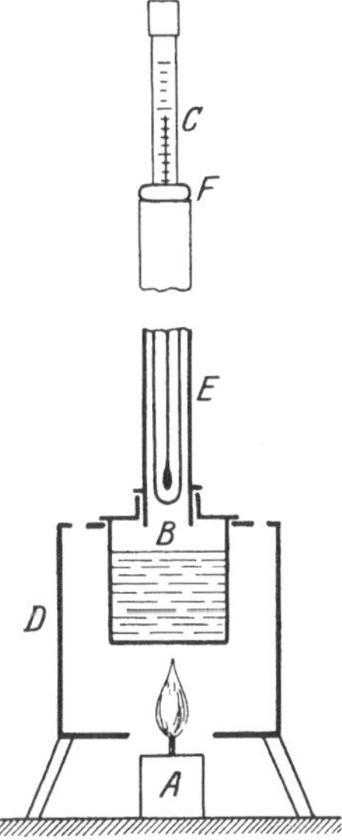

Abb. 64. Siedethermometer.

— z. B. durch die Physikalisch-Technische Reichsanstalt — bestimmt werden. Das Herausragen des Quecksilberfadens aus dem Siedegefäß erfordert unter Umständen die Anbringung einer entsprechenden Verbesserung; Angaben über eine solche findet man auf den jeweiligen Prüfungsscheinen der Physikalisch-Technischen Reichsanstalt.

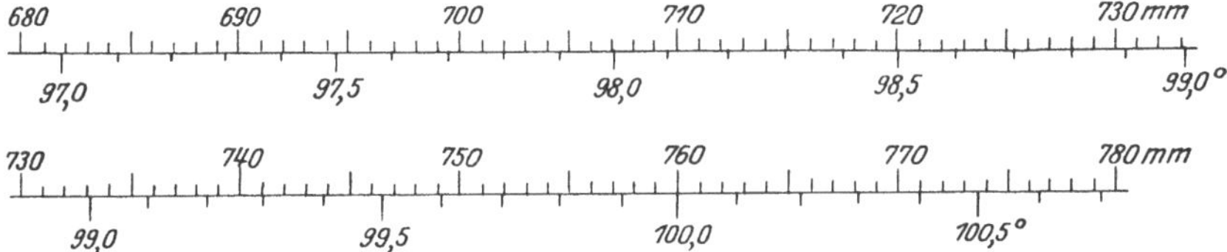

Abb. 65. Tafel zur Bestimmung des Luftdrucks für eine gemessene Siedetemperatur von Wasser.

Beim Gebrauch wird der Siedethermometer an einem windgeschützten Ort aufgestellt; das benutzte Wasser muß rein, also insbesondere salzfrei sein. Das Siedegefäß soll reichlich zur Hälfte gefüllt sein. Den Gummiring F verschiebt man derart, daß die in Frage kommende Ablesestelle des Thermometers nur soviel als zur Ablesung notwendig ist — also etwa 0,5 cm — über die Röhre E hinausragt. Die Röhre E und das Thermometer C müssen beide vertikal stehen, so daß eine gegenseitige Berührung nicht stattfindet. Die Flamme des Spiritusbrenners soll stets auf ungefähr derselben, vom Verfertiger des Instru-

ments angegebenen Höhe gehalten werden. Die Ablesungen werden
etwa 5 Minuten nach Beginn des Siedens vorgenommen. Im allgemeinen
empfiehlt sich die Wiederholung der Messung, wobei man vor der zweiten
Messung das Sieden für kurze Zeit unterbricht. Beim Gebrauch des
Siedethermometers zeigt es sich häufig, daß kleine Mengen des Quecksilbers überdestillieren und sich an dem oberen Röhrenteil nieder-
schlagen; im allgemeinen kann man sie durch Schwingen und Beklopfen des Thermometers wieder mit dem übrigen Quecksilber ver-
einigen.

Da man mit dem Siedethermometer absolute Werte des Luftdrucks
bestimmen kann, so wird er insbesondere auf Reisen zur Überwachung
von Federbarometern in bezug auf ihre Standverbesserung benutzt, die
durch Erschütterungen Veränderungen ausgesetzt ist.

6. Einfache, keine feste Aufstellung erfordernde Nivellier-instrumente.

Als Nivellierinstrumente im weiteren Sinne bezeichnet man alle Instrumente, mit denen man Höhenunterschiede mit Hilfe von horizontalen Geraden bestimmen kann. Neben den beim Gebrauch auf einem
dreibeinigen Stativ befestigten und fest aufgestellten Nivellierinstrumenten gibt es auch solche, die freihändig verwendet werden können
oder eine nur lose Aufstellung erfordern; es sind dies das Freihandnivellierinstrument, der Nivellierstab und die geschlossene Kanalwage.

a) Das Freihandnivellierinstrument besteht aus einem Fernrohr F (Abb. 66) mit geringer Vergrößerung und einer wenig empfindlichen Libelle L; Fernrohr und Libelle sind so miteinander verbunden, daß die Zielachse und die
Libellenachse parallel zueinander
sind, so daß bei einspielender Libelle die Zielachse horizontal liegt.
Das Instrument ist mit einem Spiegel S verbunden, durch den die Libelle in das Gesichtsfeld des Fernrohrs gespiegelt wird. Hält man

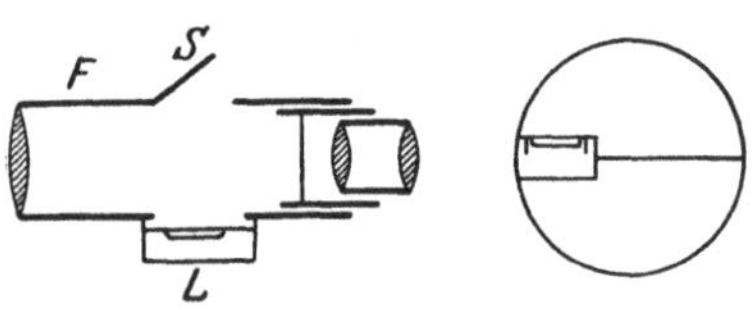

Abb. 66. Grundgedanke eines Freihandnivellier-
instruments.

das Instrument ungefähr horizontal, so sieht man im Gesichtsfeld
außer dem Horizontalfaden zur Ausführung der Ablesungen an einer
vertikal aufgehaltenen Latte die Blase der Libelle; bei der geringen
Empfindlichkeit der Libelle kann man diese durch entsprechendes
Neigen des Instruments zum Einspielen bringen. An Stelle der vollständig freihändigen Benutzung kann man das Instrument auch auf
einem Stab verwenden.

b) Der Nivellierstab[1] besteht aus dem rund 1,5 m langen Stab S
(Abb. 67), dem Rechtwinkelprisma P, der Dosenlibelle D und der Ein-
stellmarke M. Der aus Holz gefertigte Stab ist unten mit einer eisernen
Spitze versehen, so daß er leicht in den Boden gedrückt werden kann.
Das Prisma, die Dosenlibelle und die Einstellmarke können für die

---

[1] Vgl. Werkmeister, P.: Nivellierstab. Z. Instrumentenkde 1921, 355.

Beförderung abgeschraubt werden. Die Dosenlibelle ist auf ihrer Oberseite mit einer in roter Farbe angegebenen Geraden G versehen; durch diese Gerade und die Einstellmarke M ist die Zielachse AZ bestimmt. Beim Gebrauch des Stabes gibt man ihm von Hand diejenige Stellung, bei der die im Prisma gesehene Dosenlibelle einspielt; gibt man dann durch Auf- und Abbewegen des Kopfes dem Auge diejenige Stellung, bei der die Marke M mit der Geraden G zusammenfällt, so ergibt die Verlängerung der im Prisma gesehenen Geraden G über den Prismenrand hinaus die horizontale Zielung Z. Die Untersuchung des Nivellierstabes geschieht in einfacher Weise mit Hilfe von zwei gleich hoch gelegenen, etwa 30 m voneinander entfernten Punkten; ein sich zeigender Fehler kann mit der Libelle weggeschafft werden, die für diesen Zweck mit einer Berichtigungsvorrichtung versehen ist. Die Genauigkeit des Nivellierstabes beträgt bei 130 m großen Zielungen etwa ± 5 cm.

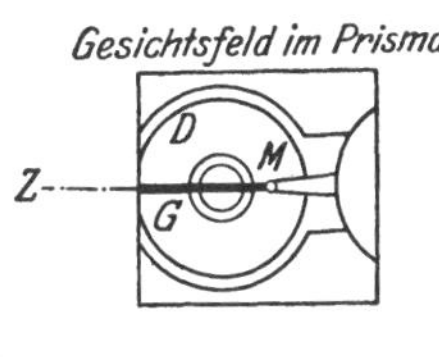
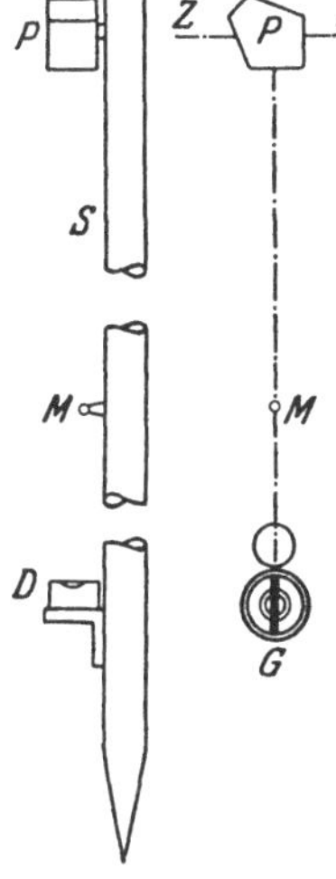

Abb. 67. Nivellierstab.

c) Die geschlossene Kanalwaage (Abb. 68) besteht aus einer z. B. kreisförmigen Glasröhre, die zum Teil mit gefärbtem Wasser gefüllt ist; die horizontale Gerade ist durch die beiden Wasserstände A und B bestimmt. Die Kanalwaage wird freihändig verwendet.

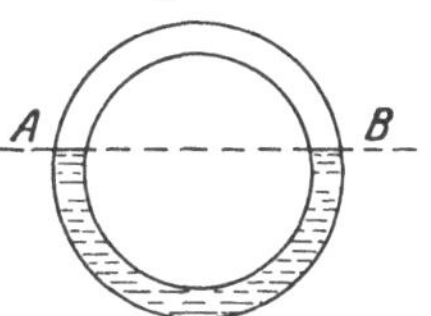

Abb. 68. Kanalwaage.

Zur Ablesung der Höhenunterschiede verwendet man bei Benutzung der im vorstehenden angegebenen Instrumente auf Leinwand aufgemalte Teilungen — Nivellierbänder —, die außer Gebrauch aufgerollt und beim Gebrauch an einem passenden Holzstück befestigt werden.

7. Den Lageplan selbstaufzeichnende Instrumente.

Von Th. Ferguson wurden drei, den zurückgelegten Weg selbsttätig aufzeichnende, als Pedograph, Hodograph und Zyklograph bezeichnete Instrumente angegeben[1]; der Pedograph wird vom Fußgänger, der Hodograph auf dem Schiff und der Zyklograph auf dem Fahrrad verwendet. Von diesen Instrumenten kann insbesondere der Pedograph unter Umständen gute Dienste leisten.

Der Pedograph besteht aus einem halbkreisförmigen Kasten K (Abb. 69), in dem eine beim Gebrauch vertikal liegende Platte P zum Aufnehmen der Zeichnung um eine beim Gebrauch horizontale Achse A drehbar befestigt ist; die Drehung der Platte erfolgt mit Hilfe eines an der Außenseite des Kastens angebrachten Handgriffs. Die Zeichenplatte

---

[1] Vgl. Koll, F.: Automatische Meßinstrumente. Z. Vermessungswesen 1905, 245.

P steht durch eine Schnur ohne Ende in Verbindung mit einem Ring R an der horizontalen Schmalseite des Kastens K. In dem Mittelpunkt des mit einer Marke M versehenen Ringes R schwingt eine Magnetnadel N. Auf der Platte P sitzt ein kleiner Wagen W, der durch den

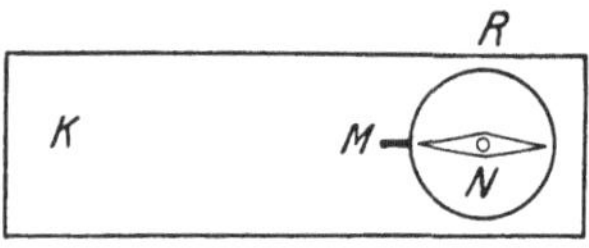

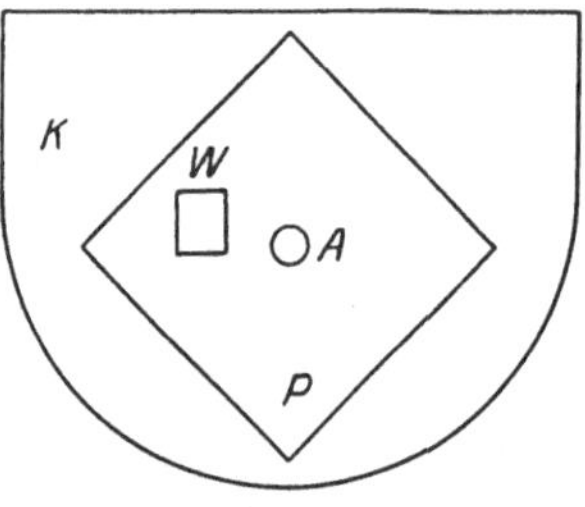

Abb. 69.
Grundgedanke des Pedographen.

Deckel des Kastens leicht angedrückt wird. Der Wagen ist mit einem pendelnden, ihm stets dieselbe Richtung gebenden Gewicht versehen, das beim Bewegen des Instruments ähnlich wie dasjenige eines Schrittzählers wirkt; das Gewicht steht mit einem kleinen, vertikal liegenden Zahnrad in Verbindung, auf das seine Bewegungen übertragen werden. Bei der Benutzung des Instruments, das umgehängt an der Seite getragen wird, werden die einzelnen Schritte des Trägers auf das Instrument übertragen, so daß der Wagen W schrittweise um je einen Zahn des Zahnrades weiterbewegt wird; der jeweils am Papier anliegende Zahn des Rades macht dabei einen kleinen Eindruck auf dem Papier. Da der Wagen infolge des an ihm

angebrachten Gewichts sich stets in derselben Richtung, vertikal nach unten, bewegt, so hat der Träger seine Aufmerksamkeit nur auf die Richtung des Weges einzustellen; er hat dabei dafür zu sorgen, daß die Marke M des Ringes R stets auf die Magnetnadel eingestellt ist. Fallen für eine bestimmte Richtung Marke und Magnetnadel zusammen, und ändert der Träger an einer Stelle die Richtung, so weist die Marke nicht mehr auf die Magnetnadel; damit dies wieder eintritt, muß die Platte P und damit der mit ihr verbundene Ring R mit Hilfe des erwähnten Handgriffs so weit gedreht werden, bis M mit N wieder zusammenfällt.

Das Instrument ist praktisch erprobt und kann bei Aufnahmen in ebenem Gelände wertvolle Dienste leisten[1].

Von der Firma G. Heyde wird nach den Angaben von R. Hugershoff ein Instrument gebaut, bei dem die Marschzeit und die Wegrichtung selbsttätig aufgeschrieben werden.

8. Rechtwinkel- und Flachwinkelinstrumente.

a) Von den verschiedenen **Rechtwinkelinstrumenten** zum Errichten und Fällen von Loten ist das empfehlenswerteste das Fünfseitprisma. Es ist dies ein Glasprisma mit einem zu einer Diagonale symmetrischen Viereck als Querschnitt, bei dem die durch diese Diagonale geteilten Winkel 45° bzw. 90° groß sind (Abb. 70), und bei dem die den 45° großen Winkel einschließenden Seitenflächen Spiegel sind. Der Winkel zwischen einem auf einer nicht belegten Seitenfläche auffallenden Strahl und dem

---

[1] Vgl. Hammer, E.: Z. Instrumentenkde **1903**, 277 u. **1904**, 57.

ihm entsprechenden, an der anderen nicht belegten Seitenfläche austretenden Strahl ist gleich einem Rechten. Wegen der Handlichkeit ist die Prismenkante, in der der 45° große Winkel liegt, abgeschliffen, so daß das für den Gebrauch in Metall gefaßte Prisma die Form eines fünfseitigen hat. Das Fünfseitprisma kann entweder freihändig mit einem angehängten Schnurlot oder besser auf einem Holzstab benutzt werden.

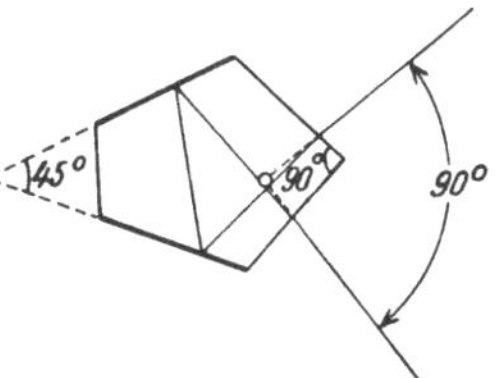

Abb. 70. Fünfseitprisma.

Bei der Verwendung des Prismas zum Errichten des Lotes in einem gegebenen Punkt einer Geraden sieht man in der Richtung des Lotes und weist Punkte von diesem in der Verlängerung der im Prisma gesehenen Punkte der Geraden ein. Hat man den Fußpunkt des Lotes von einem gegebenen Punkt P auf eine Gerade zu bestimmen, so sieht man am besten in der Richtung der Geraden und bewegt in ihr das Prisma so lange hin und her, bis die Verlängerung des im Prisma gesehenen Bildes von P mit den unmittelbar gesehenen Punkten der Geraden zusammenfällt.

Die Untersuchung des Fünfseitprismas beruht auf dem Satz, daß in einem Punkt einer Geraden nur ein Lot möglich ist; sie erfolgt mit Hilfe von drei, in einer Geraden liegenden Punkten A, S und B in der Weise, daß man in S zuerst das Lot auf SA und dann auf SB errichtet. Zeigt sich bei der Untersuchung ein Fehler, so muß das Prisma vom Optiker nachgeschliffen werden; ein einmal als richtig befundenes Fünfseitprisma ist — im Gegensatz zu dem veralteten Winkelspiegel — stets gebrauchsfertig.

Die Genauigkeit beim Abstecken von rechten Winkeln mit dem Fünfseitprisma beträgt ± 1 bis ± 2 Minuten.

b) Ein **Flachwinkelinstrument** zum Aufsuchen von Punkten einer Geraden besteht z. B. aus zwei übereinander angeordneten Fünfseitprismen P_1 und P_2 (Abb. 71). Die Verwendung eines solchen Prismenkreuzes geschieht in der Weise, daß man — senkrecht zur Geraden sehend — das Instrument so lange senkrecht zur Geraden hin und her bewegt, bis die in den beiden Prismen gesehenen Bilder der beiden gegebenen Punkte der Geraden genau übereinanderliegen. Die Untersuchung eines Prismenkreuzes beruht auf dem Satze, daß durch zwei Punkte nur eine Gerade möglich ist; sie erfolgt deshalb dadurch, daß man zwischen zwei Punkten A und B einen Punkt der

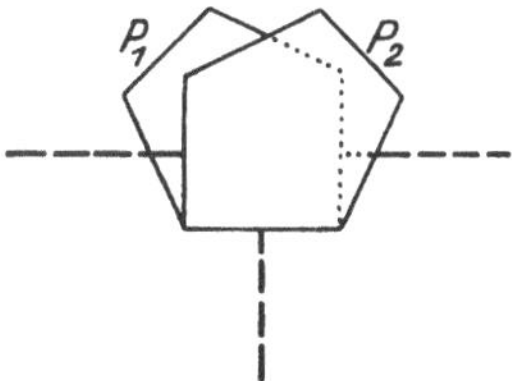

Abb. 71. Prismenkreuz.

Geraden bestimmt, zuerst mit A links und sodann mit A rechts. Bei den neueren Prismenkreuzen sind die beiden Prismen unveränderlich in der Fassung befestigt, so daß ein ausnahmsweise sich zeigender Fehler nur vom Mechaniker beseitigt werden kann.

II. Die topographischen Meßverfahren.

Bei topographischen Aufnahmen werden insbesondere die Meßverfahren der Tachymetrie benutzt. Zur Tachymetrie zählt man alle Verfahren, bei denen für jeden Punkt die Lage und die Höhe mit Hilfe von Polarkoordinaten gleichzeitig bestimmt werden. Den zu verwendenden Instrumenten entsprechend kann man die Tachymetrie einteilen in Theodolittachymetrie, Meßtischtachymetrie und Phototachymetrie. Bei der Theodolittachymetrie werden die Werte der zur Festlegung der Punkte erforderlichen Größen in Zahlen aufgeschrieben, man kann sie deshalb auch als numerische Tachymetrie bezeichnen; bei der Meßtischtachymetrie wird jeder Punkt zeichnerisch festgelegt, sie heißt deshalb auch graphische Tachymetrie; bei der Phototachymetrie geschieht die Festlegung von jedem Punkt mechanisch, so daß man sie als mechanische Tachymetrie bezeichnen kann.

Im Anschluß an die tachymetrischen Meßverfahren werden im folgenden die bei flüchtigen Aufnahmen in Frage kommenden Meßverfahren besprochen.

A. Theodolittachymetrie.

Das Instrument der Theodolittachymetrie ist der Tachymetertheodolit. Das Verfahren besteht im Grundgedanken darin, daß von den zur Festlegung der einzelnen Punkte gemessenen Größen die Zahlenwerte aufgeschrieben werden. Bei der Festlegung einer größeren Zahl von Punkten hat man zu unterscheiden, ob die Punkte in freiem, übersehbarem Gelände oder in bedecktem, nicht übersehbarem Gelände liegen.

1. Die Festlegung eines einzelnen Punktes.

Die Festlegung eines Punktes kann man entweder dadurch ausführen, daß man den Tachymetertheodolit in einem nach Lage und Höhe gegebenen Festpunkt aufstellt und in ihm die erforderlichen Größen mißt, oder dadurch, daß man das Instrument in dem festzulegenden Neupunkt aufstellt und in diesem die Messungen ausführt.

a) Wird ein Punkt P (Abb. 72) von einem Festpunkt A aus oder vorwärts festgelegt, so mißt man in A den Winkel φ zwischen der durch einen zweiten Festpunkt A' bestimmten festen Richtung AA' und der Richtung AP, die Strecke $AP = e$ und den Höhenunterschied h zwischen A und P. Der Horizontalwinkel φ wird mit dem Horizontalkreis gemessen; dabei genügt es, die Messung in nur einer Fernrohrlage auszuführen. Steht kein passender Festpunkt A' zur Verfügung, so kann man auch als feste Richtung AA' die magnetische Nordrichtung wählen; φ ist dann der magnetische Richtungswinkel von AP, der mit der Bussole gemessen wird.

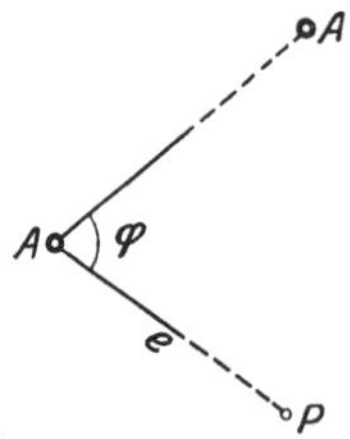

Abb. 72. Vorwärtsfestlegen eines Punktes.

Die Bestimmung von e mit dem entfernungsmessenden Fernrohr und von h geschieht in der früher angegebenen Weise. Sind H_a (Abb. 73) die gegebene N. N.-Höhe von A, i die Instrumentenhöhe und z die Zielhöhe, so erhält man die N. N.-Höhe H von P aus

$$H = H_a + i + (h - z);$$

dabei hat h das Vorzeichen des Vertikalwinkels α. Mit Rücksicht auf die Rechnung wählt man für die Zielhöhe z eine runde Zahl. Den Höhenunterschied h erhält man aus

$$h = \frac{1}{2} E \sin 2\alpha, \quad \text{wobei} \quad E = k_0 l + \Delta E.$$

Der Messungsvorgang bei der Festlegung des Punktes P von A aus ist bei Verwendung eines Fernrohrs mit Fadenentfernungsmesser der folgende: Aufstellen des Tachymetertheodolits in A und Messen der Instrumentenhöhe i. Einstellen des Vertikalfadens auf die in P vertikal aufgehaltene Latte. Einstellen des im Gesichtsfeld oberen

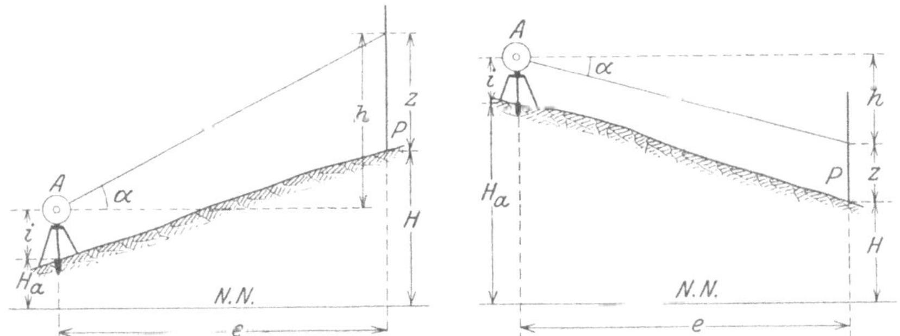

Abb. 73. Höhenbestimmung eines vorwärts festgelegten Punktes.

Horizontalfadens — Faden mit der kleinen Ablesung an der Latte — auf eine runde Zahl der Latte und Ablesen mit dem unteren Faden. Einstellen des Mittelfadens auf eine runde Zahl der Latte. Ablesen am Horizontalkreis oder an der Bussole. Ablesen am Vertikalkreis.

Es wurde bis jetzt angenommen, daß von den drei Horizontalfäden der mittlere Faden der „Nivellierfaden" ist, d. h. daß bei einspielender Fernrohrlibelle die durch den mittleren Faden bestimmte Zielachse horizontal liegt. Man kann das Instrument in einfacher Weise auch so berichtigen, daß die Achsen der Fernrohrlibelle parallel zu derjenigen Zielachse sind, die durch den — z. B. für die Fernrohrlage mit Kreis links — oberen Horizontalfaden bestimmt ist[1]. Bei der Messung entsteht dann insofern eine Vereinfachung, als nach der Bestimmung des Lattenabschnitts l sofort der Horizontalkreis abgelesen werden kann; die Zielhöhe z stimmt dann mit der Einstellung des oberen Fadens überein.

b) Wird ein Punkt P (Abb. 74) rückwärts festgelegt, wobei der Tachymetertheodolit im Neupunkt P aufgestellt wird, so mißt man

---

[1] Über die dadurch bedingten Näherungen vgl. Werkmeister, P.: Z. Vermessungswesen 1906, 513.

in P den magnetischen Richtungswinkel φ' der Geraden PA mit Hilfe der Bussole, die Strecke $PA = e$ und den Höhenunterschied h zwischen P und A. Der magnetische Richtungs-

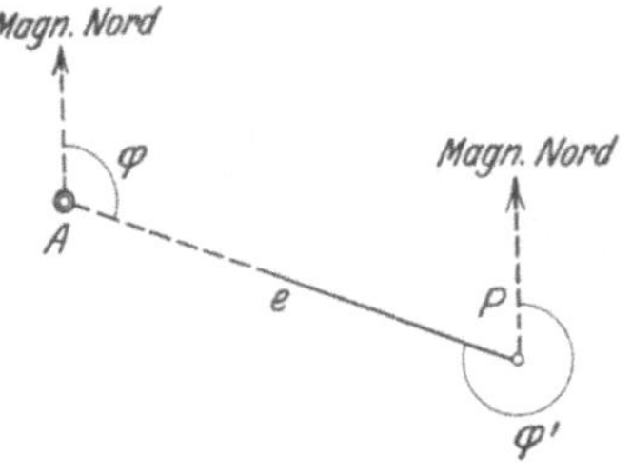

Abb. 74. Rückwärtsfestlegen eines Punktes.

winkel φ der Geraden AP ist dann gleich $\varphi' \pm 180°$. Bedeuten wieder H_a die gegebene N.N.-Höhe von A (Abb. 75), i die Instrumentenhöhe und z die Einstellung des Nivellierfadens, so ergibt sich die N.N.-Höhe H des Punktes P aus

$$H = H_a - (h - z) - i,$$

wobei h das Vorzeichen des Vertikalwinkels α hat und aus

$$h = \frac{1}{2} E \sin 2\alpha \quad \text{mit} \quad E = k_0 l + \Delta E$$

berechnet werden kann.

Der Vorgang bei der Messung ist derselbe wie bei einem vorwärts

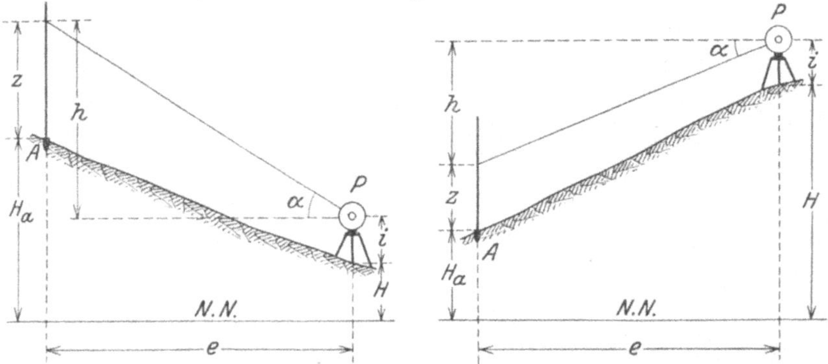

Abb. 75. Höhenbestimmung eines rückwärts festgelegten Punktes.

festgelegten Punkte. Die Bestimmung von e und h geschieht in der früher angegebenen Weise. Das oben in bezug auf den Nivellierfaden Gesagte gilt auch hier.

2. Die Festlegung von Punkten in freiem, übersehbarem Gelände.

In einem freien, übersehbaren Gelände kann man von jedem Instrumentstandpunkt aus eine größere Zahl von Punkten festlegen; die Überdeckung eines bestimmten Gebietes erfordert demnach nur wenige Instrumentstandpunkte.

Bei jedem Standpunkt hat man zuerst diesen selbst nach Lage und Höhe festzulegen. Dies geschieht am einfachsten dadurch, daß man als Standpunkt für das Instrument einen im Gelände — z. B. künstlich durch einen Pfahl oder einen Stein — bezeichneten und durch vorausgegangene grundlegende Messungen in der Karte horizontal und vertikal festgelegten Punkt wählt. Ist dies nicht möglich, so muß man Lage und Höhe des Standpunkts rückwärts bestimmen. Um dabei frei von der nicht immer genügend genau bekannten magnetischen Nordrichtung zu sein, geht man bei der Festlegung des Standpunkts von mindestens zwei, besser drei Festpunkten aus; der Standpunkt ist dann horizontal — wenn nur die Entfernungen nach den Festpunkten benutzt werden — als Schnittpunkt von zwei bzw. drei Kreisen bestimmt, wobei die zwischen den Festpunkten gemessenen Horizontalwinkel wertvolle Proben ergeben. Sind H_1, H_2 und H_3 die gegebenen N. N.-Höhen der Festpunkte, h_1, h_2 und h_3 die entsprechenden Höhenunterschiede und z_1, z_2 und z_3 die Einstellungen des Nivellierfadens an der Latte, so erhält man für die N. N. -Höhe H des Instrumenthorizonts die Werte

$$H' = H_1 - (h_1 - z_1) \qquad H'' = H_2 - (h_2 - z_2) \qquad H''' = H_3 - (h_3 - z_3)$$

und daraus einen sicheren Mittelwert. Häufig kommt es vor, daß man als Standpunkt für das Instrument einen nur der Lage, nicht aber der Höhe nach bekannten Punkt wählen kann; man hat dann nur die N. N.-Höhe des Instrumenthorizonts in der angegebenen Weise zu bestimmen.

Hat man den Standpunkt des Instruments rückwärts festzulegen, so kommt es häufig vor, daß man dabei als Festpunkte Punkte benutzen muß, die zuvor von einem andern Standpunkt aus vorwärts festgelegt wurden.

Da man zur Festlegung der einzelnen Punkte deren Polarkoordinaten zu messen hat, so muß man nach Festlegung des Standpunkts eine feste Null- oder Anfangsrichtung für die Horizontalwinkel wählen. Ist von dem Standpunkt aus ein weiterer Festpunkt sichtbar, so wählt man die Richtung nach diesem Punkt als Anfangsrichtung; die Richtungen nach den einzelnen Punkten werden dann mit dem Horizontalkreis gemessen, wozu man diesen u. U. so einstellen kann, daß der festen Anfangsrichtung die Ablesung $0°$ entspricht. Steht kein vom Standpunkt aus anzielbarer Festpunkt zur Verfügung, so wählt man als Anfangsrichtung die magnetische Nordrichtung, die dann aber in der Nähe des Standpunkts für das betreffende Gebiet festgelegt werden muß. Stellt man den Horizontalkreis derart ein, daß seine Nullstellung mit der magnetischen Nordrichtung zusammenfällt, so kann man alle weiteren Richtungsmessungen mit dem Horizontalkreis ausführen; es empfiehlt sich dies mit Rücksicht auf etwaige magnetische Störungen.

Die Bestimmung der magnetischen Nordrichtung für ein bestimmtes Gebiet erfordert außer einem der Lage nach bekannten Festpunkt S zum Aufstellen des Instruments mindestens einen weiteren, von dem ersteren aus anzielbaren Festpunkt Z. Stellt man den Tachymetertheodolit mit der Bussole in S auf und zielt man Z an, so liest man an der Bussole — unter der Voraussetzung, daß der Durchmesser $0—180°$ der Bussole in der Zielebene des Fernrohrs liegt — den magnetischen Richtungswinkel φ der Geraden SZ ab; trägt man in der Karte von SZ aus φ an, so hat man damit die magnetische Nordrichtung. Bei der Wahl des Standpunkts S hat man zu beachten, daß die Bussole

Tachymetrische Punktbestimmung.

Datum: *1929 Aug. 4.* Instrument: *54.* (c = 0,35 m k = 101,46).
Wetter: *klar, Wind.* Beobachter: *N. N.* Bem.: *Geländeaufnahme von A.*

| Stand-punkt | Ziel-punkt | Latte | | Richtung ° | Vertikalkreis | | E / e | h | $h - t$ | Hori-zont | Höhe | Bemerkungen |
		äußere Fäden	Niv.Fa-den t		a / $\varepsilon = 0$	α						
P.P. 91	G			0,0	—	—	—	—	—	769,0	—	$H_s = 767,65$
	1	1,00 / 2,23	1,6	353,2	358° 21'	—1° 39'	125,1 / 125,0	—3,6	—5,2		763,8	$i = 1,38$
	2	1,00 / 2,46	1,7	1,9	2° 14'	+2° 14'	148,5 / 148,3	+5,8	+4,1		773,1	$H = 769,03$
	3	1,00 / 1,64	1,3	0,6	2° 35'	+2° 35'	65,3 / 65,2	+2,9	+1,6		770,6	
	4	1,00 / 2,01	1,5	359,0	2° 36'	+2° 36'	102,8 / 102,6	+4,7	+3,2		772,2	

nicht in der Nähe von Eisen und von Gleichstromleitungen verwendet werden darf. Da die magnetische Nordrichtung von der Deklination abhängig ist, so hat man bei der Aufnahme eines größeren Gebietes zu berücksichtigen, daß die Deklination an verschiedenen Orten verschieden ist; die Bestimmung der magnetischen Nordrichtung gilt deshalb nur für ein beschränktes Gebiet. In Gegenden mit größeren magnetischen Störungen ist dies besonders zu beachten.

Ist die Bussolenteilung zum Drehen eingerichtet, so stellt man sie derart ein, daß man an der Bussole z. B. geodätische Richtungswinkel abliest; dies hat den Vorteil, daß die Geraden, von denen aus die abgelesenen Bussolenwinkel anzutragen sind, über das ganze Aufnahmegebiet parallel sind.

Das Eintragen der festgelegten Punkte in die Karte auf Grund ihrer Polarkoordinaten geschieht z. B. mit Hilfe eines guten Winkelmessers in Halbkreisform mit einem Maßstab an der Kante.

Der Genauigkeit des Kartenmaßstabs entsprechend genügt es im allgemeinen, die zum Eintragen der Punkte erforderlichen Richtungen auf $+0,1°$ genau und die Entfernungen auf ± 1 m genau zu bestimmen; da außerdem bei den Höhen die Genauigkeit von $\pm 0,1$ m genügt, so mißt man den Lattenabschnitt zwischen den beiden äußeren Horizontalfäden auf 1 cm genau und den Vertikalwinkel auf eine Minute genau.

Benutzt man eine 4 m lange Latte mit Halbdezimeterteilung zur Bestimmung des Lattenabschnitts, so kann man von einem Standpunkt aus Punkte bis zu 400 m Entfernung festlegen; bestimmt man den Lattenabschnitt unter Benutzung des mittleren Horizontalfadens aus zwei Stücken, so kann man gelegentlich auch bis zu 500 m Entfernung gehen.

Zum Aufschreiben der bei der Messung an der Latte und dem Instrument abgelesenen Werte und der aus diesen berechneten Größen benutzt man einen Vordruck der nebenstehenden Art.

Für den richtigen Eintrag der Punkte in die Karte ist es notwendig, daß während der Messung die festgelegten Punkte entweder sofort genau oder wenigstens ungefähr maßstäblich in einem Feldriß eingezeichnet werden, wobei die Punkte im Feldriß und Vordruck übereinstimmend fortlaufend numeriert werden. Die Führung eines ungefähr maßstäblichen Feldrisses erfordert, daß man beim Gehen im Gelände jeden Augenblick angeben kann, wo der Punkt, in dem man steht, in dem Feldriß bzw. der Karte ungefähr liegt. Man erreicht dies dadurch, daß man vom Standpunkt des Instruments aus in einer gegebenen Richtung geht und dabei die zurückgelegten Entfernungen durch Abschreiten bestimmt; seitlich von dieser Richtung gelegene Punkte kann man durch rechtwinklige Koordinaten mit Abschätzen des rechten Winkels und Abschreiten der Ordinate bestimmen, wobei man aber die zuerst eingeschlagene, durch irgendeinen Punkt im Gelände (Haus, Baum, Feldecke usw.) festgehaltene Richtung am besten nicht verläßt. Hat man so einen bestimmten, im Feldriß festliegenden Punkt erreicht, so kann man von ihm aus eine andere, durch einen im Gelände und im Feldriß festliegenden Punkt bestimmte Richtung einschlagen und bei ihr ebenso verfahren wie zuvor. Eine neu einzuschlagende Richtung kann man auch mit Hilfe einer kleinen Handbussole festlegen.

3. Die Festlegung von Punkten in bedecktem, nicht übersehbarem Gelände.

Können in einem bestimmten Gebiet — insbesondere im Wald — die festzulegenden Punkte nicht von einigen wenigen Instrumentstandpunkten aus bestimmt werden, so erfolgt die Festlegung der Punkte mit Hilfe von Polygonzügen, bei denen Richtungswinkel der einzelnen Zugseiten mit der Bussole gemessen werden, und die deshalb als Bussolenzüge bezeichnet werden.

Jeder Bussolenzug muß von einem nach Lage und Höhe gegebenen Punkt A (Abb. 76) ausgehen und in einem solchen Punkt B wieder endigen. Da man mit der Bussole unmittelbar Richtungswinkel — von der magnetischen Nordrichtung oder einer sonstigen festen Richtung aus — messen kann, so muß man den Tachymetertheodolit nicht in jedem Zugpunkt aufstellen, sondern kann je einen Zugpunkt überspringen. Stellt man das Instrument in dem Ausgangspunkt A und in den „Wechselpunkten" W_1, W_2 ... nicht auf, so wird der Standpunkt S_1 über A rückwärts, der Wechselpunkt W_1 von S_1 aus vorwärts, der Standpunkt S_2 über W_1 rückwärts, der Wechselpunkt W_2 von S_2 aus vorwärts usw. festgelegt. Die Messung und Berechnung der einzelnen Zugseiten und Höhenunterschiede erfolgt in der früher angegebenen Weise; dabei kann man zur Vermeidung von größeren Anschlußfehlern die den Zugseiten entsprechenden Lattenabschnitte zwischen den beiden äußeren Horizontalfäden auf halbe Zentimeter genau messen und die Höhenunterschiede auf Zentimeter genau berechnen.

Bedeuten H_a und H_b die gegebenen N. N.-Höhen von A und B (Abb. 76), H_1, H_2 und H_3 die N. N.-Höhen der Instrumenthorizonte in S_1, S_2 und S_3, $H_w{}'$ und $H_w{}''$ die N. N.-Höhen von W_1 und W_2, $h_r{}'$,

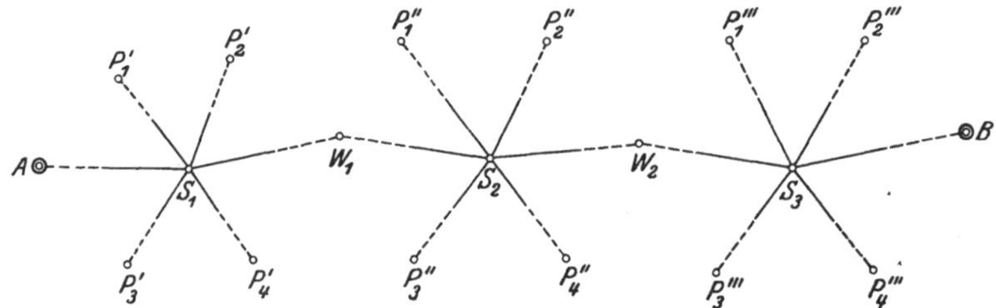

Abb. 76. Bussolenzug zwischen zwei Festpunkten.

$h_v{}'$, $h_r{}''$, $h_v{}''$ sowie $h_r{}'''$ und $h_v{}'''$ die entsprechenden Höhenunterschiede und endlich $z_r{}'$, $z_v{}'$, $z_r{}''$, $z_v{}''$ sowie $z_r{}'''$ und $z_v{}'''$ die Einstellungen mit dem Nivellierfaden an der Latte, so kann man die N. N.-Höhen auf Grund der folgenden Gleichungen berechnen

$$H_1 = H_a - (h_r{}' - z_r{}'), \qquad H_w{}' = H_1 + (h_v{}' - z_v{}'),$$
$$H_2 = H_w{}' - (h_r{}'' - z_r{}''), \qquad H_w{}'' = H_2 + (h_v{}'' - z_v{}''),$$
$$H_3 = H_w{}'' - (h_r{}''' - z_r{}'''), \qquad H_b = H_3 + (h_v{}''' - z_v{}''').$$

Die einzelnen Höhenunterschiede h haben dabei das Vorzeichen der Vertikalwinkel α; man erhält sie aus

$$h = \frac{1}{2} E \sin 2\alpha, \quad \text{wobei} \quad E = k_0 l + \varDelta E.$$

Der nicht zu vermeidende Anschlußfehler wird gleichmäßig auf die einzelnen Standpunkte verteilt. Die Größe des Anschlußfehlers ist insbesondere abhängig von der Größe der gemessenen Vertikalwinkel. Der Anschlußfehler wird in wenig geneigtem Gelände im allgemeinen $\pm 0{,}05 \sqrt{2n}$ Meter und in mittlerem Gelände $\pm 0{,}2 \sqrt{2n}$ Meter (n gleich Anzahl der Standpunkte) nicht übersteigen.

Meist muß man außer den eigentlichen Zugpunkten S_1, W_1, S_2, W_2, S_3 ... (Abb. 76) von den betreffenden Instrumentstandpunkten aus die zu beiden Seiten des Zuges gelegenen Seitenpunkte $P_1{}'$, $P_2{}'$, $P_3{}'$, $P_4{}'$; $P_1{}''$, $P_2{}''$, $P_3{}''$, $P_4{}''$ ... mit festlegen; die Lattenabschnitte werden dabei auf ganze Zentimeter genau abgelesen und die Höhenunterschiede auf ganze Dezimeter genau berechnet.

Das Aufzeichnen der einzelnen Punkte eines Bussolenzuges auf Grund der gemessenen bzw. berechneten Polarkoordinaten geschieht mit Hilfe eines halbkreisförmigen Winkelmessers mit Kantenmaßstab (Abb. 77) auf einem mit Parallelen im beliebigen Abstand von 5—10 mm versehenen Pauspapier; kleine, sich zeigende Anschlußfehler in horizontalem Sinn kann man in einfacher Weise durch entsprechendes Verschieben des Pauspapiers auf die einzelnen Standpunkte verteilen.

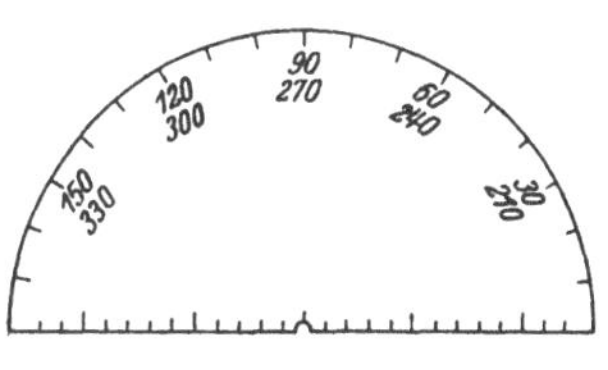

Abb. 77. Winkelmesser zum Aufzeichnen von Bussolenzügen.

Für die Aufschreibung der Messungsergebnisse und deren Berechnung verwendet man einen Vordruck wie den folgenden.

Die einzelnen Zugpunkte müssen während der Messung wenigstens ungefähr maßstäblich in einen Feldriß eingetragen werden, wobei sie mit den Aufschreibungen im Vordruck übereinstimmend zu numerieren

Tachymetrische Punktbestimmung.

Datum: *1929, Aug. 5.*   Instrument: *58.*   *(c = 0,17, k = 99,33).*
Wetter: *ruhig, Sonne.*   Beobachter: *N. N.*   Bem.: *Bussolenzug von A nach B.*

Standpunkt	Zielpunkt	Latte		Rich-tung °	Vertikalkreis		E	h	h — t	Hori-zont	Höhe	Bemer-kungen
		äußere Fäden	Niv.-Faden *t*		*a* ε = 0	α	*e*					
1	4	1,00 1,33	1,3	191,7	353°51′	— 6°09′	32,9 32,5	— 3,5	— 4,7	711,1	706,4	
	2	1,00 1,37	1,2	20,3	4°51′	+ 4°51′	36,9 36,6	+ 3,1	+ 1,9		713,0	
3	2	1,00 1,36	1,2	223,5	348°57′	—11°03′	35,9 34,6	— 6,8	— 8,0	721,0	713,0	
	B	1,00 1,57	1,3	59,0	5°04′	+ 5°04′	56,8 56,4	+ 5,0	+ 3,7		724,7	*soll 724,7*

sind. Für diese Aufzeichnung der Punkte im Zusammenhang mit der Messung ist es bequem, wenn die Bussole in ihrem Halter durch Drehung so eingestellt ist, daß die an ihr abgelesenen Richtungswinkel sich auf Parallelen zur + x - Richtung eines Koordinatensystems oder zu einem Kartenrand beziehen.

B. Meßtischtachymetrie.

Das Instrument der Meßtischtachymetrie ist der Meßtisch mit der Kippregel. Der Unterschied des Verfahrens im Vergleich zur Theodolittachymetrie besteht darin, daß die zur Lagebestimmung der aufzunehmenden Punkte erforderlichen Richtungen unmittelbar im Gelände zeichnerisch festgelegt werden; die Aufzeichnung der festzulegenden Punkte geschieht zusammen mit der Aufnahme in einem vorher bestimmten Maßstab, eine Aufzeichnung der Punkte in anderem Maßstab ist deshalb später nicht mehr möglich. Im Vergleich hierzu bietet die Theodolittachymetrie den Vorteil, daß man die durch die Messung festgelegten Punkte auf Grund der dabei gemachten Aufschreibungen in jedem, mit der Genauigkeit der Messung im Einklang stehenden Maßstab aufzeichnen kann. In bezug auf die Bestimmung der Entfernungen und Höhen besteht kein Unterschied zwischen der Theodolittachymetrie und der Meßtischtachymetrie.

Auch hier hat man zu unterscheiden, ob die festzulegenden Punkte in einem freien, übersehbaren Gelände liegen oder nicht.

1. Die Festlegung eines einzelnen Punktes.

Ein Neupunkt P kann in ähnlicher Weise wie bei der Theodolittachymetrie entweder vorwärts von einem Festpunkt A aus oder rückwärts über A festgelegt werden; im ersten Fall wird der Meßtisch in A, im anderen Fall in P aufgestellt.

Der Meßtisch ist richtig aufgestellt, wenn ein Punkt der Zeichnung auf der horizontal liegenden Platte vertikal über dem ihm entsprechenden Punkt in der Natur liegt, und wenn alle von diesem Punkt ausgehenden Geraden in der Zeichnung und in der Natur parallel oder um denselben Winkel verschwenkt sind.

Soll der Meßtisch in einem in der Zeichnung und in der Natur gegebenen Festpunkt aufgestellt werden, so muß man die horizontal zu legende Tischplatte über dem Punkt einstellen und in eine bestimmte Richtung einrichten; dies erfordert eine in der Natur und in der Zeichnung gegebene feste Richtung. Sind U und U' (Abb. 78) die Schnittpunkte der vertikalen Umdrehungsachse des Meßtisches mit der Zeichenebene und mit dem Boden, A und A' der in der Zeichnung und auf dem Boden gegebene Festpunkt und H bzw. H' ein zweiter Festpunkt (z. B. Kirchturmspitze), durch den die feste Richtung AH bzw. $A'H'$ bestimmt

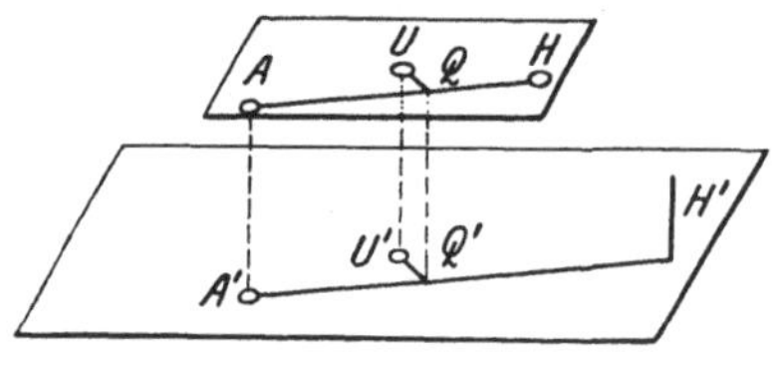

Abb. 78. Einstellen des Meßtisches über einem Punkt.

ist, so mißt man in der Zeichnung die rechtwinkligen Koordinaten $x = AQ$ und $y = QU$ von U in bezug auf AH in natürlicher Größe ab und kann dann mit ihnen von $A'H'$ aus den Punkt U' auf dem Boden angeben; die Aufstellung von U über U' erfolgt mit Hilfe des angehängten Schnurlotes. Legt man dann die Linealkante der Kippregel an AH an und dreht man — zum Teil von freier Hand, zum Teil, nach Anziehen der Klemmschraube, mit der Feinbewegungsschraube — die Platte so lange, bis der Punkt H' angezielt ist, so liegt A über A'; ob dies der Fall ist, kann man mit einer Lotgabel prüfen.

Als feste Gerade AH bzw. $A'H'$ kann man auch die magnetische Nordrichtung oder eine von dieser um einen bekannten Winkel abweichende Gerade benutzen, wobei aber die magnetische Nordrichtung bzw. dieser Winkel bekannt sein müssen.

Die Festlegung eines Neupunktes P von dem Festpunkt A aus vorwärts geschieht dadurch, daß man P' mit der Kippregel anzielt und diese zugleich so legt, daß ihre Linealkante durch A geht; zieht man mit dem Bleistift die Gerade AP der Linealkante entlang, so kann man $AP = e$ daran antragen. Die Bestimmung von e und von dem Höhenunterschied erfolgt in der früher angegebenen Weise; der Vorgang bei der Messung ist genau derselbe wie bei Benutzung des Tachymetertheodolits; auch die Bestimmung der N. N.-Höhe von A geschieht in derselben Weise wie dort.

Die Festlegung eines Punktes P rückwärts über einen gegebenen Festpunkt A geschieht mit Benutzung der Bussole; die magnetische Nordrichtung muß dabei in der Zeichnung bekannt sein. Man stellt den Meßtisch in P' so auf, daß die Tischplatte horizontal liegt. Legt man dann die Bussole mit ihrer Anlegekante an die gegebene magnetische Nordrichtung, und dreht man die Platte — von freier Hand und mit der Feinbewegungsschraube — derart, daß die Magnetnadel auf die Nullmarke der Bussole zeigt, so ist die Meßtischplatte eingerichtet. Man zielt nun mit der Kippregel den Festpunkt A an und sorgt dabei dafür, daß die Linealkante durch den Punkt A der Zeichnung geht; zieht man die durch die Linealkante bestimmte Gerade, so liegt auf ihr der festzulegende Punkt P. Die Bestimmung der Entfernung, des Höhenunterschieds und der N. N.-Höhe erfolgt in derselben Weise wie beim Tachymetertheodolit.

Das beim Tachymetertheodolit über den Nivellierfaden Gesagte gilt auch für die Kippregel.

2. Die Festlegung von Punkten in freiem, übersehbarem Gelände.

Die Festlegung einer größeren Zahl von Punkten in einem freien, übersehbaren Gelände von einigen wenigen Instrumentstandpunkten aus geschieht mit dem Meßtisch in derselben Weise wie mit dem Tachymetertheodolit; der einzige Unterschied besteht bei der Lagebestimmung darin, daß beim Meßtisch die Richtungen unmittelbar der Linealkante entlang gezeichnet werden. Das bei der Theodolittachymetrie in bezug auf die Bestimmung der Entfernungen und der N. N.-Höhen Gesagte gilt auch für den Meßtisch.

3. Die Festlegung von Punkten in bedecktem, nicht übersehbarem Gelände.

Wie bei der Theodolittachymetrie besteht auch bei der Meßtischtachymetrie das Verfahren bei der Festlegung von Punkten in nicht übersehbarem Gelände im Grundgedanken darin, daß man die einzelnen Punkte mit Hilfe von Polygonzügen festlegt, bei denen mit Hilfe der

Bussole die magnetischen Richtungswinkel der einzelnen Zugseiten bestimmt werden. Die Bestimmung der Instrumentstandpunkte, der Wechselpunkte und der Seitenpunkte nach Lage und Höhe erfolgt wie bei der Theodolittachymetrie. Ein wesentlicher Unterschied zwischen beiden Verfahren besteht darin, daß die Aufstellung des Meßtisches unbequemer ist und mehr Zeit erfordert als die des Tachymetertheodolits.

C. Phototachymetrie.

Das eigentliche Instrument der Phototachymetrie ist die Meßkammer[1]. Das Verfahren der Phototachymetrie oder Photogrammetrie besteht darin, daß man die gesuchten Punkte mit Hilfe von Meßbildern festlegt.

1. Übersicht über die verschiedenen photogrammetrischen Verfahren.

Bei der Festlegung von Punkten mit Hilfe von Meßbildern hat man zweierlei zu beachten, die Aufnahme der Bilder und die Auswertung der Bilder.

Da die Aufnahme der Bilder entweder von festen Standpunkten auf der Erde oder von einem Luftfahrzeug aus erfolgen kann, so teilt man die Photogrammetrie dem Aufnahmeort entsprechend ein in Erdphotogrammetrie oder Photogrammetrie von der Erde aus und Luftphotogrammetrie oder Photogrammetrie vom Luftfahrzeug aus.

Im allgemeinsten Fall besteht die photogrammetrische Punktbestimmung im Grundgedanken darin, daß man von dem in Frage kommenden Gebiet von zwei, nach Lage und Höhe bekannten oder bestimmbaren Punkten aus je ein Meßbild aufnimmt. Bei der Auswertung der Bilder entnimmt man den Bildern diejenigen Größen, die zur Festlegung der gesuchten Punkte erforderlich sind; dabei kann man die beiden Bilder entweder getrennt oder gemeinsam auswerten. Man kann deshalb zwei Auswertungsverfahren unterscheiden, die man als Einbildverfahren und Zweibildverfahren bezeichnen kann.

Beim Einbildverfahren wird jeder Punkt unter einäugiger Betrachtung von jedem Bild durch Vorwärtseinschneiden bestimmt; das Verfahren heißt deshalb auch Einschneideverfahren oder Einschneidephotogrammetrie[2]. Die für das Vorwärtseinschneiden erforderlichen Winkel erhält man am einfachsten mit Benutzung des Bildtheodolits, mit dessen Hilfe man auf Grund des Bildes Horizontal- und Vertikalwinkel nach den festzulegenden Punkten messen kann wie mit einem in dem Aufnahmeort des Bildes aufgestellten gewöhnlichen Theodolit.

Beim Zweibildverfahren werden die beiden Bilder gemeinsam oder zweiäugig betrachtet; jeder Punkt wird dabei auf Grund des entstehenden räumlichen oder stereoskopischen Bildes bestimmt. Das Ver-

---

[1] Daß man auch mit einer gewöhnlichen Kammer Punkte photogrammetrisch festlegen kann, spielt heute keine Rolle mehr.

[2] Das Verfahren wurde früher auch als Meßtischphotogrammetrie bezeichnet.

fahren heißt deshalb auch Raumbildmessung oder Stereophotogrammetrie[1].

Das Einbildverfahren gestattet nur punktweise Auswertung eines Bildpaares; beim Zweibildverfahren kann man bei Verwendung eines passenden Instruments die Auswertung eines Bildpaares auch linienweise durchführen; nachdem heute verschiedene erprobte Instrumente hierfür hergestellt werden, wird das Einbildverfahren nur noch ganz ausnahmsweise angewendet.

Bei jedem mit einer Meßkammer aufgenommenen Meßbild spricht man von seiner inneren Orientierung und von seiner äußeren Orientierung. Die innere Orientierung ist bekannt, wenn die Lage des hinteren Objektivhauptpunktes zur Bildebene, also z. B. der Hauptpunkt des Bildes und die Bildweite gegeben sind. Als äußere Orientierung bezeichnet man die räumliche Lage des Objektivhauptpunktes, der Kammerachse und der durch die beiden Markenpaare des Bildes bestimmten Bildachsen im Augenblick der Aufnahme.

2. Erdphotogrammetrie.

Bei der Erdphotogrammetrie besteht die Festlegung eines Punktes P (Abb. 79) darin, daß man in zwei ihrer Lage nach bekannten, in beliebigen Höhen liegenden Punkten S_1 und S_2 die Meßbilder B_1 und B_2

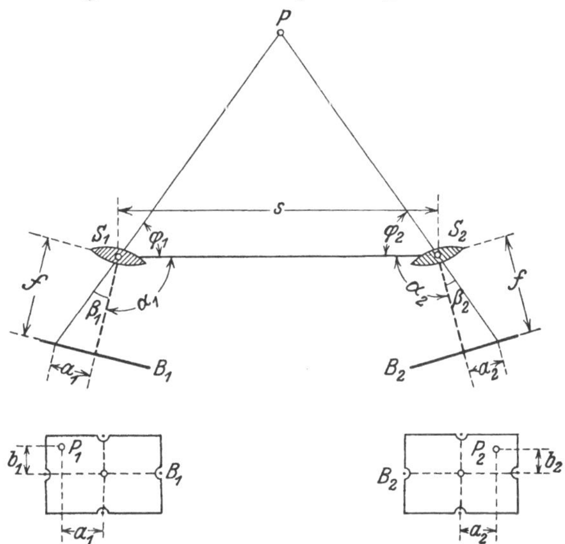

Abb. 79. Grundgedanke der Erdphotogrammetrie.

aufnimmt; dabei sorgt man mit Rücksicht auf eine einfache Auswertung der Bilder dafür, daß während der Aufnahme der Bilder die Bildebenen vertikal, die Kammerachse also horizontal und die durch die Bildmarken bestimmten Bildachsen horizontal bzw. vertikal liegen. Mißt

---

[1] Da bei einer gewissen Art der Auswertung „Parallaxen" gemessen werden, so wurde das Verfahren auch schon als Parallaxenphotogrammetrie bezeichnet.

man bei der Aufnahme der Bilder die Horizontalwinkel α_1 und α_2 zwischen der Standlinie $S_1 S_2$ und der horizontalen Kammerachse und bestimmt man die Winkel β_1 und β_2 auf Grund der Bilder, so erhält man die Winkel φ_1 und φ_2 aus $\varphi_1 = 180° - (\alpha_1 + \beta_1)$ und $\varphi_2 = 180° - (\alpha_2 + \beta_2)$. Mit φ_1 und φ_2 kann man die Lage von P nach dem Einschneideverfahren ermitteln. Die Winkel β_1 und β_2 erhält man nach Abmessen der horizontalen Abstände a_1 und a_2 in den Bildern[1] auf Grund der bekannten Bildweite f aus $\operatorname{tg}\beta_1 = \dfrac{a_1}{f}$ und $\operatorname{tg}\beta_2 = \dfrac{a_2}{f}$. Mißt man in den Bildern auch die vertikalen Abstände b_1 und b_2 der Bildpunkte P_1 und P_2 von den Bildhorizontalen, so kann man die Höhenunterschiede h_1 und h_2 zwischen P und S_1 bzw. S_2 berechnen aus

$$h_1 = b_1 \frac{S_1 P}{f/\cos\beta_1} \quad \text{und} \quad h_2 = b_2 \frac{S_2 P}{f/\cos\beta_2};$$

dabei erhält man $S_1 P$ und $S_2 P$ mit Hilfe von $S_1 S_2 = s$ aus

$$S_1 P = s \frac{\sin\varphi_2}{\sin(\varphi_1 + \varphi_2)} \quad \text{und} \quad S_2 P = s \frac{\sin\varphi_1}{\sin(\varphi_1 + \varphi_2)}.$$

Sind demnach die N. N.-Höhen des Objektivhauptpunktes in S_1 und S_2 bei der Aufnahme der Bilder bekannt, so kann man die N. N.-Höhe von P doppelt berechnen.

Die Stereophotogrammetrie unterscheidet sich von der Einschneidephotogrammetrie nicht allein in der Art der Auswertung der Bilder, sondern auch bei der Aufnahme der Bilder. Mit Rücksicht auf die Bequemlichkeit bei der Auswertung nimmt man bei der Stereophotogrammetrie die Bilder derart auf, daß sie in beliebigen Höhen, aber in derselben Vertikalebene oder wenigstens in parallelen Vertikalebenen liegen (Abb. 80). Im einfachsten Fall, bei dem die beiden Bilder

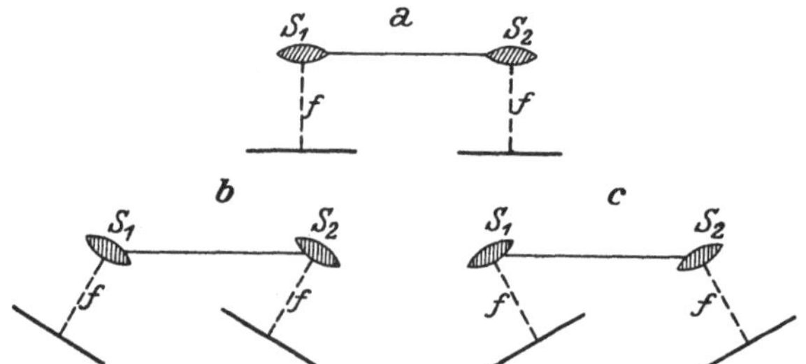

Abb. 80. Plattenstellungen bei der Stereophotogrammetrie von der Erde aus.

bei der Aufnahme in derselben Vertikalebene liegen (Abb. 80a), erhält man die Lage eines Punktes P (Abb. 81) mit Hilfe des als Parallaxe bezeichneten Unterschiedes p der beiden Abstände a_1 und a_2 von den Bildvertikalen. Ist s die Länge der Standlinie $S_1 S_2$, f die Bildweite und b_1 der Abstand des Bildes P_1 von P von der Bildhorizontalen im linken Bilde, so erhält man die Koordinaten x, y und z von P in bezug auf

---

[1] Alle Abmessungen in den Bildern werden am besten an Hand der bei der Aufnahme hergestellten Negativplatten ausgeführt.

die Standlinie $S_1 S_2$ und den Punkt S_1 aus den einfach abzulesenden Gleichungen

$$x = \frac{s\,a_1}{p}, \qquad y = \frac{s\,f}{p}, \qquad z = \frac{s\,b_1}{p}.$$

Ist demnach vom linken Standpunkt S_1 die Lage und die N. N.-Höhe und vom rechten Standpunkt S_2 die Lage des Objektivhauptpunktes während der Aufnahme bekannt, so kann man einen Punkt P nach Lage und Höhe festlegen.

Die Auswertung oder Ausmessung des Bildpaares, bestehend in der Messung von a_1, b_1 und p, geschieht mit Hilfe des Stereokomparators; a_1 und b_1 kann man dabei unmittelbar bestimmen auf Grund des im linken Standpunkt S_1 aufgenommenen Bildes. Die Parallaxe p erhält man mit Hilfe des bei zweiäugiger Betrachtung beider Bilder entstehenden stereoskopischen Bildes, in dem man eine räumlich gesehene und räumlich bewegbare Marke durch entsprechendes Drehen einer Schraube räumlich auf den festzulegenden Punkt P einstellt; an einem mit der „Parallaxenschraube" verbundenen Maßstab kann dann p unmittelbar abgelesen werden. Die Bestimmung der Koordinaten von

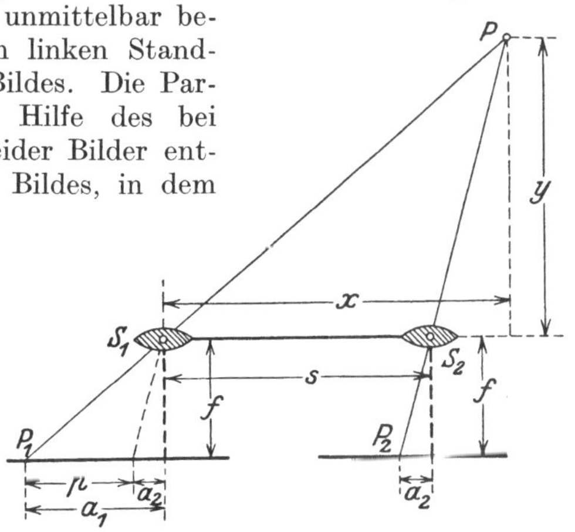

Abb. 81. Einfachster Fall der Stereophotogrammetrie von der Erde aus.

x, y und z auf Grund der oben angegebenen Gleichungen kann man rechnerisch, zeichnerisch oder mechanisch vornehmen.

Diese punktweise Auswertung eines Bildpaares mit Benutzung des Stereokomparators kommt mit Rücksicht darauf, daß es verschiedene erprobte Instrumente zur linienweisen Auswertung gibt, nur noch gelegentlich in Frage.

Das zunächst zur linienweisen Auswertung von stereophotogrammetrischen Aufnahmen von der Erde aus in Frage kommende Instrument ist der Stereoautograph von C. Zeiß; es ist dies ein durch ein Hebelsystem mit einem Zeichenstift verbundener Stereokomparator, bei dem jede Einstellung der räumlich bewegbaren Marke im stereoskopisch gesehenen Meßbildpaar selbsttätig auf den Zeichenstift und damit in die Zeichnung übertragen wird. Die Einrichtung des Stereoautographen ist derart, daß man mit der bewegbaren Marke jede Linie in dem räumlich gesehenen Bild verfolgen kann; der Zeichenstift zeichnet dann die Horizontalprojektion der betreffenden Linie selbsttätig auf. Insbesondere kann man bei dem Instrument die bewegbare Marke auf eine bestimmte N. N.-Höhe ein- und feststellen und die dieser entsprechende Höhenschichtlinie mit der Marke in dem räumlich gesehenen

Bild verfolgen; die Schichtlinie wird dabei von dem Zeichenstift aufgezeichnet[1].

Die von verschiedenen Seiten ausgeführten Genauigkeitsuntersuchungen haben einwandfrei ergeben, daß insbesondere bei der Geländedarstellung in Höhenschichtlinien das Ergebnis einer stereophotogrammetrisch durchgeführten Aufnahme ebenso genau ist wie dasjenige einer Aufnahme mit dem Tachymetertheodolit oder mit dem Meßtisch.

3. Luftphotogrammetrie.

Die Luftphotogrammetrie unterscheidet sich von der Erdphotogrammetrie bei der Aufnahme darin, daß die Bildebenen nicht in eine bestimmte Lage gebracht werden können, sondern im Augenblick der Aufnahme beliebig im Raum liegen. Eine besondere Rolle spielt deshalb bei der Luftphotogrammetrie die Ermittlung der äußeren Orientierung des einzelnen Bildes; sie besteht in der Bestimmung der Lage des Objektivhauptpunktes, der Kammerachse und der Bildachsen für den Augenblick der Aufnahme.

Die Ermittlung der äußeren Orientierung eines Bildes setzt voraus, daß bei bekannter innerer Orientierung das Bild mindestens drei, nach Lage und Höhe gegebene Festpunkte enthält; sie zerfällt in die Bestimmung der ebenen Koordinaten und der N.N.-Höhe des Aufnahmeorts, des Richtungswinkels der Horizontalprojektion der Kammerachse oder der „Aufnahmerichtung", des „Neigungswinkels" der Kammerachse und des „Verkantungswinkels" der Bildachsen gegen die Horizontale.

Bei der Bestimmung der Koordinaten x, y und z des Aufnahmeortes S (Abb. 82) auf Grund der gegebenen Koordinaten (x_a, y_a, z_a), (x_b, y_b, z_b) und (x_c, y_c, z_c) der Festpunkte A, B und C handelt es sich um ein Rückwärtseinschneiden im Raum mit Hilfe der drei Positionswinkel α, β und γ, die bei bekannter innerer Orientierung des Bildes — Hauptpunkt H und Bildweite $OH = f$ (Abb. 83) — durch die Bildpyramide $O, A'B'C'$ bestimmt sind und in dieser z. B. mit Benutzung eines Bildtheodolits unmittelbar gemessen werden können.

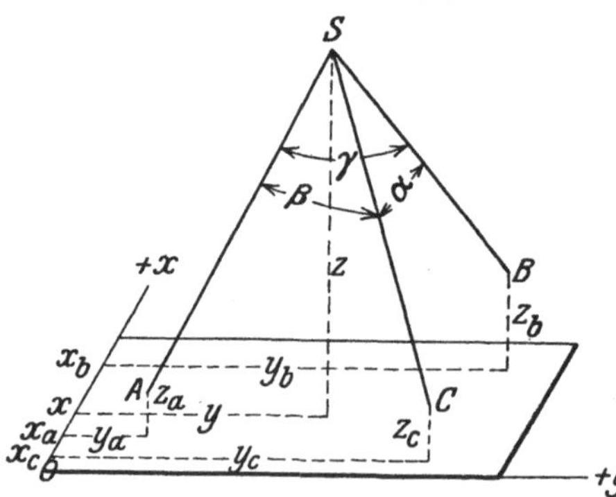

Abb. 82. Grundgedanke des Rückwärtseinschneidens im Raum mit Hilfe von Positionswinkeln.

Die Lösung der Aufgabe kann man graphisch, graphisch-numerisch, numerisch oder mechanisch vornehmen. Die mechanische Lösung geschieht mit Hilfe eines Auswertungsinstruments — Aerokartograph oder Stereoplanigraph —; sie besteht darin, daß man durch systematische Versuche oder durch allmähliche Annäherung der Bildplatte im Instrument

---

[1] Der Stereoautograph wurde deshalb auch schon als Schichtlinienzeichner bezeichnet.

eine solche Lage gibt, die derjenigen entspricht, die sie im Augenblick
der Aufnahme im Raum hatte. Die mechanische Lösung mit Hilfe des
Aerokartographen oder des Stereoplanigraphen bietet den Vorteil, daß
man zwei zusammengehörige
Bildplatten gemeinsam im Instrument einpassen, also zwei
Aufnahmeorte zugleich bestimmen kann, und daß dann für
beide Bilder die gesamte äußere,
am Auswertungsinstrument im
einzelnen ablesbare Orientierung bestimmt ist. Die Aufgabe des gemeinsamen Rückwärtseinschneidens von zwei
Punkten im Raum kann mechanisch mit einem Auswertungsinstrument bedeutend rascher
gelöst werden als nach einem

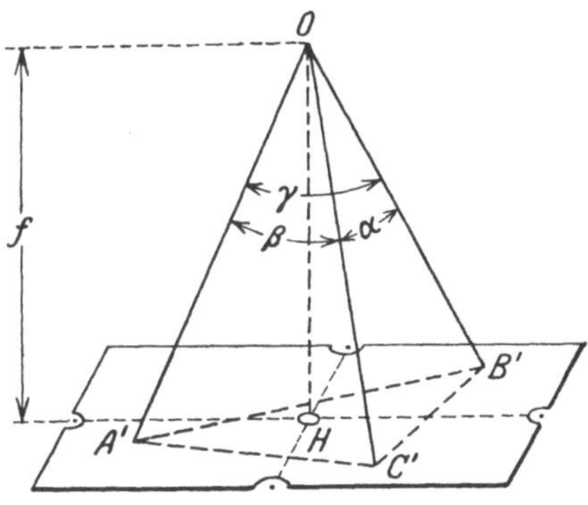

Abb. 83. Die Bildpyramide beim Rückwärtseinschneiden im Raum.

anderen Verfahren; die numerischen und graphisch-numerischen Lösungen haben deshalb nur noch theoretisches Interesse.

Die Festlegung von Neupunkten auf Grund von zwei Bildern
mit bekannter äußerer Orientierung kann entweder nach dem Verfahren
der Einschneidephotogrammetrie oder dem der Stereophotogrammetrie
ausgeführt werden. Das Einschneideverfahren, bei dem man die zur
Festlegung der Neupunkte erforderlichen Horizontal- und Vertikalwinkel mit Hilfe des Bildtheodolits den Bildern entnehmen kann, wird
nur noch ganz ausnahmsweise angewandt; die Stereophotogrammetrie
bietet den Vorteil, daß man bei Benutzung des Aerokartographen oder
des Stereoplanigraphen die Bilder nicht nur punktweise, sondern auch
linienweise auswerten kann.

Bei den beiden wichtigsten Instrumenten zur stereophotogrammetrischen Auswertung von Bildpaaren, dem Aerokartograph von Aerotopograph G. m. b. H. und dem Stereoplanigraph von C. Zeiß, ist
eine räumlich gesehene und räumlich bewegbare Marke vorhanden,
deren Einstellungen auf einen mit ihr verbundenen Zeichenstift selbsttätig übertragen werden. Die Einrichtung ist ähnlich wie beim Stereoautograph derart, daß mit der im Gesichtsfeld bewegbaren Marke jede
Linie in dem stereoskopisch gesehenen Bild verfolgt werden kann; der Zeichenstift zeichnet dabei die Horizontalprojektion der betreffenden Linie
selbsttätig auf. Insbesondere kann man auch hier die bewegbare Marke
auf eine bestimmte N. N.-Höhe ein- und feststellen; verfolgt man dann
die entsprechende Höhenschichtlinie mit der Marke in dem räumlich gesehenen Bild, so wird von dem Zeichenstift die Schichtlinie aufgezeichnet.

Auch für stereophotogrammetrische Aufnahmen aus der Luft haben
eingehende, von verschiedenen Seiten ausgeführte Untersuchungen gezeigt, daß die Ergebnisse in bezug auf die Genauigkeit von Grundriß
und Geländedarstellung den mit dem Tachymetertheodolit und dem
Meßtisch ausgeführten Aufnahmen mindestens gleichkommen.

In einem Gelände mit geringen Höhenunterschieden versagt das stereophotogrammetrische Auswertungsverfahren bei der Bestimmung der N. N. -Höhen einzelner Punkte und insbesondere bei der Aufsuchung von Höhenschichtlinien. Die photogrammetrische Aufnahme eines Gebietes mit geringen Höhenunterschieden führt man deshalb in der Weise aus, daß man vom Luftfahrzeug aus Bilder mit nahezu horizontaler Bildebene aufnimmt, diese Bilder mit einem Einbildinstrument in Bilder mit genau horizontaler Bildebene umformt, und die so sich ergebende Grundrißaufnahme durch Höhenmessungen mit dem Tachymetertheodolit oder dem Barometer ergänzt. Für die Umformung eines nur genähert horizontalen Bildes in ein genau horizontales Bild ist es notwendig, daß in dem Bilde mindestens drei, nach Lage und Höhe gegebene Festpunkte enthalten sind, mit deren Hilfe die Bildplatte in dem Entzerrungsinstrument durch systematische Versuche eingepaßt werden kann.

In ganz ebenem Gelände legt man Punkte und Linien ihrer Lage nach mit nahezu horizontal aufgenommenen Bildern fest, die man mit Hilfe eines Entzerrungsinstruments zu genau horizontalen Bildern umformt.

Die zum Einpassen der Meßbilder im Auswertungsinstrument oder zur Bestimmung ihrer äußeren Orientierung erforderlichen Paßpunkte können entweder nach der Herstellung der Bilder durch entsprechende Messungen im Gelände oder auch photogrammetrisch mit Hilfe der Bilder selbst horizontal und vertikal festgelegt werden[1].

D. Meßverfahren für flüchtige Aufnahmen.

Bei der Ausführung von flüchtigen Aufnahmen, also von Aufnahmen mit geringerer Genauigkeit oder von Aufnahmen zu Ausarbeitungen in kleineren Maßstäben[2], bei denen die Anwendung der Theodolittachymetrie und der Meßtischtachymetrie zuviel Zeit in Anspruch nehmen würde und die oben angegebenen photogrammetrischen Verfahren nicht in Frage kommen, hat man ebenfalls Punkte sowohl in horizontalem als auch in vertikalem Sinne festzulegen. Das wichtigste Verfahren zur Höhenbestimmung bei flüchtigen Aufnahmen ist die barometrische Höhenmessung.

Zur Ausführung von Aufnahmen in kleinen Maßstäben können auch photogrammetrische Verfahren verwendet werden.

1. Horizontale Festlegung von Punkten.

Hat man eine Reihe einer Linie AB entlang liegender Punkte festzulegen, so geschieht dies mit Hilfe eines Polygonzuges, bei dem man mit der Bussole Richtungswinkel der Seiten mißt. Bei der Messung eines solchen Bussolenzuges zwischen zwei Punkten A und B (Abb. 84) kann man bei der Messung der magnetischen Richtungswinkel je einen

---

[1] Vgl. III A 6 und 9.

[2] Vgl. auch z. B. Neumayer, G. v.: Anleitung zu wissenschaftlichen Beobachtungen auf Reisen.

Punkt überspringen. Zur Messung der Winkel benutzt man eine Stockbussole oder auch nur eine Handbussole. Die Strecken bestimmt man je nach der verlangten Genauigkeit, der zur Verfügung stehenden Zeit und der Bodenbeschaffenheit mit einem Meßrad, mit einem stereoskopischen Entfernungsmesser, durch Abschreiten oder mit Hilfe der Marschzeit. Die Festlegung von seitlich von dem Polygonzug gelegenen Punkten erfolgt durch Richtungsmessung mit der Bussole und Streckenmessung, z. B. mit einem stereoskopischen Entfernungsmesser; die Ver-

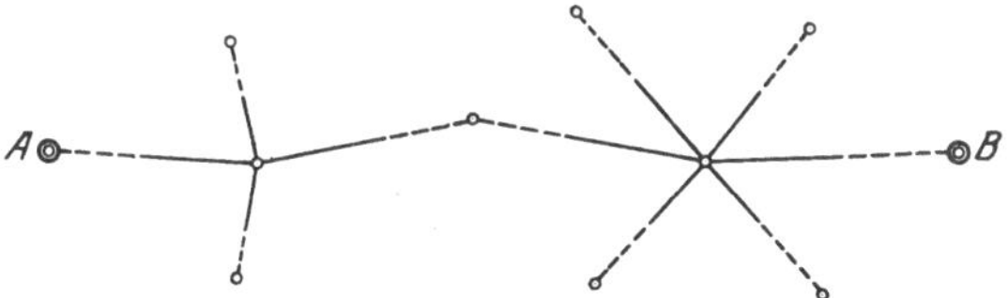

Abb. 84. Bussolenzug zwischen zwei Festpunkten.

wendung eines solchen Entfernungsmessers bietet den Vorteil, daß man die Punkte — ihre natürliche Bezeichnung vorausgesetzt — nicht zu begehen hat. Wenn möglich, kann man die Seitenpunkte auch mit Benutzung eines Fünfseitprismas nach rechtwinkligen Koordinaten festlegen; die Messung der erforderlichen Strecken kann dabei ebenfalls mit einem stereoskopischen Entfernungsmesser ausgeführt werden.

Die Aufzeichnung von solchen, zweckmäßigerweise in zwei gegebenen Festpunkten A und B angeschlossenen Bussolenzügen wird mit einem halbkreisförmigen Winkelmesser in der bei der Theodolittachymetrie angegebenen Weise ausgeführt.

Sind mehrere, ungefähr gleichmäßig über ein Gebiet verteilte Punkte P_1, P_2, P_3 ... (Abb. 85) festzulegen, so kann man hierzu entweder

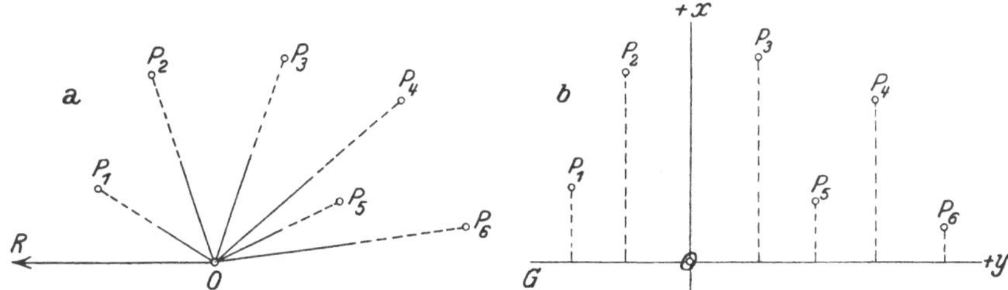

Abb. 85. Festlegung von Punkten: a) mit Polarkoordinaten, b) mit rechtwinkligen Koordinaten.

Polarkoordinaten oder rechtwinklige Koordinaten benutzen. Legt man die Punkte mit Hilfe von Polarkoordinaten (Abb. 85a) fest, so wählt man einen Punkt O und von ihm aus eine feste Nullrichtung R und mißt von dieser aus die Winkel nach den einzelnen Punkten; wählt man als Anfangsrichtung die magnetische Nordrichtung, so mißt man die magnetischen Richtungswinkel z. B. mit einer Stockbussole. Die Entfernungen zwischen O und den Punkten P_1, P_2, P_3 ... mißt man z. B. mit einem stereoskopischen Entfernungsmesser. Legt man die Punkte mit Hilfe von rechtwinkligen Koordinaten fest, so muß man eine Gerade G und auf ihr einen Punkt O (Abb. 85b) wählen. Die Lotfußpunkte bestimmt man mit dem Fünfseitprisma; die Längen der Abszissen kann man z. B. durch Abschreiten und die der Ordinaten

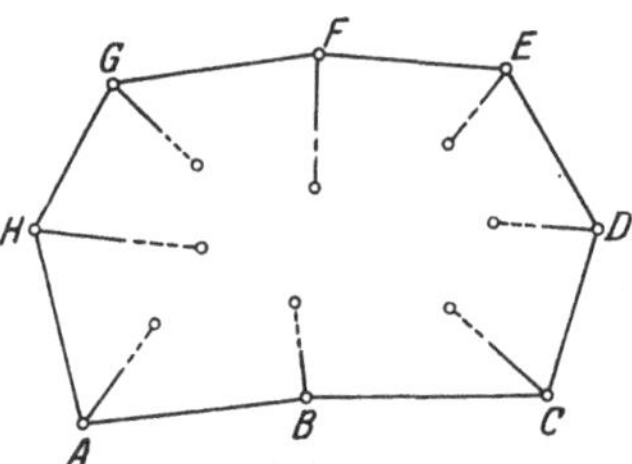

Abb. 86. Geschlossener Bussolenzug.

mit einem stereoskopischen Entfernungsmesser bestimmen. Kann man die Punkte nicht von einem Punkt aus oder von einer Geraden aus festlegen, so muß man um das betreffende Gebiet z. B. einen geschlossenen Polygonzug $ABC\ldots H$ (Abb. 86) legen, von dem man — u. U. mit Überspringung von je einem Punkt — die magnetischen Richtungswinkel der Zugseiten mit einer Stockbussole und außerdem die Längen der Zugseiten z. B. durch Abschreiten bestimmt. Die Festlegung der einzelnen Punkte geschieht dann z. B. nach Polarkoordinaten von den betreffenden Zugecken und Zugseiten aus mit Bussole und Entfernungsmesser.

2. Barometrische Höhenmessung.

Die barometrische Höhenmessung beruht auf dem Umstand, daß der Luftdruck mit zunehmender Höhe abnimmt; man kann deshalb den Höhenunterschied zweier Punkte im Grundgedanken dadurch bestimmen, daß man in beiden Punkten — mit Rücksicht auf die zeitlichen Änderungen des Luftdrucks — gleichzeitig den Luftdruck mit Hilfe eines Barometers oder eines Siedethermometers mißt.

Werden in zwei, vertikal übereinander liegenden Punkten P_u und P_o mit den Meereshöhen H_u und H_o die Luftdrucke b_u und b_o und außerdem die Lufttemperaturen t_u und t_o je gleichzeitig gemessen, so kann man nach W. Jordan[1] den Höhenunterschied $h = H_o - H_u$ der beiden Punkte berechnen auf Grund der Gleichung

$$h = K \log \frac{b_u}{b_o}(1 + \alpha\, t_m)\,(1 + \beta \cos 2\varphi)\left(1 + \gamma\, \frac{e}{b_m}\right)\left(1 + \frac{2\,H_m}{r}\right),$$

in der

$K = 18\,400$ die „barometrische Konstante",

$t_m = \dfrac{t_u + t_o}{2}$ die mittlere Lufttemperatur in Celsius-Graden,

$b_m = \dfrac{b_u + b_o}{2}$ der mittlere Luftdruck,

$H_m = \dfrac{H_u + H_o}{2}$ die mittlere Meereshöhe,

φ die geographische Breite der beiden Punkte,

e der Dunstdruck der Luft zwischen P_u unn P_o,

$r \approx 6\,370\,000$ m der Erdhalbmesser,

---

[1] Vgl. W. Jordan-O. Eggert: Handbuch der Vermessungskunde. 2. Band. Barometrische Höhenmessung.

$\alpha = \dfrac{1}{273}$ der Wärmeausdehnungskoeffizient der Luft für $1°$ C.,

$\beta = 0{,}00\,265$ ein von der Abplattung der Erde abhängiger Koeffizient,

$\gamma = 0{,}377$ ein von der Dichte des Wasserdampfes abhängiger Koeffizient.

Da Veränderungen der geographischen Breite φ, des Dunstdrucks e der Luft, des mittleren Luftdrucks b_m und der mittleren Meereshöhe H_m einen nur geringen Einfluß auf den Höhenunterschied h ausüben, so kann man φ, e, b_m und H_m für größere Gebiete als unveränderlich annehmen und runde Mittelwerte dafür einführen. Setzt man nach W. Jordan für z. B. Mitteleuropa[1], also insbesondere Deutschland $\varphi = 50°$, $\dfrac{e}{b_m} = \dfrac{1}{100}$ und $H_m = 500$ m, so erhält man die einfachere Gleichung

$$h = 18\,464 \,(\log b_u - \log b_o)\,(1 + \alpha t_m).$$

Entwickelt man in dieser Gleichung die Logarithmen in Reihen, und vernachlässigt man bei diesen die Glieder höherer als erster Potenz, so findet man

$$h = 8019 \,\frac{b_u - b_o}{b_m}\,(1 + \alpha t_m).$$

Setzt man zur Abkürzung

$$8019 \,\frac{1}{b_m}\,(1 + \alpha t_m) = \varDelta h, \quad \text{wobei} \quad \alpha = \frac{1}{273} \ \text{ist,}$$

so hat man zur Berechnung des Höhenunterschiedes h die Gleichung

$$h = (b_u - b_o)\,\varDelta h.$$

Da mit $b_u - b_o = 1$ mm der Höhenunterschied h gleich $\varDelta h$ ist, $\varDelta h$ also derjenige Höhenunterschied ist, um den man in die Höhe steigen muß, damit der Luftdruck um einen Millimeter abnimmt, so wird $\varDelta h$ als barometrische Höhenstufe bezeichnet. Wie die Gleichung für $\varDelta h$ zeigt, ist die barometrische Höhenstufe abhängig von dem mittleren Luftdruck $b_m = \dfrac{b_u + b_o}{2}$ und der mittleren Lufttemperatur $t_m = \dfrac{t_u + t_o}{2}$. Den Höhenunterschied berechnet man entweder mit dem gewöhnlichen Rechenschieber, wobei man $\varDelta h$ einer graphischen Tafel (Abb. 87) entnimmt, oder mit Hilfe eines besonders eingerichteten Rechenschiebers[2]. Da bei der Bestimmung des Höhenunterschiedes h zweier Punkte P_u und P_o durch Messung der Luftdrucke b_u und b_o und der Lufttemperaturen t_u und t_o im allgemeinen die beiden Punkte nicht vertikal übereinander liegen und die Messungen in beiden Punkten nicht gleichzeitig ausgeführt werden können, so muß man einerseits die ganze Messung so anordnen, daß die in der Zeit zwischen den Einzelmessungen in beiden Punkten eingetretenen Veränderungen im Luftdruck und in

---

[1] Werden Messungen in einem anderen Gebiet ausgeführt, so müssen die diesem entsprechenden Werte eingeführt werden.

[2] Ein solcher „Barometerschieber" wird nach Angabe von P. Werkmeister von der Firma A. Nestler in Lahr i. B. gefertigt; vgl. Z. Vermessungswesen **1911**, 972.

der Lufttemperatur berücksichtigt werden können, und andererseits muß man die Annahmen machen, daß diese Veränderungen innerhalb des in Frage kommenden Gebietes dieselben sind, und daß sie in der Zeit zwischen den Messungen in beiden Punkten proportional der Zeit vor sich gegangen sind.

Die wichtigsten Messungsverfahren sind die folgenden:

a) Ist die N. N.-Höhe H_a eines Punktes A gegeben und soll die N. N.-Höhe H eines Punktes P bestimmt werden, so mißt man zur Bestimmung des Höhenunterschiedes $h = H - H_a$ in A den Luftdruck

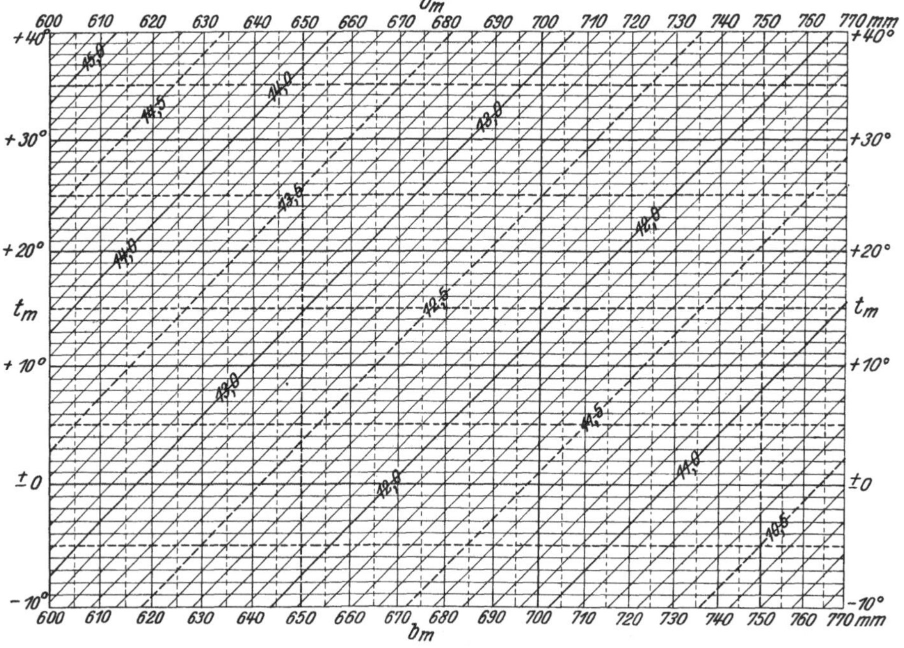

Abb. 87. Tafel für die barometrische Höhenstufe.

b_a und die Lufttemperatur t_a zur Zeit z_a, sodann in P zur Zeit z den Luftdruck b und die Lufttemperatur t, und zuletzt in A zur Feststellung der Veränderungen im Luftdruck und in der Lufttemperatur zur Zeit z_a' den Luftdruck b_a' und die Lufttemperatur t_a'. Unterschiede zwischen b_a und b_a' bzw. t_a und t_a' werden proportional der Zeit berücksichtigt. Als Instrument verwendet man einen Federbarometer, an dessen Ablesungen man die Wärmeverbesserung und die Teilungsverbesserung anbringen muß. Für die Messung der Lufttemperaturen benutzt man einen Schleuderthermometer.

Die Genauigkeit des zu messenden Höhenunterschiedes h kann man entweder dadurch erhöhen, daß man die Messung mit demselben Instrument mehrmals wiederholt, zwischen den beiden Punkten also mehrmals hin und her geht, oder dadurch, daß man mehrere Federbarometer zugleich verwendet.

Für die Aufschreibung der bei der Messung und der Rechnung sich ergebenden Werte benutzt man einen Vordruck der nebenstehenden Art.

Nach dem im vorstehenden geschilderten Verfahren kann man natürlich auch die N. N.-Höhen von mehreren Punkten $P_1, P_2 \ldots$ bestimmen; man hat dabei nur zu beachten, daß die Zeit zwischen der ersten und der zweiten Messung von Luftdruck und Lufttemperatur in dem gegebenen Punkt A nicht zu groß sein darf bzw. der angestrebten Genauigkeit angepaßt ist.

b) Hat man von einem Punkt A mit gegebener N. N.-Höhe H_a ausgehend die N. N.-Höhen $H_1, H_2 \ldots H_n$ einer größeren Zahl von Punkten $P_1, P_2 \ldots P_n$ zu bestimmen, die unregelmäßig in einem zusammenhängenden Gebiet zerstreut liegen, so sind zwei Instrumente erforderlich; das eine, als „Feldbarometer" benutzte Instrument dient zur Messung der Luftdrucke in den einzelnen Punkten, mit dem anderen, als „Standbarometer" benutzten Instrument werden an einem passenden Ort die Veränderungen des Luftdrucks gemessen.

Als Feldinstrument verwendet man einen Federbarometer, bei dem man — wenn es sich um ein kleineres, z. B. an einem Tag aufnehmbares Gebiet handelt — nur die Wärmekorrektion und die Teilungsverbesserung zu berücksichtigen hat; erstreckt sich die Messung bei der Aufnahme eines ausgedehnten Gebietes über mehrere Wochen oder Monate, so muß man auch die Standverbesserung berücksichtigen, die man dann von Zeit zu Zeit durch Vergleichen mit den Ergebnissen eines Siedethermometers neu bestimmen muß. Als Standinstrument verwendet man einen Quecksilberbarometer oder einen Federbarometer; da die Ablesungen an einem solchen einen zweiten Beobachter erfordern, so verwendet man als Standinstrument u. U. auch einen Barographen, an dessen Aufzeichnungen man für jede Zeit die entsprechende Luftdruckveränderung ablesen kann.

Benutzt man bei einer in einem Tag durchzuführenden Aufnahme als Standinstrument einen Quecksilberbarometer oder einen Feder-

Bestimmung des Höhenunterschiedes zweier Punkte mit Hilfe eines Federbarometers.

Punkt	Zeit		Ablesungen am Barometer			Luft-Temp.	Luft-Druck	Luft-Temp.	$\dfrac{b_u + b_o}{2}$	$\dfrac{t_u + t_o}{2}$	$b_u - b_o$	Δh	h	N. N. Höhe
	h	m	Luftdruck mm	Temp. °	Verbessert mm	°	mm	°	mm	°	mm	m	m	m
A	10	09	753,1	19,0	753,2	18,0	753,2	18,0						137,4
P	10	20	750,6	19,0	750,7	18,5	750,9	18,7	752	18	2,3	11,38	26,2	163,6
A	10	30	752,7	19,2	752,8	17,6								

barometer, so hat der betreffende Beobachter in Abständen von z. B.
10 Minuten den Luftdruck und die Lufttemperatur zu messen. Wird ein
Quecksilberbarometer benutzt, so muß an diesem jeweils auch die Temperatur abgelesen werden; da nur die Veränderungen des Luftdrucks
bestimmt werden müssen, so braucht man die sich gleichbleibenden
Schwereverbesserungen und die Standverbesserung nicht anzubringen.
Ist das Standinstrument ein Federbarometer, und wird dieses gegen
Wärmebeeinflussung gut geschützt, so daß seine Innentemperatur sich
nicht ändert, so braucht man an den Ablesungen nur die Teilungsverbesserung anzubringen.

Für die Messung der Lufttemperaturen in den festzulegenden Punkten
benutzt man einen Schleuderthermometer; die Schwankungen der Lufttemperatur werden an dem Ort des Standbarometers mit einem Schleuderthermometer oder einem Thermograph gemessen.

Standbarometer

Zeit.		Ablesungen am Barometer			Luft-Temp. °	Änderungen	
h	m	Luftdruck mm	Temp. °	Verbessert mm		Druck mm	Temp. °
8	00	739,1	12,5	742,7	13,0	$\pm$ 0	$\pm$ 0
8	10	739,2	13,0	742,8	14,0	— 0,1	— 1,0
8	20	739,4	13,1	743,0	14,5	— 0,3	— 1,5

Für die Aufstellung der Standinstrumente wählt man einen in der
Mitte des aufzunehmenden Gebietes in beliebiger Höhe gelegenen Ort, an
dem man sie im Schatten aufstellt. Dauert die Messung bei der Aufnahme eines größeren Gebietes mehrere Wochen oder Monate, so erhält
man die erforderlichen Änderungen im Luftdruck und in der Lufttemperatur aus den fortlaufenden Messungen der nächstgelegenen meteo-
rologischen Station.

Die an dem Ort der Standinstrumente zu machenden Aufschreibungen
zeigt der obenstehende Vordruck.

Der das Gelände begehende Beobachter liest zuerst in dem gegebenen
Punkt A, dann in den Punkten P_1, P_2 ... P_n und zuletzt zur Probe
nochmals in A den Stand des Federbarometers und dessen Innentemperatur ab[1], mißt mit dem Schleuderthermometer die Lufttemperatur
und bestimmt die Zeit[2], zu der die Beobachtungen ausgeführt wurden.
Für die Aufschreibungen und die Berechnungen, bei denen die Änderungen des Luftdrucks und der Lufttemperatur proportional der Zeit
berücksichtigt werden, benutzt man einen Vordruck der nebenstehenden Art.

---

[1] Durch die nochmalige Messung des Luftdrucks in A werden insbesondere
größere, durch starke Erschütterungen des Federbarometers verursachte Veränderungen der Standverbesserung während der Messung aufgedeckt.

[2] Die beim Standbarometer und beim Feldbarometer benutzten Uhren müssen
in ihren Angaben übereinstimmen.

Die Genauigkeit der gesuchten N. N.-Höhen kann man in einfacher Weise dadurch erhöhen, daß man mehrere — bei Aufnahmen von größerer Zeitdauer mindestens drei — Federbarometer als Feldinstrumente verwendet.

c) Den Höhenunterschied zweier Punkte P_1 und P_2 können zwei Beobachter mit je einem Federbarometer dadurch bestimmen, daß sie in beiden Punkten den Luftdruck und die Lufttemperatur gleichzeitig messen. Das Verfahren findet Verwendung bei der Höhenbestimmung von Punkten längs einer bestimmten Linie. Ist die N. N.-Höhe H_a eines Punktes A gegeben, und sind die N. N.-Höhen $H_1, H_2 \ldots H_n$ der Punkte P_1, $P_2, \ldots P_n$ zu bestimmen, so lesen zunächst beide Beobachter in A ihre Barometer mit den Innentemperaturen ab; sodann begibt sich der eine Beobachter nach P_1, worauf gleichzeitig in A und P_1 die Luftdrucke und die Lufttemperaturen gemessen werden. Hierauf geht der vordere Beobachter nach P_2 und der hintere nach P_1 usw.; zuletzt lesen beide Beobachter gleichzeitig ihre Instrumente in dem letzten Punkt P_n ab. An den Barometerablesungen sind sämtliche Verbesserungen anzubringen. Voraussetzung für das Verfahren ist, daß die verbesserten Ablesungen von zwei gleichzeitig in demselben Punkt gemachten Ablesungen an den beiden Barometern übereinstimmen oder stets — im Punkt A und im Punkt P_n — um denselben Betrag voneinander abweichen. Die gleichzeitige Ablesung in zwei verschiedenen Punkten erreicht man in offenem Gelände bei gegenseitiger Sicht durch Flaggenzeichen, in bedecktem Gelände bei übereinstimmenden Uhren durch vorherige Festsetzung der Zeit der Ablesung. Für die Aufschreibungen während der Messungen und die Berechnungen verwendet man einen Vordruck der umstehenden Art.

d) Kennt man die N. N.-Höhen H_a und H_e von zwei Punkten A und E mit großem Höhenunterschied, so kann man die N. N.-Höhen $H_1, H_2 \ldots H_n$ von weiteren, zwischen

Feldbarometer

Punkt	Zeit h	Zeit m	Ablesungen am Barometer Luftdruck mm	Ablesungen am Barometer Temp. °	Verbessert mm	Luft-Temp. °	Verbesserungen Luft-Druck	Verbesserungen Luft-Temp.	Luft-Druck mm	Luft-Temp. °	$\frac{b_u + b_o}{2}$ mm	$\frac{t_u + t_o}{2}$ °	$b_u - b_o$ mm	Δh m	h m	N. N. Höhe m
A	8	00	744,2	13,0	745,7	12,8	± 0	± 0	745,7	12,8						245,4
1	8	09	742,1	13,2	743,6	13,5	— 0,1	— 1,0	743,5	12,5	744	12,5	2,2	11,26	24,8	270,2
2	8	15	740,3	13,2	741,8	13,4	— 0,2	— 1,3	741,6	12,1	743	12,5	4,1	11,28	46,1	291,5

Bestimmung der Höhen eines Vertikalschnitts mit zwei Federbarometern.

Beobachter A					Beobachter B					Berechnung					
Punkt	Ablesungen am Barometer			Luft-Temp.	Punkt	Ablesungen am Barometer			Luft-Temp.	$\frac{b_u+b_o}{2}$	$\frac{t_u+t_o}{2}$	b_u-b_o	Δh	h	N. N. Höhe
	Luftdruck	Temp.	Verbessert			Luftdruck	Temp.	Verbessert							
	mm	°	mm	°		mm	°	mm	°	mm	°	mm	m	m	m
A	716,2	14,0	718,5	16,0	A	717,1	13,8	718,5	16,0	—	—	—	—	—	248,5
A	716,6	14,0	718,9	16,0	1	716,0	13,9	717,4	16,6	718	16	1,5	11,83	+ 17,8	266,3
1	715,3	14,1	717,5	16,5	2	714,2	13,9	715,4	16.8	716	17	2,1	11,85	+ 24,9	291,2
2	713,5	14,2	715,6	16,8	3	713,2	14,0	714,3	17,0	715	17	1,3	11,87	+ 15,4	306,6

A und E liegenden Punkten $P_1, P_2 \ldots P_n$ durch Einschalten bestimmen. Man liest hierzu der Reihe nach in A, P_1, $P_2 \ldots P_n$ und E an einem Federbarometer den Luftdruck und die jeweilige Innentemperatur ab; sind b_a, b_1, $b_2 \ldots b_n$ und b_e die verbesserten Ablesungen, so findet man die barometrische Höhenstufe Δh aus $\Delta h = \dfrac{H_e - H_a}{b_a - b_e}$ und kann mit ihrer Hilfe mit Benutzung des gewöhnlichen Rechenschiebers die Höhenunterschiede zwischen den einzelnen Punkten berechnen.

Bei einer solchen Einschaltung der gesuchten Höhen zwischen zwei gegebenen Höhen braucht man die Lufttemperaturen nicht zu messen. An den Barometerablesungen hat man nur die Temperaturverbesserung anzubringen; die Teilungsverbesserung wird ohne weiteres bei der Einschaltung mit berücksichtigt, und von der Standverbesserung muß man annehmen, daß sie sich nicht verändert. Hat man einen kompensierten Federbarometer, bei dem also der Temperaturkoeffizient gleich Null ist, so hat man in jedem Punkt als einzige Ablesung diejenige am Barometer auszuführen.

Die Genauigkeit der barometrischen Höhenmessung ist insbesondere abhängig von der Güte der Instrumente und von den auftretenden Änderungen des Luftdrucks und der Lufttemperatur. Das für die barometrische Höhenmessung wichtigste Instrument, der Federbarometer, verlangt sorgfältige Behandlung; da starke Erschütterungen des Instruments während der Messung Veränderungen in der Standverbesserung hervorrufen können, so ist das Instrument vor Erschütterungen besonders zu schützen. Von den Änderungen des Luftdrucks und der Lufttemperatur muß man annehmen können, daß sie gleichmäßig oder proportional der Zeit vor sich gehen; dies ist besonders der Fall an ruhigen Sommertagen ohne Gewitterstörungen.

Der mittlere Fehler eines barometrisch gemessenen Höhenunterschiedes bis zu etwa 100 m beträgt ± 1 bis ± 2 m; bei größeren Höhenunterschieden bis zu etwa 1000 m muß man mit Fehlern von mindestens ± 5 m rechnen.

3. Photogrammetrische Verfahren.

Die Photogrammetrie kann insbesondere Verwendung finden bei der raschen Festlegung einzelner Punkte in horizontalem Sinne und bei der Aufnahme des Grundrisses eines größeren Gebietes in kleinem Maßstab.

Sind in einem größeren Gebiet einige Punkte ihrer Lage nach gegenseitig festgelegt, so kann man weitere Punkte — wie z. B. Berggipfel — photogrammetrisch mit Hilfe von Rundbildern festlegen, die man entweder in gegebenen oder gesuchten Punkten aufnimmt. Man verwendet hierzu einen Phototheodolit und verschwenkt zwischen je zwei anstoßenden Aufnahmen die Meßkammer mit Hilfe des Horizontalkreises um einen runden, von der Brennweite und der Plattengröße der Meßkammer abhängigen Winkel, den man so wählt, daß die aufeinanderfolgenden Bilder sich um weniges überdecken. Führt man die Aufnahmen mit vertikalen Bildebenen aus, so kann man den einzelnen, zu einem zusammenhängenden Rundbild zusammenstellbaren Bildern die erforderlichen Winkel zwischen den im Rundbild erscheinenden Punkten mittelbar mit Hilfe der Punktabstände von den vertikalen Bildachsen und der bekannten Brennweite in der früher angegebenen Weise entnehmen. Die Festlegung der gesuchten Punkte geschieht entweder durch Vorwärtseinschneiden von gegebenen Punkten aus, wobei man jeden neuen Punkt zur Vermeidung von Verwechslungen von mindestens drei festen Punkten aus bestimmt, oder durch Rückwärtseinschneiden.

Kann die Aufnahme eines größeren, nur geringe Höhenunterschiede aufweisenden Gebietes mit Hilfe von Aufnahmen aus einem Luftfahrzeug ausgeführt werden, und soll die Kartierung in einem kleinen Maßstab — 1:75000 oder 1:100000 — vorgenommen werden, so verwendet man als Aufnahmeinstrument eine **Mehrfachkammer**. Eine von der **Photogrammetrie** G. m. b. H. in München in den Handel gebrachte, in ihren Grundgedanken auf Th. **Schleimpflug** zurückgehende Mehrfachkammer besteht aus neun Einzelkammern, die derart miteinander verbunden sind, daß gleichzeitig neun, einander leicht überdeckende Bilder aufgenommen werden können. Von den neun Objektiven sind acht in gleichen Abständen um das mittlere Objektiv angeordnet. Die Bildebenen von allen neun Kammern liegen in derselben Ebene, so daß die Aufnahme von je neun Bildern auf derselben Platte erfolgt; dies wurde dadurch erreicht, daß den Objektiven der acht seitlich angeordneten Kammern je ein entsprechendes Prisma vorgeschaltet ist. Die Prismen sind so eingerichtet, daß bei genau horizontal liegender Platte die Achsen der acht Seitenkammern je eine Nadirdistanz von $54°$ haben. Der Hauptpunkt des Gesamtbildes ist durch vier Meßmarken bestimmt. Für die Umformung der acht Seitenbilder auf den Maßstab und die Bildebene des Mittelbildes ist ein besonderes

Entzerrungsgerät erforderlich. Nach der Umformung der acht Seitenbilder ergibt sich ein zusammenhängendes Bild, das bei ungefähr horizontalem Mittelbild ein quadratisches Gebiet bedeckt, dessen Seite etwa fünfmal so groß ist als die Flughöhe. Da es trotz besonderer Vorrichtungen nicht möglich ist, die Platte im Augenblick der Aufnahme genau horizontal zu legen, so muß das nach Umformung der acht Seitenbilder entstehende Gesamtbild auf Grund der erforderlichen Festpunkte auch noch entsprechend umgeformt werden.

III. Die Grundlage und die Ausführung von topographischen Aufnahmen.

Für die Ausführung einer topographischen Aufnahme ist eine Grundlage sowohl in horizontalem als auch in vertikalem Sinne erforderlich. Es ist möglich, daß eine solche Grundlage schon vorhanden ist; in vielen Fällen muß die Grundlage durch entsprechende Messungen erst geschaffen werden.

A. Die Grundlage für eine topographische Aufnahme.

Muß die Grundlage für eine Aufnahme erst geschaffen werden, so hat man die Aufgabe, eine entsprechende Zahl von Punkten in horizontalem und vertikalem Sinne festzulegen; dabei ist es möglich, daß von einzelnen Punkten nur die Lage und von anderen nur die Höhe bestimmt wird. Für die Durchführung der topographischen Aufnahme ist es zweckmäßig, wenn von möglichst vielen Punkten die Lage und die Höhe bekannt ist. Die Zahl der für die topographische Aufnahme als Grundlage erforderlichen Punkte ist abhängig von dem Maßstab, in dem die Aufnahme ausgeführt bzw. ausgearbeitet werden soll, sowie von der Gestaltung und der Übersichtlichkeit des Geländes; je größer jener Maßstab, je weniger übersichtlich das Gelände ist, desto mehr Punkte sind als Grundlage für die Aufnahme erforderlich. Der Maßstab der Aufnahme oder ihrer Ausarbeitung muß demnach bei der Schaffung der Grundlage, bei der man besser einige Punkte zuviel als zuwenig bestimmt, festliegen.

1. Die Grundlage für die Aufnahme in horizontalem Sinn.

Als horizontale Grundlage für eine topographische Aufnahme kommen Katasterkarten oder Katasterpläne in Frage; stehen solche zur Verfügung, so benutzt man sie als Grundlage für die Aufnahme zweckmäßigerweise auch dann, wenn ihr Maßstab größer ist als derjenige, in dem die topographische Aufnahme auszuführen ist. Kann eine vorhandene zusammenhängende Katasterkarte als Grundlage für die Aufnahme verwendet werden, so ist der Grundriß in der Hauptsache gegeben; die Bestimmung von weiteren Punkten ist dann nur noch in weitparzelliertem Gelände und in größeren Waldungen notwendig. Stehen nicht zusammenhängende Katasterpläne oder solche in verschiedenen Maßstäben zur Verfügung, so muß man sie zuerst zusammenarbeiten, im letzteren Fall mit Verwendung des Pantographen oder auch auf photographischem Wege.

Kann keine Katasterkarte für die Aufnahme nutzbar gemacht werden, so hat man die Grundlage für diese in Gestalt eines Punktnetzes erst zu schaffen. Dabei kann man zwei Fälle unterscheiden; in dem einen Fall sind einige wenige Punkte bereits gegeben, im anderen Fall sind in dem aufzunehmenden Gebiet oder seiner Umgebung noch keine benutzbaren Punkte vorhanden. Im letzteren Fall muß man die erste Grundlage durch Ausführung einer Haupttriangulation oder selbständigen Triangulation schaffen. Sind schon einige, wenn auch wenige, Punkte von einer früheren, vielleicht für andere Zwecke ausgeführten Messung oder durch eine eigene selbständige Triangulation im Gelände gegeben und ihrer Lage nach, z. B. durch rechtwinklige Koordinaten, bekannt, so hat man auf Grund dieser Punkte die für die topographische Aufnahme erforderlichen weiteren Punkte zu bestimmen oder festzulegen; die gegebenen Punkte bzw. deren Koordinaten werden dabei als fehlerfrei angenommen.

Die in Frage kommenden Punkte müssen einerseits im Gelände bezeichnet und andererseits für die Zwecke der Messung sichtbar sein. Die Bezeichnung der Punkte — ein Punkt ist in der praktischen Geometrie bestimmt durch eine vertikale Gerade — kann eine natürliche oder eine künstliche sein. Ein Punkt ist in natürlicher Weise bezeichnet durch eine Gebäudespitze, einen Blitzableiter, eine Fahnenstange oder auch durch den gerade gewachsenen Stamm eines einzelstehenden Baumes. Die künstliche Bezeichnung eines Punktes richtet sich nach der Zeitdauer, für die sie halten soll; in Frage kommen behauene Steine mit Loch, eingehauene Zeichen oder eingelassene Metallstücke auf Felsen, Röhren aus Ton oder Metall und Holzpfähle mit eingebohrtem Loch. Die Sichtbarmachung der künstlich bezeichneten Punkte während der Messung geschieht durch entsprechend lange, bemalte oder zum Teil mit Papier umwickelte Holzstangen mit Flaggen oder durch Dreiböcke aus Holz (Abb. 88).

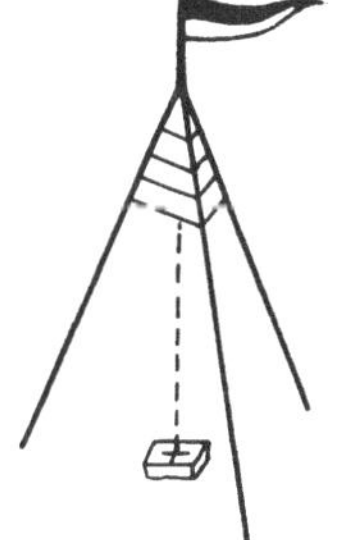

Abb. 88. Sichtbarmachung eines Punktes mit einem Dreibock.

2. Die Ausführung einer selbständigen Triangulation.

Bei einer die Grundlage der ganzen Vermessung bildenden selbständigen Triangulation überzieht man das betreffende Gebiet mit einem Netz von Dreiecken, in welchem man eine Seite — die Grundlinie — und möglichst alle Winkel mißt. Bei der Ausführung einer selbständigen Triangulation kann man die folgenden einzelnen Teile unterscheiden: Anlage des Dreiecksnetzes, Bezeichnung der Dreieckspunkte, Sichtbarmachung der Punkte, Messung der Winkel, Messung der Grundlinie und Berechnung des Netzes.

Bei der Anlage des Dreiecksnetzes, bestehend in der Auswahl der einzelnen Punkte, hat man möglichst gleichseitige Dreiecke anzustreben. Die Anlage des Netzes ist insbesondere abhängig von der Form

des durch das Netz zu bedeckenden Gebietes, von den Höhenverhält-
nissen und von der Bodenbedeckung; sie erfordert eine eingehende Begehung und sorgfältige Erkundung des Geländes. Die mittlere Größe
einer Dreiecksseite richtet sich nach der Ausdehnung des aufzunehmenden
Gebietes; bei kleineren Gebieten kann man die ungefähr gleichlangen
Dreiecksseiten zwischen 300 und 2000 m wählen, bei größeren Gebieten
ist die mittlere Dreiecksseite bis zu 20 und mehr Kilometer groß. Im
allgemeinen wird man die Dreieckspunkte möglichst auf höchsten
Stellen im Gelände wählen; auf Grund von dem dabei sich ergebenden
Punktnetz werden dann die weiteren, für die Durchführung der topographischen Aufnahme erforderlichen Punkte festgelegt. Bei der Auswahl der Dreieckspunkte hat man schon Rücksicht zu nehmen auf die
zu messende Grundlinie; dabei tritt häufig der Fall ein, daß man nicht
unmittelbar eine Dreiecksseite messen kann.

Die Bezeichnung der Punkte im Gelände geschieht je nach der
voraussichtlichen Dauer der ganzen Aufnahme in der oben angegebenen
Weise.

Die Sichtbarmachung der Punkte für die Zwecke der Messung
richtet sich nach der Länge der Dreiecksseiten und nach der angestrebten
Genauigkeit, die selbst wieder insbesondere durch den Maßstab der
herzustellenden Karte bestimmt ist.

Für die Messung der Dreieckswinkel verwendet man einen
Theodolit mit Nonien, Skalamikroskopen oder Noniusmikroskopen mit
10—20 Sekunden Angabe. Die Messung erfolgt z. B. nach dem Verfahren der richtungsweisen Winkelmessung in drei Sätzen. Das Aufstellen des Theodolits in einem bezeichneten Punkt ist um so genauer
vorzunehmen, je kürzer die Sichten sind; dasselbe gilt auch für die
Sichtbarmachung der Zielpunkte mit Stangen und dergleichen. Zur
Erhöhung der Genauigkeit und zur Aufdeckung von Versehen bei der
Messung mißt man möglichst in jedem Dreieck alle drei Winkel.

Zur Messung der Grundlinie ist bereits bemerkt, daß vielfach
nicht unmittelbar eine Dreiecksseite gemessen werden kann; man mißt
dann (Abb. 89) eine durch Messung der erforderlichen Winkel mit einer

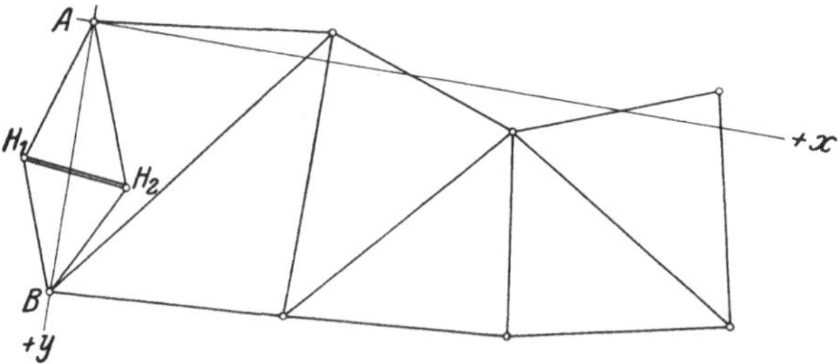

Abb. 89. Überblick über eine selbständige Triangulation.

Dreiecksseite AB in Zusammenhang zu bringende Hilfsstrecke $H_1 H_2$.
Die Punkte H_1 und H_2 wählt man dabei so, daß die Strecke $H_1 H_2$
in möglichst ebenem Gelände verläuft und dementsprechend bequem

und sicher gemessen werden kann. Für die Messung verwendet man ein Paar 5 m lange Meßlatten oder ein z. B. 20 m langes Stahlband; die tatsächliche Länge des benutzten Gerätes muß entweder bekannt sein oder besser vor und nach der Messung mit einer besonderen Vorrichtung[1] bestimmt werden. Die Messung ordnet man so an, daß man die auf $k \times 20$ m (k eine ganze Zahl) abgestimmte Grundlinie in Teilstrecken mit $(20{,}00 + \varDelta a)$ m Länge zerlegt, wobei man $\varDelta a$ gleich 2—5 cm groß wählt. Die Endpunkte der Teilstrecken werden je mit einem Nagel auf einem Holzpfahl bezeichnet und mit dem in einem Endpunkt der Grundlinie aufgestellten Theodolit genau in die Gerade eingewiesen.

Verwendet man 5 m-Latten, so führt man die Messung von jeder Teilstrecke in der Weise aus, daß man die Meßlatten ganz auf den Boden legt und sie ohne Zwischenraum und ohne die vorhergehende Latte zurückzustoßen aneinanderreiht; die kleine Strecke $\varDelta a$ wird dabei mit dem Taschenmaßstab auf Millimeter genau gemessen. Da man auch bei scheinbar horizontalem Gelände nie damit rechnen kann, daß jede Latte bei der Messung genau horizontal liegt und bei nicht horizontal liegender Latte etwas zuviel gemessen wird, so muß man für jede Lattenlage mit einem als Gradbogen bezeichneten Hilfsgerät die entsprechende Verbesserung v bestimmen. Ist φ der Neigungswinkel der Latte gegen die Horizontale, so ist — wie sich in einfacher Weise zeigen läßt — $v = 10{,}00 \sin^2 \dfrac{\varphi}{2}$ Meter. Am besten verwendet man einen Gradbogen, an dem man nicht φ, sondern unmittelbar die stets negativ anzubringende Verbesserung v abliest.

Bei Verwendung eines 20 m-Stahlbandes mißt man $\varDelta a$ ebenfalls mit dem Taschenmeter auf Millimeter genau. Um die mit dem Band schief, also nicht horizontal gemessenen Längen der Teilstrecken auf die Horizontale umrechnen zu können, muß man die Höhenunterschiede zwischen den Pfählen mit Hilfe eines Nivellierinstruments bestimmen. Ist h der Höhenunterschied zwischen zwei Teilpunkten, so hat man die gemessene Länge zu verkleinern um $v \approx \dfrac{h^2}{40{,}00}$ Meter.

Zur Erhöhung der Genauigkeit mißt man die Grundlinie z. B. viermal, wobei man zweimal in der einen und zweimal in der anderen Richtung mißt.

Die Berechnung des Dreiecksnetzes[2] bezweckt die Ermittlung von rechtwinkligen Koordinaten für die einzelnen Dreieckspunkte; sie beginnt mit der Abstimmung der Winkel in jedem Dreieck auf 180°, bestehend in der gleichmäßigen Verteilung der Abweichungen auf die einzelnen Winkel. Sind so die Winkel widerspruchsfrei gemacht, so kann man, von der Grundlinie ausgehend, die Längen der einzelnen Dreiecksseiten mit Benutzung des Sinussatzes berechnen. Um für die

---

[1] Ein bequem zu befördernder „Feldkomparator“ zur Bestimmung der Längen von 5 m-Latten wird von C. Sickler in Karlsruhe hergestellt. Die Bestimmung der Länge eines Stahlbandes mit Hilfe von Normalmetern läßt sich nicht in einfacher Weise im Felde ausführen.

[2] Vgl. Hammer, E.: Lehr- und Handbuch der ebenen und sphärischen Trigonometrie.

Dreieckspunkte Koordinaten berechnen zu können, muß man ein rechtwinkliges Koordinatensystem annehmen; dies wird man im allgemeinen so wählen, daß der Ursprung mit einem Dreieckspunkt und eine Achse mit einer Dreiecksseite zusammenfällt (Abb. 89).

3. Die verschiedenen Verfahren zur Bestimmung von weiteren Punkten in einem Netz vorhandener Punkte.

Die durch eine neue oder eine alte selbständige Triangulation festgelegten Punkte reichen im allgemeinen als Grundlage für die Durchführung der topographischen Aufnahme nicht aus; man ist daher gezwungen, auf Grund der fehlerfrei anzunehmenden Hauptpunkte weitere Punkte zu bestimmen oder das Punktnetz zu verdichten. Die Bestimmung von solchen Zwischenpunkten kann auf drei Arten erfolgen, nämlich numerisch, graphisch und mechanisch. Bei der numerischen Festlegung werden die dazu erforderlichen Größen gemessen, also in Zahlen ermittelt; die graphische Festlegung erfolgt mit Benutzung des Meßtisches und der Kippregel; die mechanische Festlegung geschieht mit Hilfe einer Meßkammer, also auf photogrammetrischem Wege. Wird ein Punkt numerisch festgelegt, so müssen von den gegebenen Punkten Koordinaten bekannt sein; die Festlegung des Punktes besteht in der Ermittlung seiner Koordinaten. Bei der graphischen Bestimmung von Punkten müssen die gegebenen Punkte in einem bekannten Maßstab aufgezeichnet sein. Für die photogrammetrische Bestimmung von weiteren Punkten in einem vorhandenen trigonometrischen Punktnetz kommt zunächst die Luftphotogrammetrie in Frage; die Erdphotogrammetrie wird nur unter ganz besonderen Verhältnissen zur Anwendung kommen.

Die gegebenen, bereits festliegenden Punkte werden als Festpunkte bezeichnet; im Gegensatz dazu heißen die neu zu bestimmenden Punkte Neupunkte.

Die Festlegung von Neupunkten kann punktweise, zugweise oder netzweise erfolgen. Bei der punktweisen Bestimmung wird jeder Punkt für sich oder höchstens zwei Punkte gemeinsam festgelegt[1]; bei der zugweisen Bestimmung werden mehrere Punkte gemeinsam mit Hilfe eines gebrochenen Linienzuges oder Polygonzuges festgelegt; bei der netzweisen Bestimmung erfolgt die gemeinsame Festlegung von zwei und mehr Punkten mit Hilfe eines Dreiecksnetzes. Die punktweise Bestimmung eines Punktes kann numerisch, graphisch oder photogrammetrisch erfolgen; die zugweise Bestimmung wird am besten numerisch ausgeführt; die netzweise Festlegung von Punkten kann man numerisch oder photogrammetrisch, gelegentlich auch graphisch vornehmen.

4. Punktweise Bestimmung von Neupunkten nach dem numerischen Verfahren.

Bei der numerischen Festlegung von einem Punkt können Strecken und Horizontalwinkel gemessen werden; dabei ist zu beachten, daß die

---

[1] Die gelegentlich vorkommende gemeinsame Festlegung von mehr als zwei Neupunkten kommt hier kaum in Frage.

Winkelmessung im allgemeinen bequemer auszuführen ist als die Streckenmessung, so daß man diese zunächst nur dann anwenden wird, wenn es sich um kleinere Strecken handelt. Bei Punktbestimmungen für die Zwecke einer topographischen Aufnahme kommen im allgemeinen nur solche Verfahren in Frage, bei denen ausschließlich Winkel gemessen werden; man bezeichnet diese Verfahren auch als trigonometrische Punktbestimmung oder Punkteinschneiden oder Kleintriangulation.

Mißt man zur Festlegung von Neupunkten so viele Winkel als zur eindeutigen Festlegung nötig sind, so heißt dies eine einfache Punktbestimmung; werden mehr Winkel gemessen als unbedingt notwendig sind, so hat man eine mehrfache Punktbestimmung oder eine Punktbestimmung mit überschüssigen Beobachtungen. Führt man überschüssige Beobachtungen aus, so kann man die infolge der unvermeidlichen Messungsfehler auftretenden Widersprüche einer Ausgleichung unterwerfen, oder man benutzt die überschüssigen Beobachtungen nur zum Schutz gegen grobe Fehler. Bei der Bestimmung von Punkten als Grundlage für eine topographische Aufnahme führt man, wie allgemein, wenn irgend möglich überschüssige Messungen aus; man benutzt sie aber im allgemeinen nur zur Aufdeckung von Versehen bei der Messung. Im folgenden ist deshalb nur von der einfachen Punktbestimmung die Rede.

Bei der trigonometrischen Punktbestimmung oder der Punktbestimmung durch Einschneiden kann man die erforderlichen Winkel entweder in Festpunkten oder im Neupunkt messen; im ersten Fall ist durch den gemessenen Winkel eine Gerade, im zweiten Fall ein Kreis bestimmt. Durch einen in einem Festpunkt gemessenen Winkel wird ein Neupunkt „vorwärts eingeschnitten"; durch einen im Neupunkt gemessenen Winkel wird dieser „rückwärts eingeschnitten". Ein Punkt kann demnach durch zwei Vorwärtseinschnitte, durch zwei Rückwärtseinschnitte oder durch einen Vorwärts- und einen Rückwärtseinschnitt bestimmt sein.

a) In ihrer allgemeinsten Form lautet die Aufgabe der Punktbestimmung durch zwei Vorwärtseinschnitte folgendermaßen: Gegeben sind die Festpunkte A, A', B und B' (Abb. 90) durch ihre Koordinaten (x_a, y_a), (x_a', y_a'), (x_b, y_b) und (x_b', y_b'); gemessen wurden in A und B die beiden Winkel $A'AP = \alpha$ und $B'BP = \beta$. Gesucht sind die Koordinaten (x, y) von P.

Die Ermittlung von x und y kann auf verschiedene Arten durchgeführt werden; löst man die Aufgabe graphisch-numerisch, so ergibt sich das folgende Verfahren[1]:

α) Man zeichnet die Festpunkte A, A', B

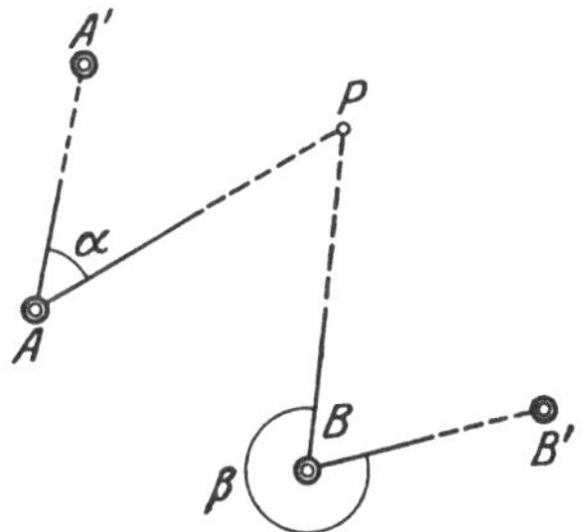

Abb. 90. Punktbestimmung durch zwei Vorwärtseinschnitte.

---

[1] Die rein rechnerischen Lösungen dieser und der folgenden Aufgaben findet man am besten bei Hammer, E.: Lehr- und Handbuch der ebenen und sphärischen Trigonometrie.

und B' auf Grund ihrer Koordinaten in passendem Maßstab auf und trägt die Winkel α und β z. B. mit Hilfe ihrer Sehnen in dem Kreis mit dem Halbmesser 1 dm ein.

Durch die so entstehende Zeichnung ist ein Näherungspunkt P_0 (Abb. 91) mit den Koordinaten (x_0, y_0) bestimmt, die man in der Zeichnung abmessen kann.

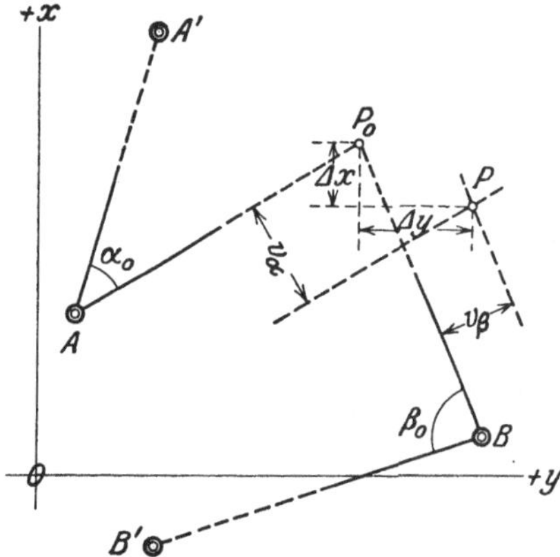

Abb. 91. Graphisch-numerische Lösung des zweifachen Vorwärtseinschneidens.

β) Dem Näherungspunkt P_0 entsprechen an Stelle der „gemessenen Winkel" α und β die „genäherten Winkel" α_0 und β_0, die man auf Grund der Richtungswinkel (AA'), (AP_0), (BB') und (BP_0) erhält aus:

$$\alpha_0 = (AP_0) - (AA')$$

und

$$\beta_0 = (BP_0) - (BB'),$$

wobei die Richtungswinkel zu berechnen sind aus

$$\mathrm{tg}\,(AA') = \frac{y_a' - y_a}{x_a' - x_a}, \qquad \mathrm{tg}\,(AP_0) = \frac{y_0 - y_a}{x_0 - x_a},$$

$$\mathrm{tg}\,(BB') = \frac{y_b' - y_b}{x_b' - x_b}, \qquad \mathrm{tg}\,(BP_0) = \frac{y_0 - y_b}{x_0 - x_b}.$$

γ) Die genäherten Winkel α_0 und β_0 weichen um die Beträge $\Delta\alpha$ und $\Delta\beta$ von den gemessenen Winkeln α und β ab, so daß

$$\Delta\alpha = \alpha - \alpha_0 \quad \text{und} \quad \Delta\beta = \beta - \beta_0.$$

Man hat nun in der Zeichnung die den Neupunkt bestimmenden Geraden AP_0 und BP_0 den im allgemeinen kleinen Winkeln $\Delta\alpha$ und $\Delta\beta$ entsprechend zu verändern; dabei hat man zu beachten, daß die Schenkel der beiden kleinen Winkel in der nächsten Umgebung von P_0 nahezu parallel sind. Man verschiebt deshalb die Geraden AP_0 und BP_0 in den auf Grund einer einfachen Überlegung sich ergebenden Richtungen um

$$v_\alpha = \frac{\Delta\alpha}{\varrho}\,\overline{AP_0} \quad \text{und} \quad v_\beta = \frac{\Delta\beta}{\varrho}\,\overline{BP_0}$$

$$\left(\varrho = \frac{180°}{\pi} \approx 57{,}3° \approx 3440' \approx 206\,000''\right).$$

Die hierzu erforderlichen Strecken kann man in der Zeichnung abmessen; für die Berechnung von v_α und v_β genügt die Genauigkeit des Rechenschiebers.

δ) Trägt man v_α und v_β unter Verwendung eines entsprechend großen Maßstabes in die Figur ein, so erhält man den Punkt P. Die Koordinatenunterschiede Δx und Δy der Punkte P und P_0 stellen die an den Näherungskoordinaten x_0 und y_0 anzubringenden Verbesserungen Δx und Δy vor; mißt man diese in der Zeichnung ab, so erhält man die Koordinaten x und y von P aus

$$x = x_0 \pm \Delta x \quad \text{und} \quad y = y_0 \pm \Delta y.$$

Die Vorzeichen von Δx und Δy ergeben sich unmittelbar aus der Zeichnung.

ε) Sind die so ermittelten Koordinaten noch nicht genügend genau, was schon aus den Werten Δx und Δy beurteilt werden kann, so betrachtet man die ermittelten Werte selbst wieder als Näherungswerte und wiederholt mit ihnen das Verfahren.

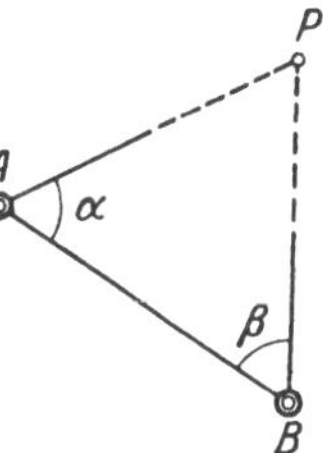

Sind die beiden Festpunkte A und B (Abb. 90) gegenseitig sichtbar, so hat man einen besonderen Fall der Punktbestimmung durch zwei Vorwärtseinschnitte (Abb. 92).

Abb. 92. Besonderer Fall der Punktbestimmung durch zwei Vorwärtseinschnitte.

b) Die Aufgabe der Punktbestimmung durch zwei Rückwärtseinschnitte lautet in der meist vorkommenden Form so:

Gegeben sind die Koordinaten (x_a, y_a), (x_b, y_b) und (x_c, y_c) der Festpunkte A, B und C (Abb. 93); gemessen wurden die Winkel $APC = \alpha$ und $BPC = \beta$. Gesucht sind die Koordinaten (x, y) von P.

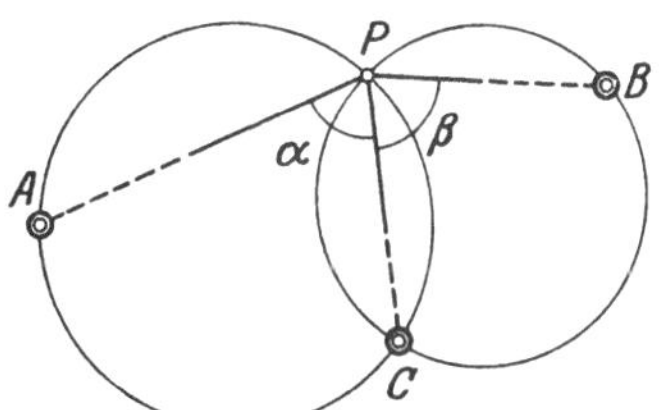

Die graphisch-numerische Lösung der Aufgabe besteht im Grundgedanken darin, daß man mit Hilfe einer maßstäblich ausgeführten Zeichnung für die gesuchten Koordinaten Näherungswerte x_0 und y_0 ermittelt und deren Verbesserungen Δx und Δy zum Teil durch Rechnung, zum Teil durch Zeichnung bestimmt. Der Gang der Lösung ist der folgende:

Abb. 93. Punktbestimmung durch zwei Rückwärtseinschnitte.

α) Zeichnerische Ermittlung der Koordinaten (x_0, y_0) eines Näherungspunktes P_0 (Abb. 94). Man findet P_0 als Schnittpunkt der beiden, durch die Winkel α und β bestimmten Kreise.

β) Berechnung der dem Punkt P_0 entsprechenden „genäherten Winkel" α_0 und β_0 aus

$$\alpha_0 = (P_0 A) - (P_0 C)$$

und

$$\beta_0 = (P_0 C) - (P_0 B),$$

wobei die Richtungswinkel $(P_0 A)$, $(P_0 B)$ und $(P_0 C)$ zu berechnen aus

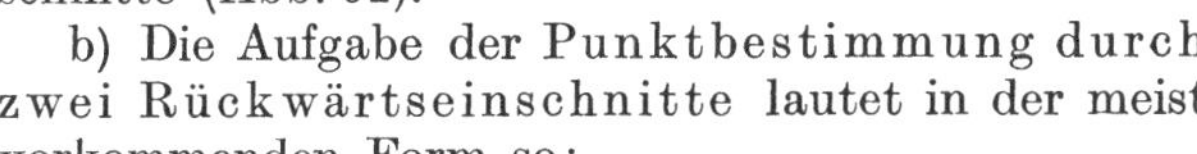

Abb. 94. Graphisch-numerische Lösung des zweifachen Rückwärtseinschneidens.

$$\text{tg}\,(P_0 A) = \frac{y_a - y_o}{x_a - x_o}, \quad \text{tg}\,(P_0 B) = \frac{y_b - y_o}{x_b - x_o}, \quad \text{tg}\,(P_0 C) = \frac{y_c - y_o}{x_c - x_o}.$$

γ) Berechnung der Winkelunterschiede $\Delta\alpha$ und $\Delta\beta$ aus

$$\Delta\alpha = \alpha_0 - \alpha \quad \text{und} \quad \Delta\beta = \beta_0 - \beta.$$

δ) Läßt man in P_0 an die Stelle der beiden den Neupunkt bestimmenden Kreise deren Tangenten treten, so muß man diese den kleinen Winkeln $\Delta\alpha$ und $\Delta\beta$ entsprechend parallel verschieben um

$$v_\alpha = \frac{\Delta\alpha}{\varrho} \frac{\overline{P_0 A} \times \overline{P_0 C}}{\overline{AC}} \quad \text{und} \quad v_\beta = \frac{\Delta\beta}{\varrho} \frac{\overline{P_0 B} \times \overline{P_0 C}}{\overline{BC}}$$

$$\left(\varrho = \frac{180°}{\pi} \approx 57{,}3° \approx 3440' \approx 206\,000''\right).$$

Die hierzu erforderlichen Strecken kann man mit genügender Genauigkeit in der Zeichnung abmessen; für die Rechnung genügt der Rechenschieber. Die Richtung der Verschiebung — von dem Kreismittelpunkt weg oder auf ihn zu — ergibt sich aus einer einfachen Überlegung.

ε) Verschiebt man die beiden Tangenten in P_0 unter Benutzung eines entsprechend großen Maßstabes um v_α und v_β, so stellen die Koordinatenunterschiede zwischen ihrem Schnittpunkt P und dem Näherungspunkt P_0 die Verbesserungen Δx und Δy vor; mißt man diese in der Zeichnung ab, so erhält man die Koordinaten x und y von P aus

$$x = x_0 \pm \Delta x \quad \text{und} \quad y = y_0 \pm \Delta y,$$

wobei die Vorzeichen von Δx und Δy sich unmittelbar aus der Zeichnung ergeben.

ζ) Zeigen die Werte von Δx und Δy, daß die ermittelten Werte von x und y noch nicht die gewünschte Genauigkeit haben werden, so betrachtet man die gefundenen Koordinaten selbst wieder als Näherungswerte und wiederholt mit ihnen das ganze Verfahren.

Die Festlegung eines Punktes durch zwei Rückwärtseinschnitte versagt für den Fall, daß der Neupunkt P (Abb. 93) auf dem Kreis durch die drei Festpunkte A, B und C liegt; die beiden, durch die gemessenen Winkel α und β bestimmten Kreise fallen dann zusammen.

c) Die bei der Punktbestimmung durch einen Vorwärtseinschnitt und einen Rückwärtseinschnitt zu lösende Aufgabe lautet in ihrer allgemeinsten Form folgendermaßen:

Gegeben sind die Festpunkte A, A', B' und B'' (Abb. 95) durch ihre Koordinaten (x_a, y_a), (x_a', y_a') (x_b', y_b') und (x_b'', y_b''); gemessen wurden in A der Winkel $A'AP = \alpha$ und in P der Winkel $B'PB'' = \beta$. Gesucht sind die Koordinaten (x, y) von P.

Bei der graphisch-numerischen Lösung der Aufgabe ermittelt man graphisch die Koordinaten x_0 und y_0 eines Näherungspunktes P_0 und bestimmt die an diesen anzubringenden Verbesserungen Δx und Δx halb numerisch, halb graphisch; damit ergibt sich der folgende Rechnungsgang:

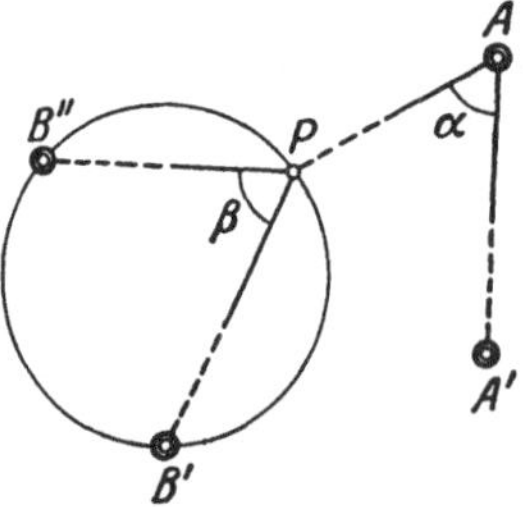

Abb. 95. Punktbestimmung durch einen Vorwärts- und einen Rückwärtseinschnitt.

α) Ermittlung der Koordinaten (x_0, y_0) von P_0 (Abb. 96) mit Hilfe einer maßstäblich ausgeführten Zeichnung. Man findet P_0 als Schnittpunkt der durch den Winkel α bestimmten Geraden und des durch den Winkel β bestimm-

ten Kreises.

β) Berechnung der durch P_0 bestimmten „genäherten Winkel" α_0 und β_0 aus

$$\alpha_0 = (AP_0) - (AA')$$

und

$$\beta_0 = (P_0 B'') - (P_0 B'),$$

wobei die Richtungswinkel (AP_0), (AA'), $(P_0 B')$ und $(P_0 B'')$ sich ergeben aus

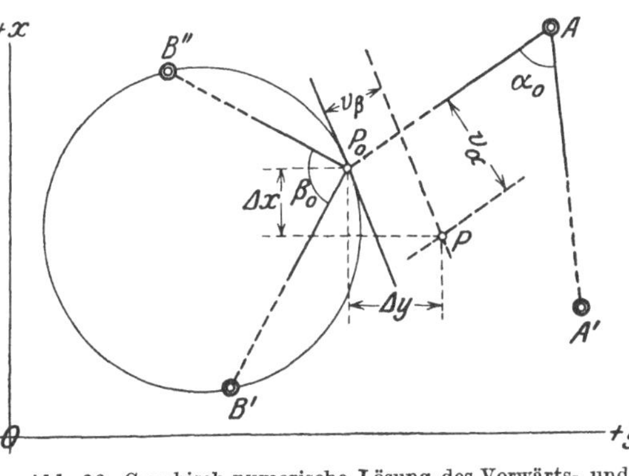

Abb. 96. Graphisch-numerische Lösung des Vorwärts- und Rückwärtseinschneidens.

$$\mathrm{tg}\,(AP_0) = \frac{y_o - y_a}{x_o - x_a}, \qquad \mathrm{tg}\,(AA') = \frac{y_a' - y_a}{x_a' - x_a},$$

$$\mathrm{tg}\,(P_0 B') = \frac{y_b' - y_o}{x_b' - x_o}, \qquad \mathrm{tg}\,(P_0 B'') = \frac{y_b'' - y_o}{x_b'' - x_o}.$$

γ) Berechnung der Winkelunterschiede $\Delta\alpha$ und $\Delta\beta$ aus

$$\Delta\alpha = \alpha_0 - \alpha \quad \text{und} \quad \Delta\beta = \beta_0 - \beta.$$

δ) Um von P_0 ausgehend den richtigen Punkt P zu erhalten, muß man den kleinen Winkeln $\Delta\alpha$ und $\Delta\beta$ entsprechend die Gerade AP_0 um v_α und die Tangente in P_0 an den Kreis um v_β parallel verschieben; dabei ist

$$v_\alpha = \frac{\Delta\alpha}{\varrho}\,\overline{AP_0} \quad \text{und} \quad v_\beta = \frac{\Delta\beta}{\varrho}\,\frac{\overline{P_o B'} \times \overline{P_o B''}}{\overline{B'B''}}$$

$$\left(\varrho = \frac{180°}{\pi} \approx 57{,}3° \approx 3440' \approx 206\,000''\right).$$

Die hierbei gebrauchten Strecken kann man in der Zeichnung abmessen; für die Rechnung genügt der Rechenschieber.

ε) Führt man die Verschiebung der Geraden AP_0 und der Tangente in P_0 um v_α bzw. v_β in den auf Grund von einfachen Überlegungen sich ergebenden Richtungen in genügend großem Maßstab aus, so kann man in der sich ergebenden Zeichnung die Verbesserungen Δx und Δy abmessen; man erhält dann die gesuchten Koordinaten x und y aus

$$x = x_0 \pm \Delta x \quad \text{und} \quad y = y_0 \pm \Delta y,$$

wobei die Vorzeichen von Δx und Δy unmittelbar aus der Zeichnung hervorgehen.

ζ) Aus der Größe der Werte Δx und Δy ersieht man, ob die sich ergebenden Werte von x und y die erforderliche Genauigkeit haben; ist dies nicht der Fall, so behandelt man die ermittelten Koordinaten wieder als Näherungswerte und wiederholt mit ihnen das Verfahren.

Ein besonderer Fall der vorliegenden Aufgabe ist der, bei dem die Bestimmung des Neupunktes P (Abb. 97) mit Hilfe von nur zwei Festpunkten durch Messung der Winkel α und β im Festpunkt A und im Neupunkt P möglich ist.

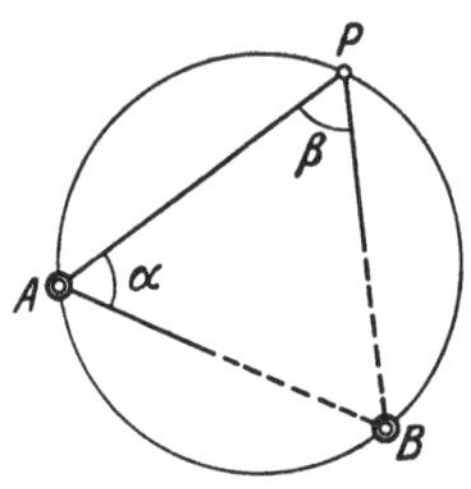

Abb. 97. Besonderer Fall der Punktbestimmung durch einen Vorwärts- und einen Rückwärtseinschnitt.

Wurden zur Bestimmung eines Punktes mehr Festpunkte benutzt als zu seiner eindeutigen Festlegung erforderlich sind, so ermittelt man durch einfaches Einschneiden die Koordinaten des Neupunktes und aus diesen und den Koordinaten der überschüssigen Festpunkte die entsprechenden Richtungswinkel und vergleicht diese zur Aufdeckung von groben Fehlern mit den gemessenen Winkeln.

5. Punktweise Bestimmung von Neupunkten nach dem graphischen Verfahren.

Die graphische Festlegung eines Punktes mit Hilfe des Meßtisches unterscheidet sich von der numerischen Festlegung insbesondere dadurch, daß die erforderlichen Winkel bzw. Richtungen im Gelände mit der Kippregel bestimmt werden. Da die Messung von Strecken für den vorliegenden Zweck noch weniger in Frage kommt als bei der numerischen Festlegung, so erfolgt die Bestimmung eines Punktes entweder durch zwei Vorwärtseinschnitte oder durch zwei Rückwärtseinschnitte oder durch einen Vorwärts- und einen Rückwärtseinschnitt. Mehr noch als beim numerischen Verfahren empfiehlt sich beim graphischen Verfahren die Ausführung von überschüssigen Beobachtungen.

Die Aufstellung des Meßtisches in den Festpunkten zur Bestimmung von Vorwärtseinschnitten geschieht in der früher angegebenen Weise; die Festlegung von Vorwärtseinschnitten ist eine selbstverständliche Sache. Die für Rückwärtseinschnitte in einem Neupunkt zur Bestimmung der erforderlichen Winkel zu zeichnenden Strahlen werden am einfachsten auf Pauspapier festgelegt, so daß sie durch entsprechendes Verschieben in die Zeichnung auf der Meßtischplatte eingepaßt werden können; dies gilt insbesondere für die Festlegung eines Punktes durch mehrere Rückwärtseinschnitte.

6. Punktweise Bestimmung von Neupunkten nach dem photogrammetrischen Verfahren.

Die mechanische oder photogrammetrische Festlegung eines Punktes mit Hilfe von Meßbildern aus einem Luftfahrzeug kann in einem nur geringe Höhenunterschiede aufweisenden Gelände ohne besondere Auswertungsinstrumente ausgeführt werden; in einem Gelände mit größeren Höhenunterschieden erfordert die Punktbestimmung die Benutzung eines Auswertungsinstruments. In beiden Fällen handelt es sich um eine photogrammetrische Punktbestimmung oder photogrammetrische Kleintriangulation mit Hilfe von Luftbildern.

Das bei nahezu ebenem Gelände anzuwendende Verfahren der luftphotogrammetrischen Punktbestimmung[1] beruht darauf, daß bei einem mit horizontaler Ebene aufgenommenen Bilde die vom Bildhauptpunkt nach anderen Bildpunkten gehenden Strahlen dieselben Winkel miteinander bilden wie die von der Horizontalprojektion des Hauptpunktes im Gelände nach den entsprechenden Geländepunkten gehenden Strahlen; man kann demnach dem Bilde Richtungssätze mit dem Scheitel im Bildhauptpunkt entnehmen. Um einen Punkt P (Abb. 98) festzulegen, muß man von dem betreffenden Gebiet zwei sich überdeckende, je den Punkt P enthaltende Bilder mit horizontaler

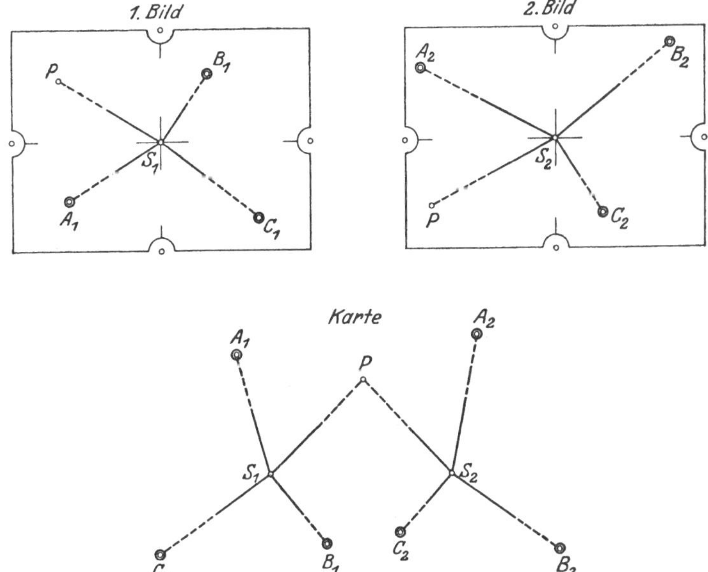

Abb. 98. Luftphotogrammetrische Bestimmung eines Punktes.

Bildebene aufnehmen. Enthält jedes Bild mindestens drei passend liegende Festpunkte A, B und C, so kann man die Horizontalprojektionen der beiden Bildhauptpunkte S_1 und S_2 durch je zwei Rückwärtseinschnitte über A, B und C in der Karte bestimmen; der Neupunkt P ist dann durch zwei Vorwärtseinschnitte von S_1 und S_2 aus bestimmt.

Da es bis jetzt nicht möglich ist, von einem Luftfahrzeug aus Bilder mit genau horizontalen Bildebenen aufzunehmen, so muß man sich mit bis zu $3°$ geneigten Bildern begnügen. Infolge der dadurch bedingten Ungenauigkeit bestimmt man die Lage der Punkte S_1 und S_2 sowie des Punktes P im allgemeinen graphisch; die hierzu erforderlichen, durch die Bilder bestimmten Strahlenbüschel S, $ABC\ldots P$ überträgt man mit Hilfe von Pauspapier von den Bildern in die Karte. Die den nicht

---

[1] Nicht ganz glücklich wird das Verfahren vielfach als Nadirpunkttriangulation bezeichnet.

genau horizontal liegenden Bildern entnommenen Richtungssätze in S_1 und S_2 liefern dasselbe Ergebnis, wie wenn man in S_1 und S_2 die betreffenden Richtungssätze mit einem Theodolit messen würde, dessen Teilkreis nicht genau horizontal liegt, oder dessen Umdrehungsachse nicht genau vertikal steht während der Messung. Es läßt sich zeigen, daß durch einen Neigungswinkel der Bildebene von 3° bei einer Richtung ein Fehler von nicht mehr als rund 2 Minuten verursacht wird.

Ist es bei zwei sich genügend überdeckenden Bildern möglich, den Hauptpunkt S_1 des ersten Bildes (Abb. 99) im zweiten Bild und den Hauptpunkt S_2 des zweiten Bildes im ersten Bild anzugeben, so kann man die Lage von S_1 und S_2 in der Karte durch ge-

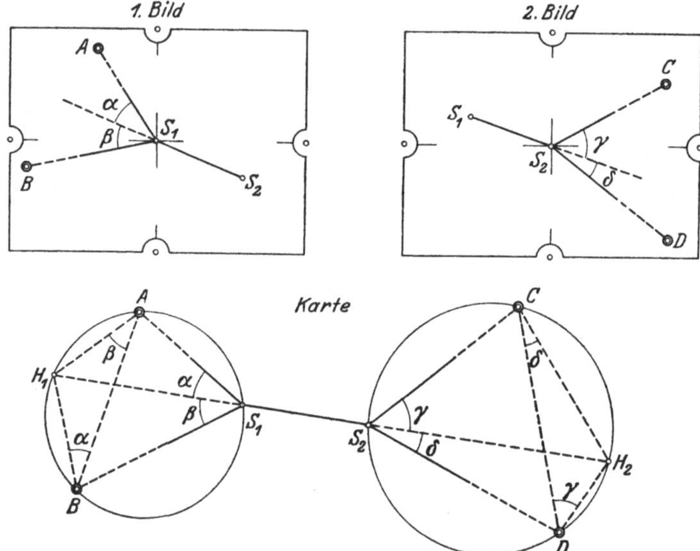

Abb 99. Gemeinsame Festlegung der Hauptpunkte von zwei Luftmeßbildern.

meinsames Rückwärtseinschneiden, im allgemeinsten Fall mit Hilfe von vier Festpunkten A, B, C und D bestimmen, von denen zwei in dem einen und zwei in dem anderen Bild erscheinen. Durch die beiden, den Bildern zu entnehmenden Winkelpaare α und β bzw. γ und δ sind in der Karte die beiden Hilfspunkte H_1 und H_2 bestimmt; man erhält dann S_1 und S_2 als Schnittpunkte der Geraden $H_1 H_2$ mit den Umkreisen der Dreiecke ABH_1 und CDH_2. Ist die gegenseitige Übertragung der Bildhauptpunkte auf Grund von Einzelheiten in den Bildern nicht ohne weiteres möglich, so wird die Übertragung vielfach dadurch ermöglicht, daß man die Bilder in S_1 und S_2 drehbar befestigt und zugleich die beiden Hauptpunkte durch eine z. B. auf gut durchsichtigem Pauspapier gezogene Gerade verbindet; durch entsprechendes Drehen der Bilder ist es dann möglich, die Bilder auf die Gerade $S_1 S_2$ einzurichten und mit ihrer Hilfe die Hauptpunkte zu übertragen.

Soll in einem Gelände mit beliebigen Höhenunterschieden
ein Neupunkt P auf Grund vorhandener Festpunkte bestimmt werden,
so erfordert dies ebenfalls die Aufnahme von zwei den Punkt P enthaltenden Meßbildern, deren Ebenen aber beliebig liegen können. Die Bestimmung des Punktes P auf Grund der beiden Bilder geschieht am
besten stereophotogrammetrisch mit Verwendung eines Auswertungsinstruments — Aerokartograph oder Stereoplanigraph — in der früher
angegebenen Weise; die drei Koordinaten des Punktes P können dabei
an dem Auswertungsinstrument abgelesen werden.

7. Zugweise Bestimmung von Neupunkten.

Bei der zugweisen oder polygonometrischen Punktbestimmung
werden mehrere Neupunkte gemeinsam festgelegt mit Hilfe eines gebrochenen Linienzuges oder Polygonzuges; es werden dabei Strecken
und Winkel gemessen. Der Länge der Zugseiten entsprechend kann
man die Züge einteilen in kleinseitige Züge mit Seiten zwischen 100
und 200 m Länge und großseitige Züge mit Seiten zwischen 300 und
und 1000 m Länge. Diese beiden Zugarten unterscheiden sich im Grundgedanken nur in der Messung der Zugseiten.

Die hier in Frage kommenden Züge gehen von einem Festpunkt A
(Abb. 100) aus und endigen in einem Festpunkt E; die bei einem solchen

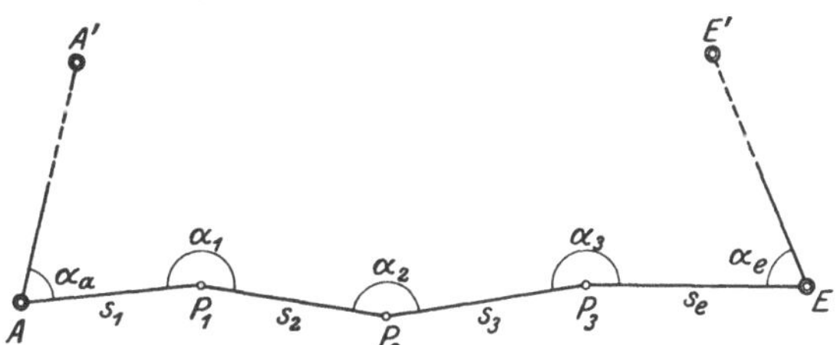

Abb. 100. Zugweise Bestimmung von Neupunkten.

„angeschlossenen Zug" auszuführenden Arbeiten bestehen in der Auswahl und Bezeichnung der Zugpunkte, der Messung der Winkel und
Seiten und der Berechnung des Zuges.

Die Auswahl der Zugpunkte richtet sich nach der beabsichtigten
topographischen Aufnahme; sie ist insbesondere abhängig von der
Übersichtlichkeit und Beschaffenheit des Geländes. Die Punkte sind
so zu wählen, daß sie eine bei der Durchführung der topographischen
Aufnahme bequem zu benutzende Grundlage abgeben. Ob man großseitige oder kleinseitige Züge wählt, ist zunächst abhängig von der
Übersichtlichkeit des Geländes und von dem Maßstab, in dem die Aufnahme ausgeführt bzw. ausgearbeitet werden soll. In wenig übersichtlichem Gelände, also besonders im Walde, ist man zu kleinseitigen
Zügen gezwungen; in übersichtlichem Gelände, also in freiem Felde,
wird man möglichst großseitige Züge anstreben; die Länge der Zug-
seite richtet sich dabei insofern nach dem Maßstab der Aufnahme, als
man sie um so größer wählen kann je kleiner der Maßstab ist.

Die zugweise Punktbestimmung mit großseitigen Zügen hat im Vergleich zur punktweisen Punktbestimmung nach den früher angegebenen Verfahren des Einschneidens zwei Vorteile; erstens kann die Auswahl der Punkte ohne besondere — unter Umständen zeitraubende — Erkundungen im Gelände durchgeführt werden, und zweitens kann die Sichtbarmachung der Punkte für die Zwecke der Messung einfacher vorgenommen werden.

Mit Rücksicht auf die unvermeidlichen Fehler bei der Winkelmessung und die Verteilung der bei der Rechnung auftretenden Widersprüche wählt man die einzelnen Zugpunkte möglichst so, daß der Zug eine langgestreckte Form hat, und daß die verschiedenen Seiten eines Zuges ungefähr gleichlang sind.

Die Bezeichnung der Zugpunkte im Gelände geschieht im allgemeinen mit Holzpfählen mit eingebohrtem Loch, in das zur Sichtbarmachung der Punkte für die Messung ein Fluchtstab gesteckt werden kann. Im einzelnen sind die Zugpunkte örtlich so zu wählen, daß bei der Winkelmessung die vertikal gestellten Fluchtstäbe möglichst am Boden angezielt werden können.

Für die Winkelmessung verwendet man einen Theodolit mit Nonien oder Noniusmikroskopen oder auch Skalamikroskopen und einer Angabe von 20 oder 30 Sekunden. Zu messen hat man außer den eigentlichen Zugwinkeln α_1, α_2 und α_3 in den Zugpunkten P_1, P_2 und P_3 (Abb. 100) den Anschlußwinkel α_a im Anfangspunkt A und — zum Schutz gegen Versehen — den Abschlußwinkel α_e im Endpunkt E. Die Messung der Winkel erfolgt in zwei Fernrohrlagen richtungsweise, im allgemeinen in zwei Sätzen. Je kleiner die Zugseiten sind, desto größere Sorgfalt muß man auf die Aufstellung des Theodolits in dem Scheitelpunkt des zu messenden Winkels, auf die pünktliche Aufsteckung der Fluchtstäbe in den Zielpunkten und auf die genaue Anzielung der Fluchtstäbe verwenden.

Die Messung der Zugseiten s_1, s_2, s_3 und s_e geschieht bei kleinseitigen Zügen entweder unmittelbar mit Meßlatten oder einem Stahlband oder mittelbar mit einem Doppelbildentfernungsmesser mit der Grundstrecke im Zielpunkt, bei großseitigen Zügen mittelbar mit dem Schraubenentfernungsmesser. Verwendet man 5 m-Latten, so mißt man derart, daß man die Meßlatten ganz auf den Boden legt und sie ohne Zwischenraum und ohne die vorhergehende Latte zurückzustoßen aneinanderreiht; die dann an jeder Latte negativ anzubringende Verbesserung wegen nicht horizontaler Lage der Latte bestimmt man mit einem Gradbogen, der am besten so eingerichtet ist, daß man an ihm unmittelbar die Verbesserung und nicht den Neigungswinkel abliest. Benutzt man mit Rücksicht auf die Bequemlichkeit bei der Beförderung ein Stahlmeßband, so legt man dieses ebenfalls ganz auf den Boden und bestimmt die an jeder Bandlage anzubringende Verbesserung entweder unmittelbar mit einem der Bandlänge entsprechenden Gradbogen oder mittelbar mit Hilfe des mit einem Gefällmesser zu bestimmenden Neigungswinkels φ des Bandes; im letzteren Falle ist die Verbesserung $v = 2 L \sin^2 \frac{\varphi}{2}$, wobei L die Länge des Bandes ist.

Die mittelbare Streckenmessung hat den Vorteil, daß man unabhängig von Messungshindernissen ist.

Die Berechnung eines Zuges besteht in der Ermittlung der rechtwinkligen Koordinaten (x_1, y_1), (x_2, y_2) und (x_3, y_3) der Zugpunkte P_1, P_2 und P_3 (Abb. 100) auf Grund der gegebenen Koordinaten (x_a, y_a), $(x_a{}', y_a{}')$, (x_e, y_e) und $(x_e{}', y_e{}')$ der Anschlußpunkte A, A', E und E'.

Berechnet man die Richtungswinkel (AA') und (EE') von AA' und EE' auf Grund der Gleichungen

$$\operatorname{tg}(AA') = \frac{y_a{}' - y_a}{x_a{}' - x_a} \quad \text{und} \quad \operatorname{tg}(EE') = \frac{y_e{}' - y_e}{x_e{}' - x_e},$$

so erhält man die Richtungswinkel φ_1, φ_2, φ_3 und φ_e der Zugseiten aus

$$\varphi_1 = (AA') + \alpha_a$$
$$\varphi_2 = \varphi_1 + \alpha_1 \pm 180°$$
$$\varphi_3 = \varphi_2 + \alpha_2 \pm 180°$$
$$\varphi_e = \varphi_3 + \alpha_3 \pm 180°.$$

Berechnet man auch noch (EE') aus

$$(EE') = \varphi_e + \alpha_e \pm 180°,$$

so erhält man eine Probe für die Richtigkeit der Messung und der Rechnung. Im allgemeinen zeigt sich bei der Berechnung von (EE') infolge der Ungenauigkeit der Koordinaten der Festpunkte und der unvermeidlichen Messungsfehler ein Widerspruch, den man gleichmäßig auf die gemessenen Winkel α_a, α_1, α_2, α_3 und α_e verteilt.

Nachdem man so die Richtungswinkel der einzelnen Zugseiten ermittelt hat, kann man die Koordinaten der Zugpunkte berechnen an Hand der Gleichungen

$$x_1 = x_a + s_1 \cos\varphi_1 \qquad y_1 = y_a + s_1 \sin\varphi_1$$
$$x_2 = x_1 + s_2 \cos\varphi_2 \qquad y_2 = y_1 + s_2 \sin\varphi_2$$
$$x_3 = x_2 + s_3 \cos\varphi_3 \qquad y_3 = y_2 + s_3 \sin\varphi_3.$$

Eine Probe für die Messung und Rechnung erhält man dadurch, daß man auch die Koordinaten von E berechnet aus

$$x_e = x_3 + s_e \cos\varphi_e \quad \text{und} \quad y_e = y_3 + s_e \sin\varphi_e.$$

Die dabei sich zeigenden Widersprüche im Vergleich zu den gegebenen Koordinaten von E verteilt man proportional den Zugseiten auf die $s \cos\varphi$- und $s \sin\varphi$-Werte.

Für die Berechnung von Zügen empfiehlt sich die Verwendung eines entsprechend eingerichteten Vordrucks.

8. Netzweise Bestimmung von Neupunkten nach dem numerischen Verfahren.

Die netzweise Punktbestimmung besteht in der gemeinsamen Festlegung von zwei und mehr Punkten mit Hilfe eines Dreiecksnetzes; die dabei vorkommenden Dreiecksnetze kann man einteilen in einfach und mehrfach angeschlossene Netze. Ein einfach angeschlossenes Netz ist im Koordinatensystem nur eindeutig festgelegt, es enthält also nur zwei Festpunkte; ein **mehrfach angeschlossenes Netz** ist im Koordinatensystem mehrdeutig festgelegt, es enthält also mehr wie zwei Festpunkte. In einem mehrfach angeschlossenen Netz treten infolge der fehlerfrei anzunehmenden, aber nicht ganz fehlerfreien Koordinaten der Festpunkte und der unvermeidlichen Messungsfehler Widersprüche auf, die entweder durch eine Ausgleichung zu tilgen sind oder — wenn, wie im vorliegenden Fall, nur eine geringere Genauigkeit angestrebt wird — vernachlässigt werden können. Mit Rücksicht auf den Schutz gegen Meß- und Rechenfehler verdient das mehrfach angeschlossene Netz den Vorzug; es gibt aber auch Fälle, bei denen man sich mit einem einfach angeschlossenen Netz begnügen muß. Aus demselben Grund mißt man bei jeder Netzform in jedem Dreieck möglichst alle drei Winkel, wobei man die Widersprüche bei der Summe von je drei Winkeln gleichmäßig auf die einzelnen Winkel verteilt.

Bei den Aufgaben der netzweisen Punktbestimmung kommt zunächst das numerische Verfahren, unter Umständen auch das photogrammetrische Verfahren zur Anwendung.

Bei der netzweisen Punktbestimmung nach dem numerischen Verfahren, bei dem die erforderlichen Winkel mit dem Theodolit gemessen werden, kann man für den Fall des einfach angeschlossenen Netzes zwei Netzformen unterscheiden; bei der einen Form ist die Verbindungsgerade der beiden Festpunkte eine Seite (Abb. 101), bei der anderen eine Diagonale (Abb. 102) des Netzes. Bei den mehrfach

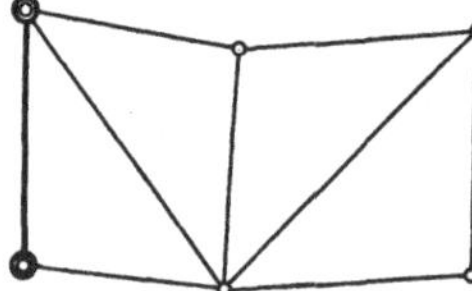

Abb. 101. Dreiecksnetz mit
einfachem Seitenanschluß.

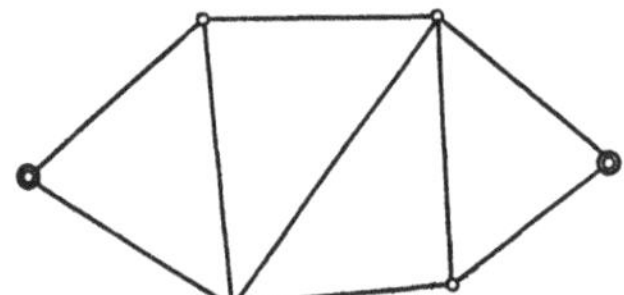

Abb. 102. Dreiecksnetz mit einfachem Punktanschluß.

angeschlossenen Netzen lassen sich vier Anschlußarten unterscheiden, nämlich Seitenanschluß, Punktanschluß, Seiten- und Punktanschluß sowie Richtungs- und Punktanschluß. Beim Seitenanschluß enthält

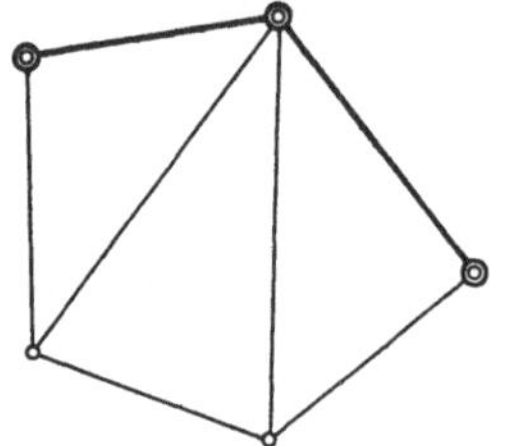

Abb. 103. Mehrfach angeschlossenes
Dreiecksnetz mit Seitenanschluß.

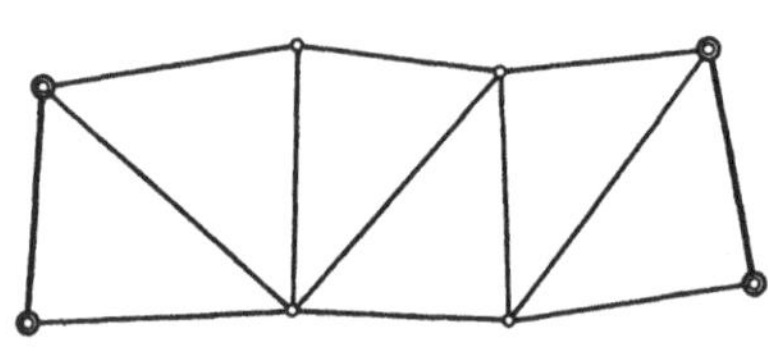

Abb. 104. Mehrfach angeschlossenes Dreiecksnetz
mit Seitenanschluß.

das Netz mindestens zwei, von Festpunkten begrenzte Seiten, die entweder zusammenstoßen (Abb. 103) oder nicht (Abb. 104). Ist Punktanschluß vorhanden, so enthält das Netz mindestens drei, durch Neupunkte getrennte Festpunkte (Abb. 105). Bei einem Netz mit Seiten- und Punktanschluß enthält das Netz mindestens eine durch zwei Festpunkte bestimmte Seite und noch mindestens einen weiteren. auf jene

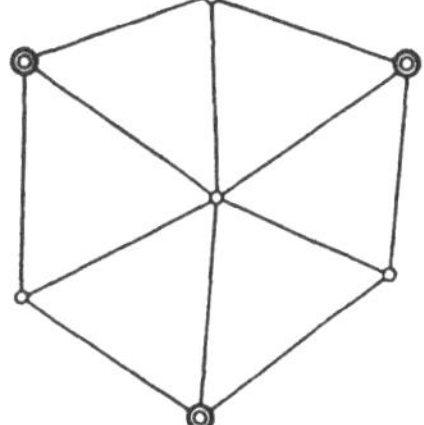

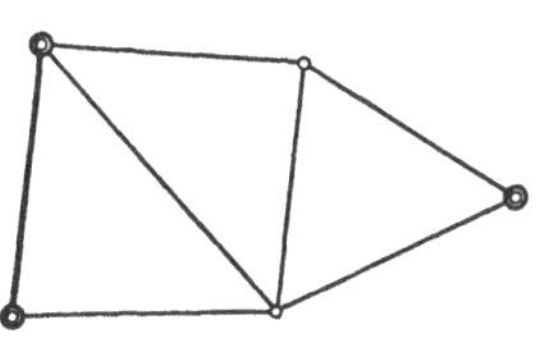

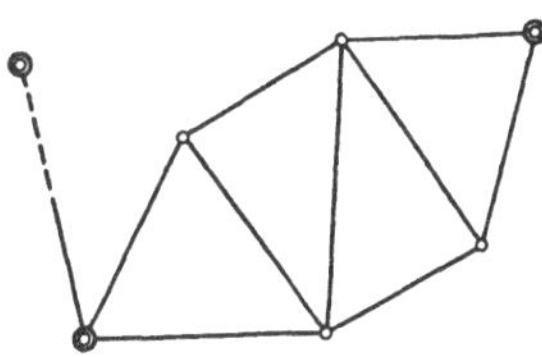

Abb. 105. Mehrfach ange- schlossenes Dreiecksnetz mit Punktanschluß.

Abb. 106. Mehrfach angeschlos- senes Dreiecksnetz mit Seiten- und Punktanschluß.

Abb. 107. Mehrfach angeschlos- senes Dreiecksnetz mit Rich- tungs- und Punktanschluß.

Festpunkte nicht unmittelbar folgenden Festpunkt (Abb. 106). Ist Richtungs- und Punktanschluß vorhanden, so ist das Netz durch Messung eines Winkels an eine feste Richtung und außerdem an min- destens zwei, durch Neupunkte getrennte Festpunkte angeschlossen (Abb. 107).

Die Berechnung eines einfach oder mehrfach angeschlossenen Netzes, bestehend in der Ermittlung der Koordinaten der Neupunkte, ist be- sonders einfach für den Fall eines Seitenanschlusses; die Berechnung beginnt mit der Bestimmung der Netzseiten nach dem Sinussatz, die Ermittlung der Koordinaten der Neupunkte geschieht in derselben Weise wie bei der zugweisen Punktbestimmung.

Die Berechnung eines Netzes mit einfachem Punktanschluß (Abb. 102) kann man nach dem folgenden graphisch-numerischen Ver- fahren durchführen:

Gegeben sind die Koordinaten (x_a, y_a) und (x_e, y_e) von A und E (Abb. 108); zur Bestimmung der Koordinaten (x_1, y_1) bis (x_4, y_4) der vier Neupunkte P_1 bis P_4 sind alle zwölf Winkel der vier Drei- ecke gemessen. Infolge der nicht vermeidbaren Messungsfehler zei- gen die Winkelsummen in den Dreiecken Widersprüche; diese verteilt man gleichmäßig auf die einzelnen Winkel und erhält dann die der Berechnung des Netzes zu- grunde zu legenden Winkel α_1 bis α_{12}. Löst man die Aufgabe gra- phisch mit Hilfe einer maßstäb- lichen Zeichnung, so kann man dieser z. B. der Seite $A P_1$ ent- sprechend für die Seitenlänge und

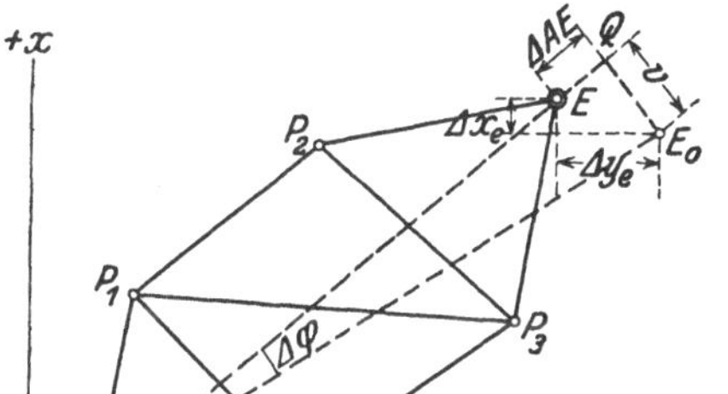

Abb. 108. Berechnung eines Dreiecksnetzes mit einfachem Punktanschluß.

den Richtungswinkel die Näherungswerte $\overline{A P_{0,1}}$ und $(A P_{0,1})$ entnehmen. Berechnet man mit $\overline{A P_{0,1}}$ mit Benutzung des Sinussatzes die übrigen

Dreiecksseiten und mit diesen und $(A P_{0,1})$ die Koordinaten des Punktes E, so erhält man nicht E, sondern einen Näherungspunkt E_0. Sind Δx_e und Δy_e die Koordinatenunterschiede von E_0 und E, so kann man mit ihnen unter Verwendung eines großen Maßstabes und Berücksichtigung der Vorzeichen E_0 in die Zeichnung eintragen. Damit E_0 nach E fällt, muß man $A E_0$ um einen Winkel $\Delta \varphi$ verschwenken und um ein Stück $\Delta \overline{AE}$ vergrößern oder verkleinern. Da $\Delta \varphi$ im allgemeinen klein ist, so sind seine Schenkel in der Umgebung von E_0 und E nahezu parallel, und an Stelle des Kreises um A durch E_0 kann man dessen Tangente treten lassen; fällt man dementsprechend von E_0 das Lot $E_0 Q$ auf AE und mißt man $E_0 Q = v$ und QE ab, so ist $\Delta \varphi = \dfrac{v}{\overline{AE}} \varrho \left(\varrho = \dfrac{180°}{\pi} \right)$

und $\Delta \overline{AE} = QE$. Hieraus ergibt sich, daß man die Näherungswerte $\overline{AP_{0,1}}$ und $(A P_{0,1})$ verändern muß um $\Delta \overline{AP_1} = \dfrac{\overline{AP_1}}{\overline{AE}} \Delta \overline{AE}$ bzw. $\Delta \varphi$.

Berechnet man mit den so sich ergebenden Werten erneut die Koordinaten von E und stimmen diese noch nicht mit der gewünschten Genauigkeit mit den gegebenen Werten überein, so muß man das Verfahren wiederholen.

9. Netzweise Bestimmung von Neupunkten nach dem photogrammetrischen Verfahren.

Mehrere Punkte kann man in nahezu ebenem Gelände gemeinsam festlegen mit Hilfe eines Dreiecksnetzes, in welchem man die erforderlichen Winkel mit Hilfe von horizontal aus einem Luftfahrzeug aufgenommenen Meßbildern bestimmt. Das Verfahren dieser „netzweisen photogrammetrischen Punktbestimmung mit Hilfe von horizontalen Luftbildern" beruht darauf, daß bei einem Meßbild mit horizontaler Bildebene die vom Bildhauptpunkt ausgehenden Winkel dieselben sind wie die von der Projektion des Hauptpunktes auf die Erde ausgehenden entsprechenden Winkel; man kann also einem horizontal aufgenommenen Luftbild Horizontalwinkel mit dem Scheitel im Bildhauptpunkt entnehmen.

Hat man zwei Neupunkte A und B (Abb. 109) im Gelände, und erfaßt man sie mit drei, sich entsprechend überdeckenden horizontalen Bildern, so ist von dem durch A und B sowie die drei Bildhauptpunkte H_1, H_2 und H_3 sich ergebenden Fünfeck die Gestalt bestimmt; die dazu erforderlichen Winkel, deren Scheitel in H_1, H_2 und H_3 liegen, kann man unmittelbar den Bildern entnehmen. Reiht man mehrere solcher Fünfecke (Abb. 110) mit Hilfe der Bildhauptpunkte H_0, H_1, H_2, H_3 und H_4 aneinander, und kann man H_0 und H_4 in der früher angegebenen Weise je mit Benutzung von drei Festpunkten durch Rückwärtseinschneiden festlegen, so kann man die entstehende Figur nach Gestalt, Größe und Lage im Koordinatensystem bestimmen und damit die Neupunkte A_1, B_1, A_2, B_2, A_3 und B_3 festlegen.

Die Aufnahme von genau horizontal liegenden Bildern ist bis jetzt nicht möglich; man muß deshalb mit um wenige Grade geneigten

Bildern vorliebnehmen. Mit Rücksicht auf die dadurch bedingten Ungenauigkeiten wird man sich im allgemeinen mit einer graphischen Bestimmung der Neupunkte begnügen; die dazu erforderlichen Winkel kann man unmittelbar den Bildern entnehmen.

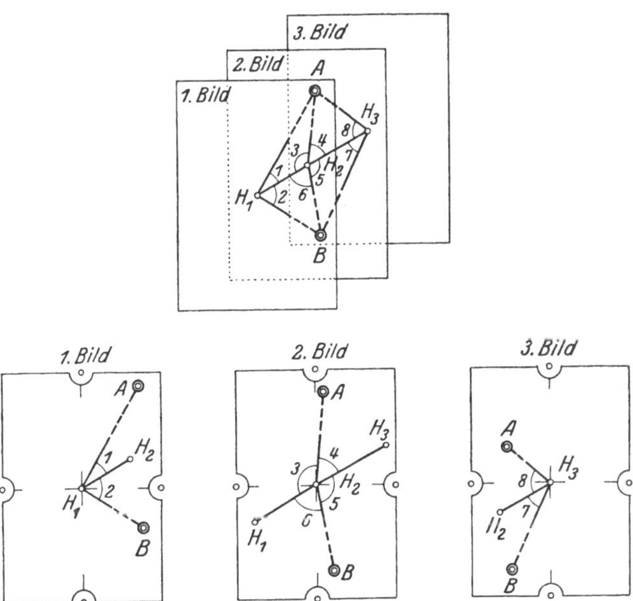

Abb. 109. Netzweise Punktbestimmung mit Hilfe von Luftbildern.

Das im vorstehenden angedeutete Verfahren[1] der photogrammetrischen Punktbestimmung eignet sich besonders zur Festlegung der zum Einpassen der Bilder in einem Einbildinstrument erforderlichen Paßpunkte. Die mit dem Verfahren erreichbare Genauigkeit entspricht der einer sehr guten Zeichnung.

In einem Gelände mit beliebigen Höhenunterschieden können auf Grund einer zusammenhängenden Bildreihe, bei der je zwei aufeinanderfolgende Bilder ein Bildpaar vorstellen, mit Hilfe eines Auswertungsinstruments mehrere Punkte gemeinsam festgelegt werden. Das infolge einer eigenartigen Einrichtung hierfür besonders geeignete Instrument ist der Aerokartograph der Aerotopograph G. m. b. H.

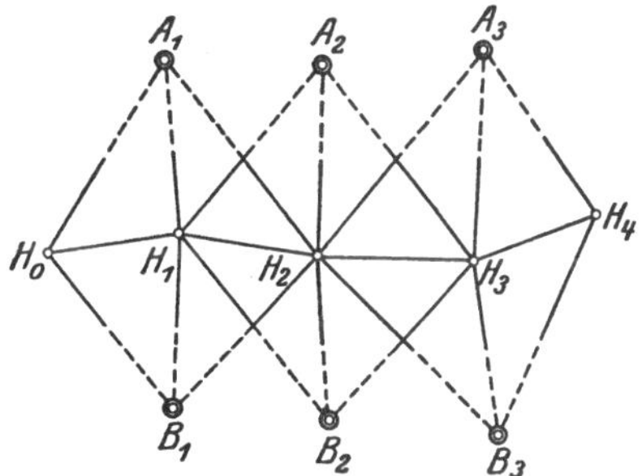

Abb. 110. Netzweise Punktbestimmung mit
Hilfe von Luftbildern.

---

[1] Eine eingehende Behandlung des Verfahrens hat J. Koppmair gegeben in den Allg. Vermess.Nachr. **1929**, 33; es werden dabei insbesondere auch die Fehlereinflüsse von Höhenunterschieden in dem Gelände behandelt, auf die hier nicht eingegangen werden kann.

Diese Einrichtung besteht darin, daß man bei der Auswertung einer Bildreihe nach Einpassung des aus dem ersten und zweiten Bild bestehenden Bildpaares auf Grund der erforderlichen Festpunkte das zweite Bild in seiner Lage läßt und nur das erste Bild durch das dritte ersetzt; das dritte Bild kann dann nach Umlegen eines Hebels dem richtig liegenden zweiten Bild räumlich oder stereoskopisch angepaßt werden. In ähnlicher Weise kann so nach Entfernen des zweiten Bildes das vierte Bild dem dritten angepaßt werden usw.

Verwendet man den Stereoplanigraph, so muß man nach Einpassung des ersten Bildpaares einer Bildreihe die Koordinaten der für die Einpassung des zweiten Bildpaares erforderlichen Paßpunkte am Instrument ablesen.

Wurde zwischen zwei Gruppen von Festpunkten eine zusammenhängende Bildreihe aufgenommen, so kann man nach Einpassung des ersten Bildpaares auf Grund der ersten Festpunktgruppe sämtliche Bilder in der angegebenen Weise einpassen; die beim Anschluß an die zweite Festpunktgruppe sich ergebenden Abweichungen sind entsprechend zu verteilen. Das Verfahren[1] eignet sich besonders zur Bestimmung von Paßpunkten für die vollständige topographische Auswertung der einzelnen Bildpaare einer Bildreihe.

10. Die Grundlage für die Aufnahme in vertikalem Sinne.

Muß die horizontale Grundlage einer topographischen Aufnahme durch Festlegung einer Anzahl Punkte erst geschaffen werden, so empfiehlt es sich, dieselben Punkte auch ihrer Höhe nach festzulegen.

Man mißt Höhenunterschiede oder relative Höhen und berechnet aus ihnen absolute Höhen oder Normalnullhöhen oder N. N.-Höhen. Um Normalnullhöhen berechnen zu können, braucht man einen „Normalnullpunkt" oder Ausgangspunkt für die Höhen; ein solcher kann entweder schon vorhanden sein, wie in den meisten Kulturstaaten, oder er muß erst passend gewählt werden. Als Normalnullpunkt wählt man, wenn irgend möglich, einen Punkt, der mit dem Mittelwasser des nächstgelegenen Meeres zusammenfällt. Der Normalnullpunkt muß entweder unmittelbar oder mittelbar durch einen anderen, passend gewählten „Normalhöhenpunkt" bezeichnet werden; im letzteren Fall muß der Höhenunterschied zwischen beiden Punkten mit einer dem Zweck entsprechenden Genauigkeit bestimmt werden. Die Bezeichnung des Normalhöhenpunktes geschieht, der Wichtigkeit der ganzen Arbeit entsprechend, unterirdisch durch eine einbetonierte Marke aus Rotguß oder oberirdisch durch ein auf einem Felsen eingehauenes Zeichen, einen entsprechend behauenen Stein oder einen Holzpfahl. Mit Rücksicht auf die Unsicherheit eines solchen Punktes wählt man unter Umständen in der nächsten Umgebung des Normalhöhenpunktes zwei oder drei

---

[1] Die photogrammetrische Gruppe des Reichsamtes für Landesaufnahme — vgl. dessen Mitteilungen, 2. Jg., Nr 2, S. 90 — hat die Genauigkeit des Verfahrens mit dem Aerokartograph untersucht; die Ergebnisse dieser Untersuchung lassen das Verfahren als aussichtsreich erscheinen.

weitere Hilfspunkte, die man ähnlich bezeichnet, und deren Höhenunterschiede in bezug auf den Hauptpunkt ebenfalls bestimmt werden.

Bei der Bestimmung der Höhen der die Grundlage einer topographischen Aufnahme bildenden Punkte hat man die gesamte Messung so anzuordnen, daß sie vom Großen ins Kleine vor sich geht; die dabei in Frage kommenden Höhenunterschiede können durch Nivellieren oder durch Vertikalwinkelmessung oder tachymetrisch bestimmt werden. Die genaueste, aber auch die zeitraubendste Art der Höhenbestimmung ist das Nivellieren, bei dem die N. N.-Höhe eines Punktes mit einer Unsicherheit von rund einem Zentimeter bestimmt werden kann.

11. Höhenbestimmung durch Nivellieren.

Bei der als Nivellieren bezeichneten Art der Höhenmessung werden die Höhenunterschiede mit Hilfe von horizontalen Geraden bestimmt; dies erfordert ein Fernrohr mit einer darauf befestigten Libelle, wobei die Libellenachse parallel zur Zielachse des Fernrohrs sein muß, so daß bei einspielender Libelle die Zielachse des Fernrohrs horizontal liegt.

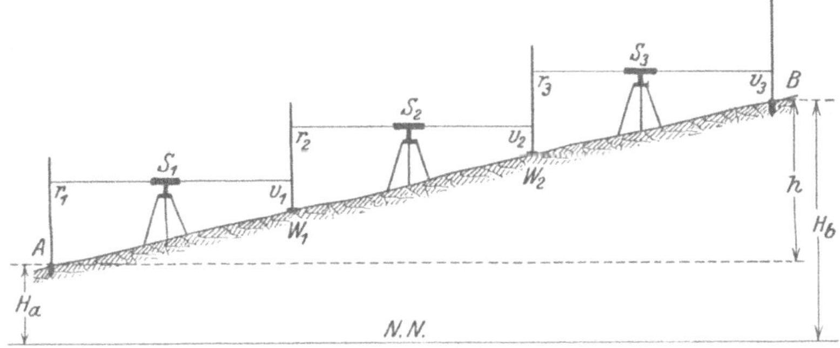

Abb. 111. Höhenbestimmung durch Nivellieren.

Ist die N. N.-Höhe H_a eines Punktes A (Abb. 111) gegeben, und soll die N. N.-Höhe H_b eines Punktes B bestimmt werden, so erhält man, wenn h der Höhenunterschied zwischen A und B ist, H_b aus $H_b = H_a \pm h$. Soll h durch Nivellieren bestimmt werden, so kann man dies im allgemeinen nicht mit nur einer horizontalen Geraden ausführen; man stellt dann das Instrument — Tachymetertheodolit mit Nivellierlibelle auf dem Fernrohr — in passender Entfernung von A in S_1 auf und macht bei einspielender Libelle mit dem Horizontalfaden — sind drei Fäden vorhanden, mit dem „Nivellierfaden" — an einem in A vertikal aufgehaltenen Maßstab (Nivellierlatte) die als Rückblick bezeichnete Ablesung r_1. Der Lattenträger wählt dann einen Hilfs- oder Wechselpunkt W_1 und hält auf ihm die Latte vertikal auf, so daß bei einspielender Libelle die als Vorblick bezeichnete Ablesung v_1 gemacht werden kann. Während die Latte in W_1 bleibt, wird das Instrument nach einem Standpunkt S_2 gebracht und dort aufgestellt; sodann werden je bei einspielender Libelle von S_2 aus der Rückblick r_2 und für einen Wechselpunkt W_2 der Vorblick v_2 abgelesen. In ähnlicher Weise werden von einem Instrumentstandpunkt S_3 aus die Ablesungen r_3 und v_3 gemacht. Die N. N.-Höhe H_b ergibt sich an Hand der Abbildung aus

$$H_b = H_a + r_1 - v_1 + r_2 - v_2 + r_3 - v_3$$

oder

$$H_b = H_a + \Sigma r - \Sigma v.$$

Die Entfernung zwischen Latte und Instrument oder die Zielweite ist abhängig von den jeweiligen Steigungsverhältnissen und von der angestrebten Genauigkeit; soll diese groß sein, so wählt man als größte Zielweite 50 m und führt die Ablesungen an der Latte, die dann eine Zentimeterteilung haben muß, auf Millimeter genau aus. Kann man sich mit einer geringeren Genauigkeit begnügen, so liest man an der dann nur eine Halbdezimeterteilung tragenden Latte auf Zentimeter genau ab; bei der Zielweite geht man dann bis 100 und mehr Meter.

Höhenbestimmung durch Nivellieren.

Datum: *1929, Juli 25.*　　　　Instrument: *46.*
Wetter: *windstill, bewölkt.*　　Beobachter: *N. N.*

Nivellement von A nach B.

Punkt-		Latte			Horizont	Höhe
Nr.	Beschreibung	Rückbl.	Vorbl.	Zw.-Abl.		
A	*Höhenbolzen*	*2,654*			*487,422*	<u>*484,768*</u>
	W₁		*0,373*			*487,049*
		1.857			*488,906*	
1	*Grenzstein*			*0,918*		*487,988*
	W₂		*0,541*			*488,365*
		2,026			*490,391*	

Für die Aufschreibung der bei der Messung gemachten Ablesungen und für die Berechnung der aus ihnen sich ergebenden Höhen empfiehlt sich die Verwendung eines Vordruckes, in dem die einzelnen Ablesungen nach Rückblicken und Vorblicken geordnet eingeschrieben werden.

Sind die Punkte, deren Höhenunterschiede bestimmt werden sollen, weit auseinander, so daß die Messung mehr als z. B. fünf Instrumentaufstellungen erfordert, so bestimmt man mit Rücksicht auf Störungen bei der Messung nebenher die Höhen von natürlich bezeichneten, passend gewählten Hilfs- oder Zwischenpunkten. Führt man die Berechnung eines Nivellements in der Weise durch, daß man die N. N.-Höhen der Instrumenthorizonte durch Addieren der Rückblicke bestimmt, so erhält man die Höhe eines Zwischenpunktes durch Subtrahieren der betreffenden Lattenablesung vom Instrumenthorizont. Ein Vordruck mit einem Beispiel für die Aufschreibung und die Rechnung ist oben angegeben.

Zur Aufdeckung von groben Fehlern oder zur Verschärfung der Messung führt man die Nivellementszüge derart aus, daß sie in Punkten mit bekannter N. N.-Höhe abschließen; unvermeidliche Anschlußfehler kann man vielfach der Zahl der Instrumentaufstellungen entsprechend verteilen. Größere Nivellementsnetze werden nach der Methode der kleinsten Quadrate ausgeglichen[1].

12. Höhenbestimmung durch Vertikalwinkelmessung.

Hat man für die Aufnahme eines Gebietes die Höhen einer Anzahl Punkte durch Nivellieren bestimmt, so kann man von diesen Punkten ausgehend die Höhen weiterer Punkte durch Vertikalwinkelmessung bestimmen; die dabei zu lösende Aufgabe lautet so: Gegeben ist die N. N.-Höhe H_s eines Punktes S (Abb. 112), in dem der Theodolit aufgestellt werden kann; gesucht ist die N. N.-Höhe H eines Punktes P.

Ist i die Instrumentenhöhe oder der Höhenunterschied zwischen der Kippachse des Instruments und dem Punkt S, z die Zielhöhe oder der Höhenunterschied zwischen dem in P angezielten Punkt[2] und P selbst, α der der Zielung entsprechende Vertikalwinkel und e die horizontale Entfernung zwischen S und P, so erhält man H aus

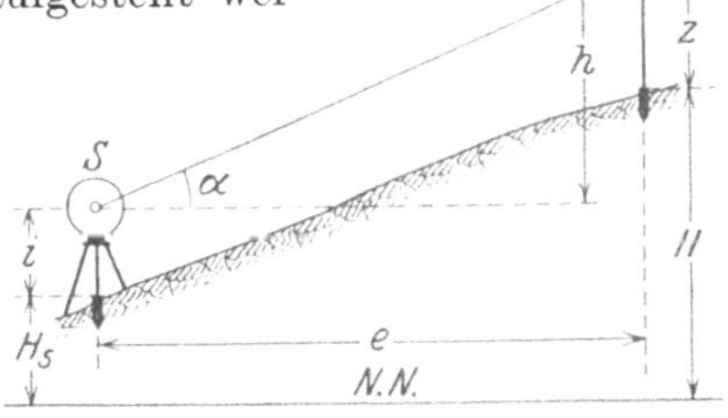

Abb. 112. Höhenbestimmung durch Vertikalwinkelmessung.

$H = H_s + i \pm h - z$, wobei $h = e \operatorname{tg} \alpha$.

Diese Gleichung gilt aber nur für den Fall, daß die Entfernung e zwischen P und S kleiner als ungefähr 500 m ist; bei größeren Entfernungen hat man die Erdkrümmung und die Refraktion zu berücksichtigen. Nimmt man an, daß der infolge der Refraktion gekrümmte Zielstrahl nahezu die Form eines Kreisbogens hat, so kann man H berechnen auf Grund der Gleichung

$$H = H_s + i \pm e \operatorname{tg} \alpha + \frac{e^2}{2r}(1-k) - z,$$

in der r der Erdhalbmesser, also gleich 6 370 000 m, und k der „Refraktionskoeffizient" ist.

Der Refraktionskoeffizient k ist abhängig von der Beschaffenheit der Luft; er ist mit dieser an verschiedenen Orten und an demselben Ort zu verschiedenen Zeiten verschieden. Man kann k dadurch bestimmen, daß man die N. N.-Höhe H eines Zielpunktes P durch Nivellieren bestimmt. Liegen für das in Frage kommende Gebiet keine besonderen Bestimmungen von k vor, so kann man $k = 0,13$ annehmen; dieser aus zahlreichen Messungen hervorgegangene Mittelwert gilt für mittlere Verhältnisse, bei nicht zu feuchter und nicht zu staubreicher Luft. Mit Rücksicht auf die Schwankungen, denen der Refraktionskoeffizient k unterworfen ist, muß man auch unter scheinbar mittleren

---

[1] Vgl. z. B. Werkmeister, P.: Einführung in die Ausgleichungsrechnung. Stuttgart 1928.

[2] Für die Zwecke der Messung muß P entweder mit einer besonderen Zieltafel oder einer Querlatte an einer vertikalen Stange bezeichnet werden.

Verhältnissen bei $k = 0{,}13$ mit einer Unsicherheit von $\pm\,0{,}1$ oder bei einer Entfernung von 3 km mit einem mittleren Höhenfehler von rund $\pm\,0{,}1$ m rechnen; man vermeidet deshalb Zielungen auf Entfernungen von mehr als 3 km.

Die Messung des Vertikalwinkels α erfolgt in zwei Fernrohrlagen und möglichst mehrmals, wobei man zwischen je zwei Messungen den Nullmarkenfehler des Vertikalkreises verändert.

Die Entfernung e zwischen dem Standpunkt S und dem Zielpunkt P erhält man z. B. auf Grund der Koordinaten (x_s, y_s) und (x, y) von S und P aus

$$e = \sqrt{(x_s - x)^2 + (y_s - y)^2}.$$

13. Tachymetrische Höhenbestimmung.

In einem Gelände mit großen Höhenunterschieden kann man an Stelle der dann zeitraubenden Höhenbestimmung durch Nivellieren die tachymetrische Höhenbestimmung anwenden; bei dieser werden die Höhenunterschiede mit Hilfe von Vertikalwinkeln und die erforderlichen Entfernungen tachymetrisch mit dem Fadenentfernungsmesser bestimmt. Wie die Nivellementszüge gehen solche Tachymeterzüge von der Höhe nach gegebenen Punkten aus und sollen in solchen Punkten abschließen.

Sind H_a und H_e die gegebenen N. N.-Höhen zweier Punkte A und E (Abb. 113) und soll die N. N.-Höhe H eines Punktes P bestimmt werden, so stellt man den Tachymetertheodolit der Reihe nach in S_1, S_2 und

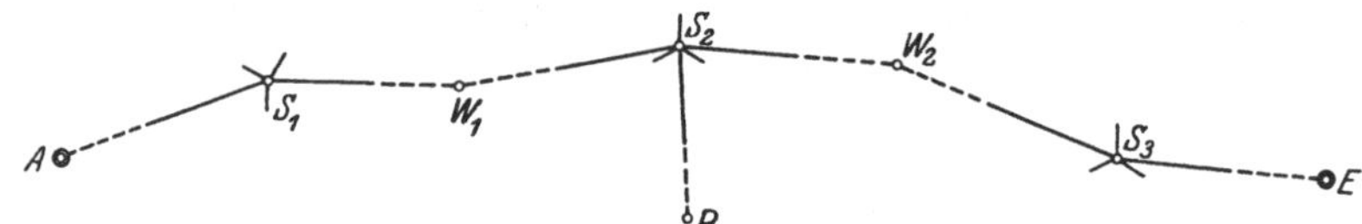

Abb. 113. Tachymetrische Höhenbestimmung.

S_3 und die mit einer Zentimeterteilung versehene Latte in A, W_1, P, W_2 und E auf. Bezeichnet man die N. N.-Höhen der Instrumenthorizonte in S_1, S_2 und S_3 mit H_1, H_2 und H_3, diejenigen der Hilfs- oder Wechselpunkte W_1 und W_2 mit $H_w{}'$ und $H_w{}''$, die entsprechenden Höhenunterschiede mit $h_r{}'$, $h_v{}'$, $h_r{}''$, h'', $h_v{}''$, $h_r{}'''$ und $h_v{}'''$ und die Einstellungen mit dem Nivellierfaden an der Latte mit $z_r{}'$, $z_v{}'$, $z_r{}''$, z'', $z_v{}''$, $z_r{}'''$ und $z_v{}'''$, so ergeben sich die N. N.-Höhen nach früherem auf Grund der Gleichungen

$$H_1 = H_a - (h_r{}' - z_r{}'), \qquad H_w{}' = H_1 + (h_v{}' - z_v{}'),$$
$$H_2 = H_w{}' - (h_r{}'' - z_r{}''), \qquad H = H_2 + (h'' - z''),$$
$$H_w{}'' = H_2 + (h_v{}'' - z_v{}''),$$
$$H_3 = H_w{}'' - (h_r{}''' - z_r{}'''), \qquad H_e = H_3 + (h_v{}''' - z_v{}''').$$

Dabei haben die einzelnen Höhenunterschiede h das Vorzeichen der Vertikalwinkel α; man erhält die Höhenunterschiede aus

$$h = \frac{1}{2} E \sin 2\alpha, \quad \text{wobei} \quad E = k_0\, l + \varDelta E.$$

Die Lattenabschnitte l zwischen den beiden äußeren Horizontalfäden bestimmt man auf Millimeter genau; dementsprechend wählt man die Entfernungen zwischen Instrument und Latte nicht größer als 50—60 m. Für die Vertikalwinkel genügt Messung in einer Fernrohrlage und Ablesung auf eine Minute genau. Die Höhenunterschiede und die N. N.-Höhen berechnet man auf Zentimeter genau. Den nicht zu vermeidenden Anschlußfehler in E verteilt man gleichmäßig auf die einzelnen Standpunkte.

Für die Aufschreibung und die Rechnung verwendet man den früher, für Bussolenzüge angegebenen Vordruck.

Bei tachymetrischer Höhenbestimmung kann man bei Entfernungen von 2—3 km und Höhenunterschieden von 100—200 m zwischen den beiden Anschlußpunkten A und E die N. N.-Höhen der Zwischenpunkte mit einem mittleren Fehler von wenigen Zentimetern, also für topographische Zwecke genügend genau bestimmen.

B. Die Ausführung von topographischen Aufnahmen.

Die Aufgabe einer topographischen Aufnahme besteht in der Herstellung einer topographischen Karte, d. h. einer Karte, die alle in bezug auf den Grundriß in Frage kommenden Einzelheiten enthält, und in der die Geländeformen dargestellt sind. Topographische Karten in den Maßstäben 1:2500, 1:5000, 1:10000 und 1:25000 mit einer Darstellung der Geländeformen in Höhenschichtlinien bilden die Grundlage für die Vorarbeiten bei Ingenieurbauten, für geologische Aufnahmen, für forstwirtschaftliche Arbeiten und für kartographische Arbeiten jeder Art.

Eine topographische Aufnahme zerfällt in die Aufnahme des Grundrisses und in die Aufnahme der Geländeformen. Da die Genauigkeit der Geländedarstellung von besonderer Wichtigkeit ist, so wird im folgenden im Anschluß an die Besprechung der Aufnahme auch von der Genauigkeit und der Prüfung der Geländedarstellung die Rede sein.

Im Zusammenhang mit der Aufnahme steht die Beschaffung von Unterlagen für die Beschriftung der zu fertigenden Karte; Feststellungen hierzu werden vielfach am besten an Ort und Stelle gemacht.

1. Die verschiedenen Aufnahmeverfahren.

Bei topographischen Aufnahmen werden die einzelnen Punkte tachymetrisch festgelegt; in Frage kommen also die drei als Theodolittachymetrie, Meßtischtachymetrie und Phototachymetrie oder Photogrammetrie bezeichneten Verfahren. Bei der Verwendung des Tachymetertheodolits oder des Meßtisches wird die Aufnahme des Grundrisses und der Geländeformen gemeinsam durchgeführt; bei der Photogrammetrie werden Grundriß und Geländeformen in einem Gelände mit geringen Höhenunterschieden nacheinander, sonst gemeinsam aufgenommen.

Die Photogrammetrie eignet sich nur für übersichtliches, nicht bedecktes Gelände; bei der Aufnahme bzw. Darstellung der Geländeformen versagt sie bei Gelände mit geringen Höhenunterschieden. Wertvolle Dienste leistet die Photogrammetrie bei der Aufnahme von schwer oder überhaupt nicht zugänglichem Gelände. Die Photogrammetrie ergibt im allgemeinen keine lückenlose Aufnahme; insbesondere erfordern die mit Bäumen bedeckten Flächen Ergänzungsmessungen mit dem Tachymetertheodolit oder dem Meßtisch. Die Photogrammetrie liefert in bezug auf den Grundriß und die Geländeformen keine kartographisch ohne weiteres verwertbare Aufnahme; insbesondere erfordert die Einteilung der Bahnen, Straßen und Wege sowie die Aufnahme der vielen, im Grundriß darzustellenden topographischen Einzelheiten eine entsprechende Begehung des Geländes. Die Auswertung der aufgenommenen Meßbilder setzt photographisch gute Bilder voraus; die Photogrammetrie ist deshalb von der Beleuchtung und Witterung und damit auch unter Umständen von der Jahreszeit abhängig; sie bietet aber andererseits den Vorteil, daß die eigentliche Feldarbeit, bestehend in der Aufnahme der Meßbilder, nur wenig Zeit erfordert.

Nachdem Instrumente zur bequemen Auswertung von Luftaufnahmen hergestellt werden, und nachdem die verschiedenfach angestellten Untersuchungen gezeigt haben, daß die Ergebnisse von luftphotogrammetrischen Aufnahmen den zu stellenden Genauigkeitsanforderungen in bezug auf Grundriß und Geländedarstellung durchaus genügen, wird man heute aus naheliegenden Gründen der Luftphotogrammetrie im allgemeinen den Vorzug vor der Erdphotogrammetrie geben; trotzdem kann die letztere z. B. bei der Aufnahme von Talhängen gelegentlich gute Dienste leisten.

Wie eine Reihe von Versuchen gezeigt hat, kann die Luftphotogrammetrie zur Auswertung in allen topographisch in Frage kommenden Maßstäben benutzt werden. Die Flughöhe, d. h. der mittlere Höhenunterschied zwischen dem aufzunehmenden Gelände und den Punkten, in denen die Bilder aufgenommen werden, richtet sich nach dem Maßstab, in dem die Bilder ausgewertet werden sollen; im allgemeinen wird die Flughöhe derart gewählt, daß der Maßstab der Bilder etwas kleiner ist als der Auswertungsmaßstab.

Die Theodolittachymetrie kann sowohl bei der Aufnahme von freiem, übersichtlichem Gelände als auch bei der von bedecktem, unübersichtlichem Gelände Verwendung finden. Da bei der Theodolittachymetrie im Gegensatz zur Meßtischtachymetrie die Ausarbeitung der Aufnahme nicht im Gelände ausgeführt werden muß, die Feldarbeit also beschränkt werden kann, so eignet sich die Theodolittachymetrie besonders auch für solche Fälle, bei denen die eigentliche Aufnahme mit Rücksicht auf Witterungsverhältnisse oder aus sonst einem Grunde möglichst rasch durchgeführt werden soll. Der zahlenmäßige Aufschrieb aller zur Festlegung eines Punktes erforderlichen Größen bei der Theodolittachymetrie bietet im Vergleich zur Meßtischtachymetrie den Vorteil, daß die ganze Aufnahme oder ein Teil von ihr erforderlichenfalls später auch in einem größeren Maßstab als in dem der ursprünglichen Ausarbeitung aufgetragen werden kann.

Die Meßtischtachymetrie kommt zunächst für die Aufnahme von sichtfreiem Gelände in Frage, bei dem man von jedem Instrumentstandpunkt aus eine größere Zahl von Punkten festlegen kann; für die

Aufnahme von nicht sichtfreiem Gelände, das öftere Aufstellungen des Instruments erfordert, ist sie nicht zu empfehlen. Da bei der Meßtischtachymetrie die Aufzeichnung der einzelnen Punkte einfach und rasch vor sich geht, eignet sich ·diese graphische Tachymetrie besonders für den Fall, daß die gesamte Aufnahme im Felde maßstäblich gezeichnet werden soll. Die Hauptnachteile des Meßtisches bestehen darin, daß der Meßtisch weniger bequem zu befördern und weniger bequem aufzustellen ist als der Tachymetertheodolit, daß die Meßtischplatte beim Begehen des Geländes zur Vornahme der erforderlichen Einzeichnungen unhandlich ist, daß die Aufnahme mit Rücksicht auf die Zeichnung stark von der Witterung abhängig ist, und daß die genaue Ausführung der Zeichnung im Feld eine große Übung und Sicherheit erfordert.

Ob man die Theodolittachymetrie oder die Meßtischtachymetrie anwendet, ist abhängig von der vorhandenen Übung und ist bis zu einem gewissen Grad eine Geschmackssache. Trotzdem kann man sagen, daß man die Meßtischtachymetrie möglichst nur dann verwendet, wenn jeder einzelne Instrumentstandpunkt weitgehend ausgenutzt werden kann und ein Begehen des Geländes nicht oder doch nur in geringem Umfang erforderlich ist. Steht als Grundlage für die Aufnahme eine Katasterkarte in großem Maßstab — 1:2500 oder 1:5000 — zur Verfügung, so verwendet man am besten den Tachymetertheodolit; der Meßtisch kommt dann nur zur Aufnahme von übersichtlichen und weitparzellierten Teilen in Frage.

Mit Rücksicht auf die Ausführung der Zeichnung ist die Wahl des Aufnahmeverfahrens auch vom Maßstab abhängig, in dem die Aufnahme ausgearbeitet werden soll; von diesem Gesichtspunkt aus ist die Meßtischtachymetrie besonders für Aufnahmen in kleinen Maßstäben zu empfehlen. Mit Rücksicht auf den Maßstab eignet sich die Meßtischtachymetrie besonders für Aufnahmen in 1:25000, 1:10000 und noch 1:5000; die Theodolittachymetrie kommt besonders für Aufnahmen in 1:2500, 1:5000 und noch 1:10000 in Frage.

Da man jede topographische Karte als Grundlage zur Herstellung einer Karte in kleinerem, aber nicht zu einer in größerem Maßstab verwenden kann, so empfiehlt es sich, den Aufnahmemaßstab von Anfang an möglichst groß zu wählen. Je größer der Maßstab einer Karte gewählt wird, desto größere Verwendungsmöglichkeit wird die Karte haben. Zu beachten ist auch, daß die Aufnahme in einem kleinen Maßstab — 1:25000 und 1:10000 — eine größere Übung erfordert als eine solche in größerem Maßstab — 1:2500 und 1:5000.

2. Die Aufnahme des Grundrisses.

Die Aufnahme des Grundrisses besteht in der Aufnahme der Bahnen, Straßen, Wege, Gewässer, Grenzen zwischen verschiedener Bodenbewachsung, Wohnplätze und sonstigen topographischen Einzelheiten.

Bei den Bahnen hat man zu unterscheiden zwischen Haupt-, Neben- und Kleinbahnen, Straßenbahn, Seil- oder Schwebebahn und Förder- oder Wirtschaftsbahn. Im Zusammenhang mit den Bahnen hat man

insbesondere Bahnhöfe, steinerne und eiserne Brücken und Tunnel-
eingänge aufzunehmen.

Die Straßen und Wege müssen bei der Aufnahme nach ihrer
Benutzbarkeit eingeteilt werden in breite und gut gebaute Straßen,
weniger breite und weniger gut gebaute Straßen, unterhaltene, für Per-
sonenkraftwagen jederzeit brauchbare Fahrwege, unterhaltene und
weniger gute Fahrwege, Feld- und Waldwege, Fußwege und Knüppel-
dämme. Aufzunehmen sind Kunstbauten, wie Brücken und Stege;
dabei ist zu unterscheiden, ob sie aus Stein, Eisen oder Holz sind.

Bei der Aufnahme der Gewässer hat man außer Quellen, Bächen,
Flüssen, Kanälen, Seen und nassen Gräben besonders aufzunehmen
Wasserfälle, Stromschnellen, Wehre, Schleusen, Pegel, Talsperren,
Molen, Fähren, Brücken aus Stein, Eisen oder Holz, Durchlässe, Wasser-
behälter, Brunnenstuben, Brunnen und dergleichen.

Bei den verschiedenen Bodenbewachsungen hat man insbesondere
zu unterscheiden zwischen Laubwald, Nadelwald, Mischwald, Heide,
Acker, Wiese und Weingarten; regelmäßige oder unregelmäßige Baumpflanzungen und Gebüsche auf Heiden oder Wiesen sind besonders
aufzunehmen.

Die Aufnahme von Wohnplätzen erfordert die Aufnahme von
Straßen, Wegen, Gebäuden und Gärten. Bei geschlossenen Ortschaften
ist besondere Sorgfalt auf die Aufnahme des Ortssaumes zu legen, wobei
Einfriedigungen aus Stein, Holz, Eisen und Pflanzen zu unterscheiden
sind; innerhalb von Ortschaften werden an Einfriedigungen nur hohe
Park- und Kirchhofsmauern aufgenommen. Bei Kirchen und Kapellen
wird die Lage des Turmes besonders angegeben. Außerhalb von Ortschaften liegende Gebäude, wie Schlösser, Forsthäuser, Fabriken,
Mühlen und dergleichen sind besonders zu bezeichnen. Baumpflanzungen
innerhalb von Ortschaften sind ihrer Lage und Dichte entsprechend
aufzunehmen. Besonderer Wert ist auf die klare Hervorhebung der
Hauptstraßen innerhalb der Ortschaften zu legen.

Das was an Einzelheiten aufzunehmen ist, richtet sich insofern
nach dem Maßstab der herzustellenden Karte als man z. B. in 1:2500
mehr Einzelheiten zur Darstellung bringen kann als in 1:25000. An
Einzelheiten kommen in Frage: Im Zusammenhang mit Bahnen, Straßen
und Wegen stehende Baumpflanzungen, Gräben, Böschungen, Kunst-
und Erdbauten; im Zusammenhang mit Gewässern Uferverkleidungen
aus Stein, Holz oder Flechtwerk; außerdem Ruinen, Grabhügel, Schan-
zen, Ringwälle, Feldkreuze, größere freistehende Wegweiser, Denk-
mäler, Denksteine, Bildstöcke, Keller, Wart- und Aussichtstürme, einzel-
stehende und auf größere Entfernungen auffallende Bäume, Schächte,
Stollen, Bohrlöcher, Eingänge zu Höhlen, Kalk- und Zementöfen,
Köhlerplatten, Sand-, Lehm-, Mergel- und Kiesgruben, Gips- und Stein-
brüche, Schutthalden, einzelne Felsblöcke, Steinriegel, Erdfälle, Felsen,
Böschungen, Reihen und Gruppen von Bäumen und Gebüschen.

Die Aufnahme der im Grundriß darzustellenden Gegenstände geschieht durch Festlegung der erforderlichen Punkte und Linien mit dem
Tachymetertheodolit, dem Meßtisch oder der Meßkammer; für ihre

zeichnerische Darstellung sind besondere Zeichen im Gebrauch, die aus den Musterblättern der in der Herstellung begriffenen Kartenwerke zu ersehen sind. Die Aufnahme des Grundrisses erfolgt bei Verwendung von Tachymetertheodolit oder Meßtisch zusammen mit der des Geländes; die Durchführung der Aufnahme wird deshalb mit der Geländeaufnahme besprochen.

Bildet eine zusammenhängende Katasterkarte — wie in Bayern und Württemberg — die Grundlage für die Aufnahme, oder kann die Grundlage durch entsprechende Zusammenarbeitung von vorhandenen Katasterplänen geschaffen werden, so ist der Grundriß in der Hauptsache gegeben. Muß die Aufnahme auf Grund von einzelnen, punkt-, netz- oder zugweise bestimmten Punkten ausgeführt werden, und verwendet man dazu den Tachymetertheodolit oder den Meßtisch, so zeichnet man den Grundriß am besten sofort im Gelände maßstäblich auf; dies ist nicht erforderlich für den Fall, daß es sich um die Aufnahme eines nur kleinen Gebietes handelt.

3. Die Aufnahme und Darstellung der Geländeformen.

Die Aufnahme der Geländeformen ist vielfach der wichtigste und zeitraubendste Teil der ganzen Aufnahme; ihr Ziel besteht darin, die Geländeformen in Höhenschichtlinien[1] zur Darstellung zu bringen.

Man kann die Höhenschichtlinien entweder unmittelbar oder mittelbar bestimmen. Die unmittelbare Zeichnung der Schichtlinien ist nur möglich bei photogrammetrischer Aufnahme und Auswertung mit einem Zweibildinstrument; dabei wird die auf die betreffende N. N.-Höhe eingestellte „wandernde Marke" in dem räumlich gesehenen Bild dem Gelände entlang geführt und die entsprechende Schichtlinie von dem Zeichenstift selbsttätig aufgezeichnet.

Bei der mittelbaren Bestimmung der Schichtlinien erhält man diese auf Grund einzelner, nach Lage und Höhe festzulegender Punkte; dabei können diese Punkte in der Höhe entweder beliebig oder auf den Schichtlinien selbst liegen. Die Bestimmung der Schichtlinien durch Aufsuchen und Festlegen von Schichtlinienpunkten im Gelände kommt für topographische Aufnahmen soviel wie nicht in Frage.

Werden, wie dies bei topographischen Aufnahmen üblich ist, die zur Ermittlung der Schichtlinien erforderlichen Punkte unabhängig von deren Höhe gewählt, so sind sie ihrer Lage nach im Gelände derart auszuwählen, daß durch sie allein die Geländeformen festgehalten werden; die Punkte müssen demnach dann so gewählt werden, daß durch sie alle für die Geländedarstellung wichtigen Punkte und Linien zum Ausdruck gebracht werden. Es müssen also insbesondere alle wichtigen Geländepunkte, wie Kuppen, Kessel und Sättel, und alle wichtigen Geländelinien, wie Rücken-, Mulden- und Gefällwechsellinien punktweise erfaßt und festgelegt werden. Sind diese die Hauptformen des Geländes zum Ausdruck bringenden Punkte und Linien bei flachen Formen nicht unmittelbar zu erkennen, so tritt an die Festlegung einzelner Punkte und Linien

---

[1] Eine Höhenschichtlinie ist die Schnittlinie des Geländes mit einer Horizontalebene in bestimmter N. N.-Höhe.

die punktweise Festlegung eines Flächenstückes in der Umgebung einer Kuppe, eines Kessels oder eines Sattels bzw. eines Flächenstreifens entlang eines Rückens, einer Mulde oder einer Gefällwechsellinie.

Die Zeichnung der Höhenschichtlinien auf Grund der den Geländeformen entsprechend gewählten Punkte erfordert die Bestimmung von Schichtlinienpunkten zwischen den aufgenommenen Punkten. Bei dieser Einschaltung eines Schichtlinienpunktes zwischen zwei aufgenommenen Geländepunkten muß man zunächst annehmen, daß das Gelände zwischen den zwei Punkten geradlinig verläuft; die lineare Einschaltung erfolgt dann mit Benutzung eines graphisch-mechanischen Hilfsmittels — in der Abb. 114 ist ein solches angedeutet

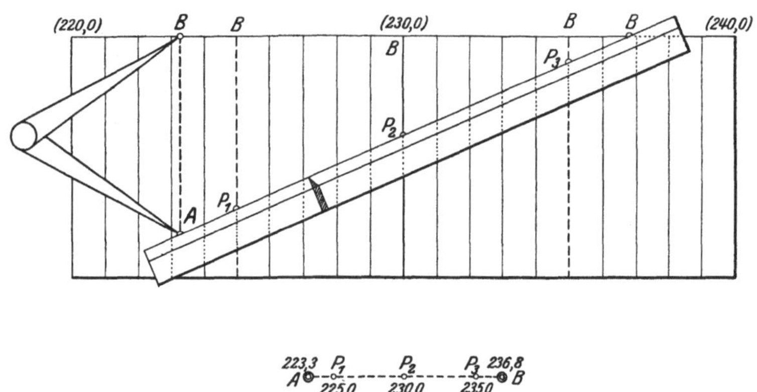

Abb. 114. Hilfsmittel zur linearen Einschaltung von Höhen.

— oder bei einiger Übung nach Augenmaß. Auf Grund der so bestimmten Schichtlinienpunkte erfolgt die Zeichnung der Schichtlinien selbst; dabei hat man aber zu beachten, daß bei der Aufnahme nicht so viele Punkte festgelegt werden können als zur genauen Bestimmung der einzelnen Schichtlinienpunkte notwendig wären, daß die aufgenommenen Punkte mit unvermeidlichen Fehlern behaftet sind und daß das Gelände zwischen den aufgenommenen Punkten in den seltensten Fällen vollständig geradlinig verläuft. Mit Rücksicht auf den letzteren Umstand liegen die Schichtlinien in den Mulden meist oberhalb und auf den Rücken meist unterhalb der durch lineare Einschaltung bestimmten Punkte.

Unterstützt wird die Zeichnung der Schichtlinien durch die im Gelände erkannten oder bei flachem Gelände aus den Schichtlinien sich ergebenden, als Geripplinien bezeichneten Rücken-, Mulden- und Gefällwechsellinien. Erleichtert wird die Schichtlinienzeichnung durch gelegentlich vorhandene „Leitlinien"; es sind dies Stücke von ihrer Höhe nach beliebig liegenden Hilfsschichtlinien, die durch mehrere aufgenommene, in der Höhe ganz oder nahezu übereinstimmende Punkte bestimmt sind (Abb. 115). Eine richtige Wiedergabe der Geländeformen erreicht man vielfach durch Verwendung von „Zwischenlinien"; dies sind Stücke von in der Höhe beliebig[1] liegenden Hilfs-schichtlinien (Abb. 116), die im einfachsten Fall durch einen auf-genommenen Punkt und zwei eingeschaltete Punkte bestimmt sind und eine ähnliche Rolle wie die Leitlinien spielen.

Bei einer topographischen Geländedarstellung soll das Gelände als Ganzes dargestellt werden; es handelt sich dabei um eine zusammen-hängende, auch die Ent-stehung der Formen zum Ausdruck bringende Dar-stellung der Geländeformen. Die einzelne Höhenschicht-linie stellt nicht einfach die geometrische Schnittlinie der betreffenden Horizon-

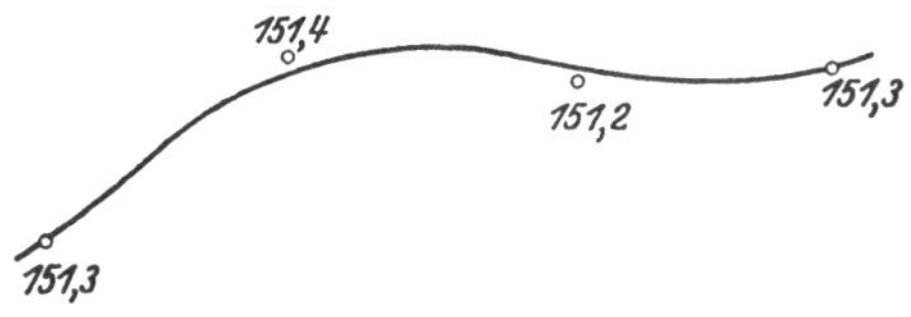

Abb. 115. Leitlinie für die Zeichnung von Höhenschichtlinien.

talebene mit der Erdoberfläche vor, sondern muß als Teil des Ganzes sich diesem unterordnen; die einzelne Schichtlinie ist keine starre geo-metrische Linie, sondern muß sich den benachbarten Schichtlinien an-passen.

Welche Geländeformen man in Schichtlinien noch zur Darstellung bringen will, ist zunächst abhängig von dem Höhenabstand oder der Zahl der Schichtlinien und damit vom Maßstab der Karte; außerdem ist die Frage insofern abhängig von der Entstehung der Formen, als der morphologische Charakter des Ge-ländes zum Ausdruck kommen muß. Eine allgemeine Vorschrift für das, was noch dargestellt werden soll, ist schwer zu geben; man kann aber immerhin sagen, daß nur solche Ge-ländeformen noch wiedergegeben werden sollten, die durch minde-

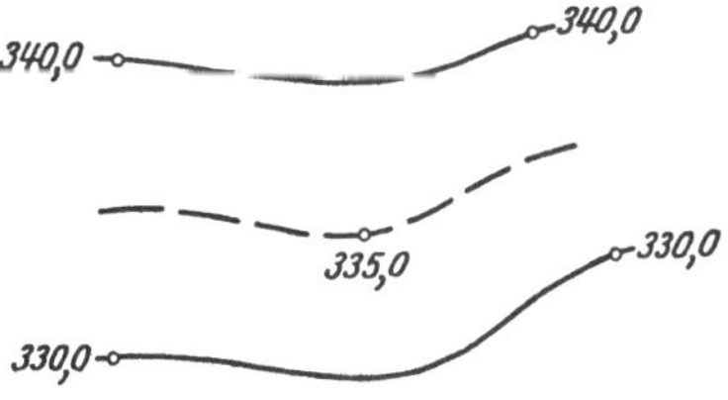

Abb. 116. Zwischenlinie für die Zeichnung von Höhenschichtlinien.

stens zwei, besser drei Schichtlinien zum Ausdruck gebracht wer-den können; ist dies nicht möglich, so muß man weitere Schicht-linien einschalten oder — wenn dies der Maßstab bzw. die Lesbarkeit nicht erlaubt — muß man den betreffenden Geländeteil z. B. durch Anwendung von Schraffen darstellen, oder aber man muß auf seine Darstellung ganz verzichten.

Die bei der gegenseitigen Anpassung der Schichtlinien, bestehend in einer Unterordnung der einzelnen Schichtlinie unter das Ganze, sich ergebenden Abweichungen der Schichtlinien von den geometrischen Schnittlinien mit dem Gelände müssen selbstverständlich im Einklang stehen mit dem Maßstab der Zeichnung, dem morphologischen Cha-rakter des Geländes, den zufälligen Unregelmäßigkeiten des Geländes und den unvermeidlichen Fehlern der aufgenommenen Punkte.

Aus dem Vorstehenden ergibt sich ohne weiteres, daß eine auf photo-grammetrischem Wege mit Hilfe eines Zweibildinstruments gewonnene

---

[1] Um den Grundgedanken rasch erkennen zu lassen, wurde in der Abb. 116 eine Schichtlinie mit einer runden N. N.-Höhe gewählt.

Geländedarstellung in Schichtlinien, bei der jede Schichtlinie für die betreffende Höhe die Formen des Geländes mit allen Einzelheiten, Unregelmäßigkeiten und Zufälligkeiten zum Ausdruck bringt, eine Überarbeitung vom topographischen Standpunkt verlangt. Eine solche Überarbeitung von photogrammetrisch entstandenen Schichtlinien erfordert die Einzeichnung der aus den Schichtlinien sich ergebenden Rücken-, Mulden- und Gefällwechsellinien; diese Geripplinien bilden die Grundlage für die Überarbeitung, bei der der Maßstab der Zeichnung und die Entstehung der Geländeformen entsprechend zu berücksichtigen sind. Die Überarbeitung, die nicht einfach in einer Unterdrückung von sämtlichen Kleinformen bestehen darf, erfordert einen sicheren Blick für Geländeformen und morphologische Kenntnisse.

Die Wahl und damit die Zahl oder der Höhenabstand der zu zeichnenden Schichtlinien ist insbesondere abhängig vom Maßstab der Zeichnung, von den Neigungsverhältnissen des Geländes und von den morphologischen Verhältnissen; es müssen einerseits so viele Schichtlinien gezeichnet werden, als der Charakter der Geländeformen erfordert, es dürfen aber andererseits nicht mehr aufgenommen werden, als die Lesbarkeit der Karte zuläßt.

Bei den Maßstäben 1:2500, 1:5000, 1:10000 und 1:25000 sind Schichtlinien mit einem Höhenabstand von 20 m, 10 m und 5 m allgemein üblich. Sind in ebenem Gelände und bei entsprechendem Maßstab weitere Unterschichtlinien erforderlich, so wird hierfür entweder ein Höhenabstand von 1 m oder besser 2,5 m bzw. 1,25 m bzw. 0,625 m gewählt. Wird aus irgendeinem Grunde an einer Stelle eine 1 m-Schichtlinie gezeichnet, so empfiehlt es sich, in derselben Ausdehnung auch die drei anderen 1 m-Schichtlinien zwischen den beiden einschließenden 5 m-Schichtlinien zu zeichnen.

Die einzelnen Schichtlinien sind durch verschiedene Stricharten zu unterscheiden; z. B. in der Weise, daß man die 10 m-Linien durch eine volle, die 5 m-Linien durch eine langgerissene und die 2,5 m-Linien durch eine kurzgerissene Linie darstellt.

4. Die Ausführung von Geländeaufnahmen.

Bei der Aufnahme der Geländeformen mit Benutzung des Tachymetertheodolits oder des Meßtisches kann man zwei Arten der Aufnahme unterscheiden; bei der einen Art wird die Geländedarstellung auf Grund der aufgenommenen Punkte im Felde durchgeführt, bei der anderen Art werden die Schichtlinien erst später im Zimmer gezeichnet. Beide Arten haben ihre Vorteile und Nachteile.

Eine im Felde, also im unmittelbaren Anblick des Geländes ausgeführte Geländedarstellung liefert zweifellos eine der Wirklichkeit näher kommende, naturgetreuere Wiedergabe der Geländeformen als eine im Zimmer in der Hauptsache auf Grund der aufgenommenen Punkte ausgeführte. Eine im Felde durchgeführte Geländedarstellung erfordert im allgemeinen weniger festzulegende Punkte als eine im Zimmer durchzuführende[1]; insbesondere werden Fehler bei der Aufnahme einzelner Punkte bei der Schichtlinienzeichnung im Felde bei entsprechender Aufmerksamkeit sofort erkannt; bei der Bearbeitung im Zimmer ist dies nicht immer der Fall. Erfolgt die Schichtlinienzeichnung im Zimmer, so kann man zeitraubende und kostspielige Nachmessungen nur dadurch umgehen, daß man so viele Punkte aufnimmt, daß ein gelegentlich als fehlerhaft erkannter Punkt ohne Schaden weggelassen werden kann. Der Hauptnachteil der im Felde durchgeführten Geländedarstellung besteht darin, daß sie bei der Feldarbeit mehr Zeit beansprucht und damit u. U. größere Kosten verursacht. Die Zeichnung der Schichtlinien im Felde empfiehlt sich deshalb nur für den Fall, daß die Geländeformen im Gelände wirklich zu erkennen sind. Im dichten Wald und in einem Gelände mit nur geringen Höhenunterschieden, wo die Formen des Geländes kaum oder gar nicht zu erkennen sind, überdeckt man das Gelände gleichmäßig mit Punkten und zeichnet auf Grund dieser Punkte die Schichtlinien zu Hause.

Bis zu einem gewissen Grad ist die Art der Aufnahme abhängig von dem Maßstab, in dem die Schichtlinienzeichnung auszuführen ist. Bei einem kleinen Maßstab muß man sich bei der Aufnahme der Geländeformen sowie des Grundrisses mit weniger festzulegenden Punkten begnügen als bei einem großen Maßstab; bei einem kleinen Maßstab — insbesondere 1:25000, aber auch noch 1:10000 — empfiehlt es sich, die ganze, auf den Grundriß und die Geländedarstellung sich beziehende Zeichnung im Felde so weit in Blei durchzuführen, daß im Zimmer nur noch eine Überzeichnung in Tusche notwendig ist. Im Zusammenhang hiermit ist nochmals darauf hinzuweisen, daß die mit dem Meßtisch durchzuführende Aufnahme in 1:25000 oder 1:10000 eine größere Geschicklichkeit und Übung erfordert als eine Aufnahme in großem Maßstab.

Da es auch für den geübten Aufnehmer im allgemeinen leichter ist, in einem bestimmten Geländepunkt die senkrecht zu den Höhenschichtlinien verlaufende Richtung des größten Gefälles oder die „Abfallrichtung" anzugeben als die Schichtlinie selbst, so kann man die Aufnahme des Geländes auch in der Weise durchführen, daß man im Gelände in jedem in der Zeichnung festgelegten Punkt die Abfallrichtung angibt. Die mehr Zeit in Anspruch nehmende Zeichnung der Schichtlinien kann dann im Zimmer auf Grund der aufgenommenen Punkte, Geripplinien und Abfallrichtungen ausgeführt werden; die Verwendung von Abfallrichtungen erleichtert die Schichtlinienzeichnung wesentlich.

Den vorstehenden Ausführungen entsprechend werden im folgenden drei Aufnahmearten unterschieden und besprochen.

a) Die Höhenschichtlinien werden im Gelände gezeichnet. Nach dem Gesagten kommt diese Art der Aufnahme nur für übersichtliches und nicht zu flaches Gelände in Frage, dessen Formen leicht zu erkennen sind. Die Durchführung der Aufnahme erfordert die sofortige genaue Ein-

---

[1] Dabei darf aber nicht vergessen werden, daß die richtige Lage der Schichtlinien in der Zeichnung nur durch eine genügende Zahl von festgelegten Punkten erreicht wird.

tragung der einzelnen festgelegten Punkte. Die Aufnahme wird am besten von einem Topograph mit einem oder zwei Gehilfen ausgeführt; jeder Gehilfe hat eine Tachymeterlatte, die er in den festzulegenden Punkten aufzuhalten hat.

Der Vorgang bei der Aufnahme ist für einen Instrumentstandpunkt nach dessen Festlegung nach Lage und Höhe bei Verwendung des Tachymetertheodolits der folgende: Den Gehilfen werden vom Standpunkt des Instruments aus unter gleichzeitiger Beschreibung und Erklärung der Gelände- und Grundrißformen diejenigen Punkte angegeben, in denen sie die Latte zwecks Festlegung der Punkte aufzuhalten haben. Die Gehilfen halten hierauf in jedem Punkt die Latte auf und bezeichnen nach Ausführung der erforderlichen Messungen durch den Topographen die Punkte derart, daß sie leicht wieder auffindbar sind. Der Topograph macht am Instrument die auf jeden Punkt sich beziehenden Ablesungen und Rechnungen und trägt jeden Punkt mit seiner N. N.-Höhe in die Zeichnung ein. Sind alle im Umkreis in Frage kommenden Punkte nach Lage und Höhe festgelegt, so begeht der Topograph über die aufgenommenen Punkte das Gelände und zeichnet dabei die Schichtlinien und den Grundriß. Die Größe des von einem Standpunkt aus aufzunehmenden Gebietsstückes richtet sich nach der Erkennbarkeit der Geländeformen vom Standpunkt aus; im allgemeinen wird man nicht mehr als etwa 200 m gehen können.

Verwendet man den Meßtisch, bei dem wegen der Schwerfälligkeit des Instruments jeder Standpunkt möglichst ausgenützt werden muß, so geht man bei einem Standpunkt in der Entfernung der aufzunehmenden Punkte bis zu 400 m. Da man auf eine so große Entfernung die Geländeformen vom Standpunkt des Instruments aus dem Gehilfen nicht mehr angeben kann, so ist vor der Aufnahme der Punkte eine Begehung des Geländes erforderlich, bei der dem Gehilfen die Punkte angegeben und erforderlichenfalls bezeichnet werden; bei einem eingearbeiteten und interessierten Gehilfen genügt eine teilweise Begehung. Im übrigen erfolgt die Aufnahme wie bei Verwendung des Tachymetertheodolits, bei dem die Richtungen nach den festzulegenden Punkten am Instrument abgelesen und dann mit einem Winkelmesser in die Zeichnung eingetragen werden, während beim Meßtisch die Richtungen unmittelbar der Linealkante der Kippregel entlang gezeichnet werden.

b) Die Höhenschichtlinien werden an Hand der im Gelände aufgenommenen Abfallrichtungen im Zimmer gezeichnet. Auch diese Art der Aufnahme kommt nur für ein Gelände in Frage, dessen Formen zu erkennen sind; sie unterscheidet sich von der Aufnahmeart, bei der die Schichtlinien im Gelände gezeichnet werden, nur darin, daß an Stelle der Schichtlinien die Abfallrichtungen im Gelände in die Zeichnung eingetragen werden. Voraussetzung für die Einzeichnung der Abfallrichtung in einem Punkt ist, daß der Punkt seiner Lage nach genau in der Karte festliegt. Da die N. N.-Höhe des Punktes zur Angabe der Abfallrichtung nicht erforderlich ist, so kann sie später im Zimmer berechnet werden. Die Aufnahme wird von einem Topograph am besten mit zwei Gehilfen durchgeführt.

Das Einzeichnen der Abfallrichtung in einem bestimmten Punkt erfordert die Einrichtung der Zeichnung zum Grundriß; dies ist unter Heranziehung eines Gehilfen mit Benutzung eines anderen im Grundriß festliegenden und im Gelände unzweideutig sichtbaren Punktes — z. B. des Instrumentstandpunkts — in einfacher Weise möglich.

Die Einzeichnung der Abfallrichtungen ist besonders dann zu empfehlen, wenn als Grundlage für die Aufnahme eine Katasterkarte zur Verfügung steht, die unter Umständen eine große Zahl ihrer Lage nach festliegender Punkte enthält; man hat dann die Möglichkeit, die Abfallrichtungen auch in solchen Punkten anzugeben, deren Höhe nicht bestimmt worden ist oder nur durch besondere Instrumentaufstellungen zu bestimmen wäre.

c) Die Höhenschichtlinien werden im Zimmer gezeichnet. Hier müssen die aufgenommenen Punkte im Gelände nicht genau in die Zeichnung eingetragen werden; es genügt ein ungefährer Eintrag in einen Feldriß oder eine Feldkarte, der aber überall — besonders in unübersichtlichem Gelände wie im Wald — so genau auszuführen ist, daß die Verteilung der Punkte über das aufzunehmende Gebiet einwandfrei zu erkennen ist, so daß insbesondere nicht der Fall eintritt, daß einzelne Geländeteile überhaupt nicht erfaßt worden sind von Punkten. Wichtig ist, daß die im Feldriß eingetragenen Punkte und die auf sie sich beziehenden, in einem Feldbuch eingeschriebenen Messungen übereinstimmend und einwandfrei numeriert sind, so daß bei der nachfolgenden Ausarbeitung der Aufnahme keine Verwechslungen auftreten.

Diese Art der Aufnahme empfiehlt sich insbesondere für den Fall, daß die Aufnahme auf Grund einer vorhandenen Grundrißaufnahme in Gestalt einer Katasterkarte ausgeführt werden kann; das Aufnahmeinstrument ist dann der Tachymetertheodolit.

Zur Erleichterung der später auszuführenden Schichtlinienzeichnung und zur Vermeidung von Versehen in der Messung, Rechnung und Zeichnung werden im Feldriß die erkennbaren Rücken-, Mulden- und Gefällwechsellinien eingezeichnet, sowie Kuppen-, Kessel- und Sattelbildungen in passender Form angedeutet. Werden die aufgenommenen Punkte im Feldriß ihrer Lage nach einigermaßen richtig eingetragen, so empfiehlt es sich, im Zusammenhang mit ihnen an möglichst vielen Stellen die Formen des Geländes durch „Formlinien", das sind ihrer Höhe nach beliebig liegende Schichtlinien, anzudeuten.

Die Aufnahme kann insofern auf zwei verschiedene Arten durchgeführt werden, als entweder ein Topograph allein mit einem oder zwei Gehilfen arbeitet oder ein Topograph und ein Hilfstopograph zusammen, am besten dann mit zwei Gehilfen arbeiten.

Arbeitet ein Topograph allein, so ist der Vorgang bei der Aufnahme für jeden Instrumentstandpunkt der folgende: Nachdem der Standpunkt nach Lage und Höhe festliegt, werden den Gehilfen die vom Standpunkt aus erkennbaren Geländeformen beschrieben und die festzulegenden Punkte angegeben. Nach Ausführung der zur Festlegung der Punkte erforderlichen Messungen begeht der Topograph das Gelände und trägt dabei die von den Gehilfen leicht auffindbar bezeichneten Punkte mit einer der Messung entsprechenden Numerierung in die Karte ein, in der er zugleich die erkennbaren Geripp- und Formlinien sowie das für den Grundriß Erforderliche angibt.

Arbeiten ein Topograph und ein Hilfstopograph zusammen, so bedient der letztere das Instrument und führt an ihm die erforderlichen Messungen, Ablesungen und Aufschreibungen aus[1]; der Topograph begeht unter Ausnutzung der Reichweite des Instruments das Gelände, gibt den Gehilfen die aufzunehmenden Punkte an, trägt diese mit einer den Aufschreibungen am Instrument entsprechenden Numerierung in die Karte ein und macht die auf die Geländeformen und den Grundriß sich beziehenden Aufzeichnungen.

Die Entscheidung darüber, ob besser ein Topograph allein arbeitet, oder ob die Zusammenarbeit von einem Topograph mit einem Hilfstopograph zu empfehlen ist, richtet sich nach der Übersichtlichkeit des Geländes und nach dem Umfang der vorhandenen Grundrißgrundlage. Die gemeinsame Arbeit von einem Topograph und einem Hilfstopograph empfiehlt sich nur bei übersichtlichem, freiem Gelände, wo man von jedem Standpunkt aus ein möglichst großes Gebiet — bis zu 400 m im Umkreis — aufnehmen kann, und nur für den Fall, daß — wie in engparzelliertem Gelände — die vorhandene Grundlage so viel im Grundriß festliegende Punkte enthält, daß der Eintrag der aufzunehmenden Punkte und der auf die Geländeformen sich beziehenden Linien in einfacher Weise möglich ist. Die Ausführung der Aufnahme durch nur einen Topographen kommt insbesondere dann in Frage, wenn — wie im Wald, in Baumgütern und in einem Gelände mit tiefen Einschnitten — von jedem Instrumentstandpunkt aus nur wenige Punkte festgelegt werden können, und wenn — wie in weitparzelliertem Gelände — die vorhandene Kartengrundlage nur wenige Anhaltspunkte zum ungefähren Eintrag der Punkte und Linien enthält. Die Aufnahme erfolgt dann am besten mit Hilfe von Bussolenzügen, wobei die Bussolenteilung zweckmäßigerweise so gedreht bzw. eingestellt wird, daß die mit der Magnetnadel abgelesenen Richtungswinkel von Parallelen zum Kartenrand aus gemessen sind.

Die Zahl der aufzunehmenden Punkte ist abhängig von den Formen des Geländes, vom Maßstab der Schichtlinienzeichnung, von dem Aufnahmeverfahren und von der Geschicklichkeit und Erfahrung des Topographen. Je kleiner und vielgestaltiger die Formen des Geländes sind, desto mehr Punkte sind als Grundlage für die Schichtlinienzeichnung erforderlich. Je kleiner der Maßstab ist, desto weniger Kleinformen des Geländes kann man wiedergeben und desto weniger Punkte braucht man. Werden die Schichtlinien im Gelände gezeichnet, so kommt man mit weniger Punkten aus, als wenn die Schichtlinien im Zimmer gezeichnet werden. Ein erfahrener, mit der Geländedarstellung in Schichtlinien vertrauter und morphologisch geschulter Topograph braucht weniger Punkte für die Schichtlinienzeichnung als ein Anfänger

---

[1] Die mit dem Instrument auszuführenden Arbeiten erfordern keinen eigentlichen Topographen; sie werden deshalb von einer entsprechend ausgebildeten Hilfskraft ausgeführt.

oder ein solcher, der von der Entstehung der Geländeformen nichts weiß. Bei Aufnahmen in den Maßstäben 1:2500 und 1:5000 wählt man die Punkte im allgemeinen in Abständen von 40—60 m.

Hat man bei der topographischen Aufnahme eines Gebietes freies Feld und Wald aufzunehmen, so beginnt man, wenn möglich, mit der Aufnahme des Feldes; es hat dies den Vorteil, daß bei der Aufnahme des Waldes der Waldrand bereits festgelegt ist, und daß insbesondere bei der Feldaufnahme am Waldrand auf tachymetrischem Wege Festpunkte geschaffen werden, die bei den zur Waldaufnahme erforderlichen Bussolenzügen als Anschlußpunkte benutzt werden können. Bei der Aufnahme des freien Feldes wählt man die ersten Instrumentstandpunkte am besten so, daß man aus den Ecken des aufzunehmenden Gebietes heraus arbeitet; würde man in der Mitte des Gebietes beginnen, so entsteht leicht der Nachteil, daß man zum Aufnehmen der zuletzt noch fehlenden Ecken und Ränder sehr viel Instrumentaufstellungen nötig hat. Bei der Aufnahme des Waldes hat man insbesondere zu beachten, daß man vom Großen ins Kleine arbeiten soll, und daß die Bussolenzüge am besten langgestreckt verlaufen. Dabei können Punkte, die bei schon gemessenen Zügen festgelegt wurden, als Anschlußpunkte benutzt werden.

5. Die Genauigkeit und die Prüfung einer Geländedarstellung in Schichtlinien.

Von jeder Geländedarstellung in Schichtlinien muß man verlangen, daß die einzelnen Schichtlinien nicht nur Formlinien sind und als solche nur die Form des Geländes zum Ausdruck bringen, sondern daß sie ihrer Lage nach richtig liegen, so daß für jeden Punkt des Grundrisses die N. N.-Höhe zwischen den beiden nächstgelegenen Schichtlinien abgelesen werden kann. Die Schichtlinien müssen demnach einer bestimmten Genauigkeitsanforderung genügen.

Die Genauigkeit einer Geländedarstellung in Schichtlinien wird angegeben durch den mittleren Fehler μ der durch die Schichtlinien bestimmten Höhe irgendeines Punktes. Dieser mittlere Fehler ist abhängig vom Maßstab der Darstellung und insbesondere vom Neigungswinkel α des Geländes; er läßt sich angeben durch eine Gleichung von der Form

$$\mu = \pm \, (c + k \, \mathrm{tg}\alpha)$$

oder, wenn a den Abstand von zwei Schichtlinien mit dem Höhenunterschied h bedeutet, durch die Gleichung

$$\mu = \pm \left(c + k \, \frac{h}{a}\right).$$

Eingehende Untersuchungen[1] haben ergeben, daß man bei Aufnahmen im Maßstab 1:2500 als mittleren Fehler einhalten kann

$$\text{im freien Feld } \mu = \pm \, (0{,}3 + 4 \, \mathrm{tg}\,\alpha) \text{ Meter,}$$
$$\text{im Wald } \quad \mu = \pm \, (0{,}4 + 5 \, \mathrm{tg}\,\alpha) \text{ Meter.}$$

---

[1] Vgl. Egerer, A.: Untersuchungen über die Genauigkeit der topographischen Landesaufnahme von Württemberg im Maßstab 1:2500. Stuttgart 1915.

Danach wurde für die topographische Aufnahme in Württemberg in 1:2500 als Fehlergrenze μ_{max} festgesetzt

$$\text{für freies Feld} \quad \mu_{max} = \pm \, (0{,}8 + 12 \, \mathrm{tg}\, \alpha) \text{ Meter},$$
$$\text{für Wald} \quad \mu_{max} = \pm \, (1{,}0 + 15 \, \mathrm{tg}\, \alpha) \text{ Meter}.$$

Vom deutschen Beirat für das Vermessungswesen wurde für die Topographische Grundkarte 1:5000 als mittlerer Fehler

$$\mu = \pm \, (0{,}4 + 5 \, \mathrm{tg}\, \alpha) \text{ Meter}$$

und als äußerste, noch zulässige Fehlergrenze

$$\mu_{max} = \pm \, (1{,}0 + 15 \, \mathrm{tg}\, \alpha) \text{ Meter}$$

festgesetzt.

Nach Untersuchungen von C. Koppe, E. Hammer und H. Müller[1] beträgt bei Aufnahmen in 1:10000 und noch 1:25000 der zu erwartende mittlere Fehler

$$\mu = \pm \, (0{,}5 + 5 \, \mathrm{tg}\, \alpha) \text{ Meter},$$

so daß man für diese Maßstäbe als Fehlergrenze

$$\mu_{max} = \pm \, (1{,}5 + 15 \, \mathrm{tg}\, \alpha) \text{ Meter}$$

annehmen kann.

Um beurteilen zu können, ob eine Geländedarstellung in Schichtlinien der an sie gestellten Genauigkeitsanforderung genügt, muß man sie einer Prüfung unterwerfen. Eine solche Prüfung besteht im Grundgedanken darin, daß man für eine Anzahl, bei verschiedenen Neigungen des Geländes ausgewählter Punkte die N. N.-Höhen einerseits durch Ablesen zwischen den zu prüfenden Schichtlinien und andererseits durch besonders sorgfältig ausgeführte Messungen bestimmt, wobei die letzteren als fehlerfrei angenommen werden, so daß die Unterschiede von je zwei zusammengehörigen Höhen nahezu die tatsächlichen oder wahren Fehler der zu untersuchenden Geländedarstellung vorstellen. Ein Vergleich der so ermittelten Fehler mit den oben angegebenen mittleren Fehlern und Fehlergrenzen zeigt dann, wieweit diese eingehalten sind. Steht eine größere Zahl von Punkten in möglichst verschieden geneigtem Gelände zur Verfügung, so kann man die ihnen entsprechenden Fehler dem Geländeneigungswinkel α oder dem Schichtlinienabstand a entsprechend ordnen und in den Gleichungen

$$\mu = \pm \, (c + k \, \mathrm{tg}\, \alpha) \quad \text{bzw.} \quad \mu = \pm \left(c + k \, \frac{h}{a} \right)$$

die Größen c und k bestimmen.

Der Lage der zu einer Prüfung benutzten Punkte entsprechend kann man die Prüfung punktweise, linienweise oder flächenweise ausführen.

Bei der punktweisen Prüfung werden die für die Prüfung erforderlichen Punkte nach Lage und Höhe beliebig, aber so gewählt, daß sie bei der Prüfungsmessung nach Lage und Höhe einwandfrei und bequem mit der erforderlichen Genauigkeit zu bestimmen sind. Man wählt die Punkte deshalb im einfachsten Fall in der Nähe von horizontal

---

[1] Müller, H.: Über den zweckmäßigsten Maßstab topographischer Karten. Heidelberg 1913.

und vertikal bekannten Festpunkten, von denen aus sie leicht und sicher zu bestimmen sind. Man erhält die erforderlichen Punkte auch mit Hilfe eines Polygonzuges zwischen zwei Festpunkten mit bekannten Koordinaten; dabei werden für die Zugeckpunkte die Koordinaten berechnet, so daß sie sicher in die Karte eingetragen werden können, und die N. N.-Höhen durch Nivellieren bestimmt.

Die linienweise Prüfung kann man entweder mit Hilfe von Vertikalschnitten oder mit Hilfe von Horizontalschnitten vornehmen. Verwendet man Vertikalschnitte, so legt man diese so im Gelände, daß ihre Horizontalspur im Grundriß ungefähr senkrecht zu den Schichtlinien verläuft. Die einzelnen Punkte eines solchen Vertikalschnitts können horizontal als Eck- und Zwischenpunkte eines zwischen zwei Festpunkten verlaufenden Polygonzuges festgelegt werden; ihre N. N.-Höhen werden am besten durch Nivellieren bestimmt. Die Verwendung von Horizontalschnitten besteht darin, daß man einzelne Schichtlinien im Gelände aufsucht; man bestimmt dabei in einem dem Maßstab der Schichtlinienzeichnung angepaßten, ungefähr gleichen Abstand einzelne Punkte der betreffenden Schichtlinie und legt sie z. B. durch rechtwinklige Koordinaten auf einen gut gemessenen, zwischen zwei Festpunkten verlaufenden Polygonzug fest.

Die flächenweise Prüfung einer Geländedarstellung in Schichtlinien besteht darin, daß man für das zur Prüfung ausgewählte Gebiet die Aufnahme der Schichtlinien ein zweites Mal mit erhöhter Sorgfalt durchführt, und dabei insbesondere eine viel größere Zahl von Punkten im Gelände durch Messung festlegt[1]. Die für die Prüfung erforderlichen Punkte erhält man dadurch, daß man die beiden Aufnahmen je mit einem genau übereinstimmend liegenden, dem Maßstab der Zeichnung entsprechenden Quadratnetz überzieht und für die Netzeckpunkte die N. N.-Höhe in beiden Aufnahmen zwischen den Schichtlinien abliest.

Die flächenweise Prüfung ist die durchgreifendste; sie ist aber weniger sicher als die punktweise und linienweise. Die einfachste und genaueste Prüfung ist die punktweise; sie bietet auch den Vorteil, daß man die Prüfpunkte bequem unter verschiedenen Neigungswinkeln wählen kann. Die punktweise Prüfung setzt aber voraus, daß genügend viele horizontal und vertikal festliegende Punkte vorhanden sind; das erstere ist bei Aufnahmen auf Grund von Katasterkarten im allgemeinen der Fall.

C. Die Entstehung der Geländeformen.
Bearbeitet von Ministerialrat Dr.-Ing. H. Müller, Direktor des Landesvermessungsamts, Darmstadt.

1. Allgemeines.

Für eine naturwahre Geländedarstellung in topographischen Karten ist die Kenntnis der auf der Erdoberfläche gestaltend wirkenden Kräfte

---

[1] Mit Rücksicht auf die größere Zahl der aufgenommenen Punkte kann man die neue Aufnahme in einem größeren Maßstab ausarbeiten als im Maßstab der zu prüfenden Karte; man verkleinert dann die Ausarbeitung auf photographischem Wege.

und der unter verschiedenen Bedingungen entstandenen charakteristischen Geländeformen von größtem Wert. Die Wissenschaft, die uns diese Kenntnis vermittelt, ist die Morphologie. Je größer das morphologische Verständnis des Topographen ist, um so leichter wird er die Geländeformen geistig zu erfassen und wiederzugeben vermögen. Die einzeln festzulegenden Punkte wird er nicht mehr mechanisch verteilen, sondern so auswählen, daß die Formen richtig erfaßt sind. Das ermöglicht neben einer lebensvollen Geländedarstellung vielfach auch eine Verminderung der Zahl der festzulegenden Punkte.

Uns kann hier nicht das Gesamtgebiet der Morphologie beschäftigen, sondern wir müssen uns mit einer kurzen Beschreibung der Gelände- oder Oberflächenformen begnügen und uns auch hierbei auf die Kleinformen beschränken, zu deren Darstellung oft nur wenige Punkte festzulegen sind. Die großen Formen werden durch unsere Messungen im allgemeinen genügend erfaßt, so daß sich ihre richtige Wiedergabe mehr von selbst ergibt. Die in ihnen vorkommenden Kleinformen aber, welche durch häufigeres Auftreten auch größeren Gebieten das Gepräge geben können, gilt es so zu erfassen, daß sie mit einem Mindestmaß von Messungen naturwahr wiedergegeben werden können. Dies wird der Topograph nur erreichen, wenn er sich über die Grundzüge der Entstehung der Formen und ihrer Eigentümlichkeiten unterrichtet hat. Die folgenden Ausführungen wollen hierzu anregen und gleichzeitig eine erste Einführung bieten.

Wir unterscheiden bei der Erdkruste zwischen Grund- und Deckgebirge und verstehen unter ersterem die in den verschiedensten Zusammensetzungen erstarrten, aus dem Erdinnern emporgequollenen, ehemals glutflüssigen Massen. Auf diesen hat sich das Deckgebirge schichtweise abgelagert, an vielen Stellen wieder von Vulkanen durchbrochen, deren Ergußmassen sich mehr oder weniger ausgebreitet haben. Sowohl durch den Vulkanismus als auch die tektonische Gebirgsbildung, die sich beide als Erdbeben äußern, ist der Gesteinsmantel vom Erdinnern heraus in andere Lage gebracht, gebrochen, verbogen, gefaltet u. dgl. und so die Aus- und Umbildung der Berge und Täler gefördert worden. Die durch diese „erdgeborenen" Kräfte geschaffenen Oberflächenformen werden durch klimatisch bedingte Kräfte, die sich in erster Linie durch Wasser, Schnee, Eis und Wind auswirken, mannigfach umgestaltet[1].

Je nach der chemischen und physikalischen Beschaffenheit der einzelnen Gesteine sind sie der Verwitterung und nachfolgenden Abtragung ganz verschieden zugänglich. Ganz harte Gesteine werden der Verwitterung am längsten Widerstand leisten und sich deshalb nach Abtragung der weicheren Umgebung noch als steilwandige Berge, Rücken, Kuppen, Kanten u. dgl. halten, während weiche Gesteine zu flach geböschten Flächen abgetragen werden. Im Schichtgebirge kann der Kartenbenutzer aus den verschiedenen Böschungsverhältnissen im allgemeinen Schlüsse auf den geologischen Aufbau ziehen (Abb. 117).

---

[1] Die durch die Tätigkeit des Meeres entstehenden Küstenformen können im folgenden übergangen werden.

Der Topograph muß deshalb alle Gefällwechsel sorgfältig verfolgen und zur Darstellung bringen. An der Oberkante der harten Schichten werden vielfach Felsen zutage treten und die Gesteins- und damit Gefällwechsel oft mit einem Wechsel der Bodenbewachsung verbunden sein.

2. Die Tätigkeit des Wassers.

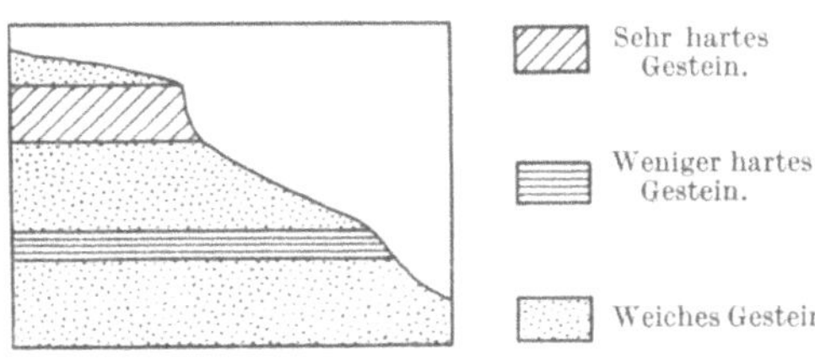

Abb. 117. Querschnitt durch einen aus verschieden harten Gesteinsschichten aufgebauten Berghang.

Einen ganz besonderen Anteil an der Ausgestaltung der Oberflächenformen nimmt das Wasser. Ein Teil des als Regen, Schnee oder Tau auf die Erde fallenden Wassers dringt in die Oberfäche ein und sammelt sich in den Poren und Spalten der Gesteine auf undurchlässigen Schichten als Grundwasser. Tritt es zutage, so reden wir von Quellen. Im Grundgebirge mit seinen verästelten Tälern und der meist wolligen Geländeoberfläche treten die Quellen bunt zerstreut auf (Abb. 118). Im Schichtgebirge dagegen sind sie meist an un-

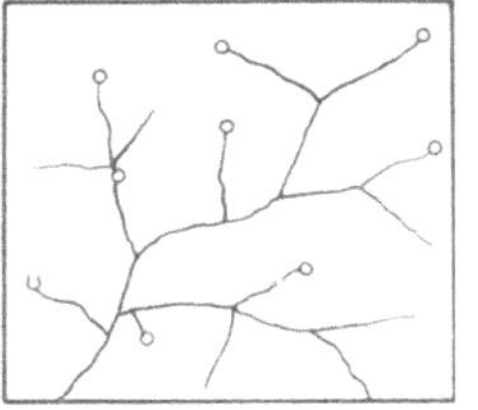

Abb. 118.
Quellen im Grundgebirge.
Bunt zerstreut liegend.

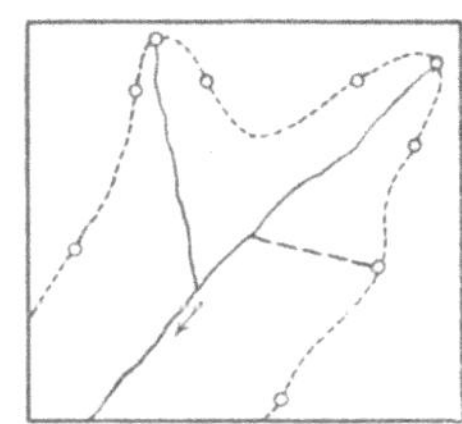

Abb. 119.
Quellen im Schichtgebirge. An einen Quellhorizont gebunden.

durchlässige Schichten gebunden und treten mit diesen in einem Linienzug, dem Quellhorizont, als Schichtquellen zutage (Abb. 119). In der Fallrichtung der Schichten fließen die Quellen stärker als in der entgegengesetzten Richtung, in der sie bei Trockenheit aussetzen. Wir bezeichnen sie deshalb als periodische Quellen und machen sie auch als solche durch den besonderen Schriftzusatz „Q" kenntlich, während wir den dauernd fließenden Quellen ein „Qu" zusetzen (Abb. 120). Der periodische Wasserlauf wird gestrichelt wiedergegeben. Sind Quellen durch Schutt verdeckt, so treten sie erst an einer tieferen Stelle zutage. Wir nennen sie Schuttquellen. Alle Quellen bis herab zu den feuchten Stellen sind nicht nur vollzählig, sondern auch nach Lage und Höhe genau anzugeben. Der Topograph wird also der Quellzone

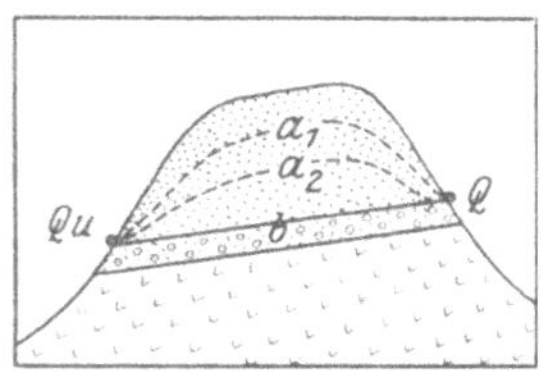

Abb. 120. Entstehung der Quellen.
Qu dauernd fließende Quellen.
Q periodisch fließende Quellen.
a_1 mittlerer Grundwasserstand.
a_2 niedriger Grundwasserstand.
b wasserundurchlässige Schicht.

seine besondere Aufmerksamkeit zuwenden, zumal die Geländeformen durch sie beeinflußt werden. Lehmiger Boden kann durch das Wasser so aufgeweicht werden, daß an Hängen Rutschungen und Sackungen entstehen, die eine sehr unruhige Geländeoberfläche bilden. Oberhalb der bauchig vorgeschobenen Erdmassen entstehen kleine Hohlformen, die sich aber immer wieder verändern. An den Rissen in der Grasnarbe merkt man, daß starke Durchfeuchtungen des Bodens zu seiner Abwärtsbewegung Anlaß geben. Von weitem gesehen erweckt ein solcher Boden den Eindruck, als ob er langsam zu Tal fließe oder krieche. Man nennt diese Erscheinung deshalb vielfach auch Gekriech. Die entstehenden unruhigen Formen sind meist schwer zum Ausdruck zu bringen, da sie sehr klein und unregelmäßig sind. Je steiler der Hang ist, um so geringer werden die Wellen der Höhenschichtlinien. An steilen Hängen können bei starker Durchtränkung des Bodens ganze Erd- und Gesteinsmassen nischenförmig ausbrechen. Wir reden dann von Erdschlipfen, die man auch bei einer Geländedarstellung in Schichtlinien am besten durch einige Bergstriche darstellt. Dabei ist auch der Wiedergabe der herabgestürzten, sich meist stauenden Erdmassen einige Sorgfalt zu schenken.

Neben dieser mehr flächenhaften Wirkung des Grundwassers gestalten auch die Quellen ihre Austrittsstelle um. Je nach der Form, die die Erosion geschaffen hat, spricht man von Quelltöpfen, Quelltrichtern, Quellkesseln, Quellnischen, Quellmulden u. dgl. Im allgemeinen werden diese Formen von dem Gestein und der Schichtenlagerung abhängig sein. Bei ebenen und wenig geneigten Schichten treten vielfach breitere, halbkreisförmige Nischen auf, deren Größe wohl durch das Hin- und Herpendeln der Quelle auf nahezu horizontaler Unterlage zu erklären ist. Aus Spalten kommende Quellen werden sich dagegen stark V-förmig nach rückwärts einschneiden. Die Verschiedenartigkeit der vorkommenden Formen erfordert auch hier scharfe Beobachtung des Topographen.

Der Erwähnung bedürfen hier noch die Dellen, das sind muldenförmige Hohlformen an den Abhängen, die sowohl durch Grund- als auch abfließendes Regenwasser entstanden und in ihrer Form von der Härte und Durchlässigkeit des Bodens abhängig sind.

Werden Schichtteile von Grundwasser aufgelöst, so entstehen Hohlräume, die nach Einsturz der Decken als Erdfälle auftreten. Sie sind im allgemeinen an lösliche Gesteine wie Kalk und Gips gebunden und meist trichterförmige, unregelmäßige Einsenkungen der Erdoberfläche. Sind sie größer, so werden sie Dolinen genannt. Da der Bildungsprozeß vielfach weitergeht, so findet man auf dem Boden nicht selten neue, kleine Löcher. Die Wände sind oft verschieden steil. Eine schon festgestellte Regelmäßigkeit dieser Erscheinung rührt vielleicht von den atmosphärischen Einflüssen her und bedarf der besonderen Beachtung. Erdfälle und Dolinen treten wegen des Gebundenseins an bestimmte geologische Schichten strichweise auf.

Das aus den Quellen und als Regen- oder Schmelzwasser abfließende Wasser sammelt sich in Rinnen, die sich zu Bächen und Flüssen entwickeln. Der Oberlauf der Bäche ist meist steil. Das Wasser erodiert deshalb kräftig in die Tiefe und sucht die Hindernisse zu beseitigen. Weichere Schichten werden dabei rascher durchsägt als härtere, an denen sich Wasserfälle bilden. Bei stärker ausgeglichenem Längsprofil kann sich eine harte Bank noch durch Stromschnellen bemerkbar machen. Sie sind wie die Wasserfälle anzugeben, da im Schichtgebirge aus ihnen im Zusammenhang mit anstehenden Felsen, Steinbrüchen, Bewachsungsgrenzen u. dgl. Folgerungen auf die Gesteinslagerung gezogen werden können. Selbst kleine Unterschiede in der Härte des Gesteins können schon im obersten Teil eines Bachlaufes das Bett und seinen Querschnitt umgestalten. Ein in flacher Mulde in härterem Gestein dahinfließender Wasserfaden vertieft beim Durchsägen der Schicht sofort sein Bett und liegt dann in einem mit einem kleinen Wasserfall ansetzenden Graben, der auch bei geringer Böschungshöhe unter sorgfältiger Beobachtung jeder Änderung des Talquerschnitts topographisch wiederzugeben ist. Das Auftreten solcher eingeschnittenen Wasserläufe läßt Schlüsse auf den geologischen Aufbau zu.

In Abb. 121 ist neben den zuletzt besprochenen Erscheinungen noch das Verschwinden des Wassers beachtlich. Sobald es auf das durch Erdfälle charakterisierte Gestein kommt, versickert es in Klüften und unterirdischen Hohlräumen. Wie die eingetragenen Höhenzahlen zeigen, herrscht große Gesetzmäßigkeit im Aufbau, die in der topographischen Darstellung nur durch vollständige und genaue Angabe nach Lage und Höhe auch der Böschungen, Versickerungsstellen und Erdfälle erkannt werden kann.

Das fließende Wasser trennt durch die Reibung auf dem Untergrunde nicht nur Gesteinsteile los, sondern es verfrachtet sie auch, und zwar um so größere Massen, je steiler das Gefälle und je größer die Wassermenge. Läßt bei einem Bach, wie dies bei der Einmündung eines Seitenbaches in den

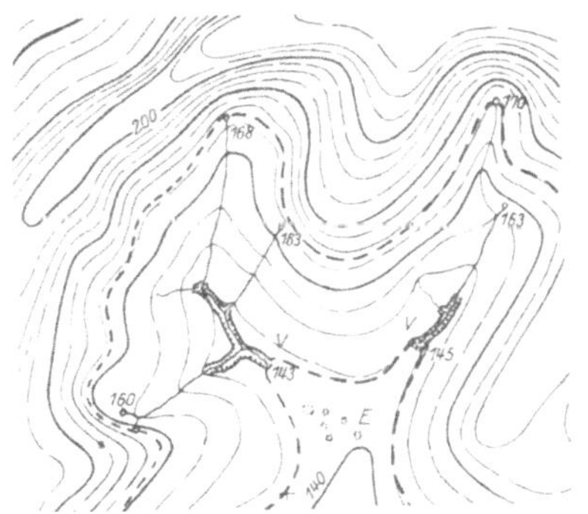

Abb. 121. Darstellung eines Schichtgebirges (Kreideformation). Die Geländeneigung und die Lage der Quellen, der eingeschnittenen Bachläufe, der Versickerungsstellen und der Erdfälle lassen Schlüsse auf den geologischen Aufbau zu. Die vermuteten Schichtgrenzen sind gestrichelt.
V Wasserversickerungsstellen. *E* Erdfälle.

Hauptbach im allgemeinen der Fall ist, das Gefälle plötzlich nach, so wird das mitgeführte Material fächerförmig abgesetzt und bildet einen sogenannten Schuttkegel, der sowohl kurz und stark gewölbt als auch lang gestreckt und sehr flach sein kann. Das vielfach nur zeitweise fließende und öfter seinen Weg verlegende Wasser erreicht auf solchen Schuttkegeln nicht immer den Hauptbach, sondern wird zum Wässern durch Gräben verteilt und versickert, um dann oft am Rande des Schuttkegels als Quelle wieder zutage zu treten. Da die Schuttkegel stets am Ausgang der Seitentäler auftreten, muß dort der Aufnehmer sich ihrer erinnern; dann wird er, wie das früher leider vielfach der Fall war, auch die kleinsten und flachsten nicht übersehen. Wo die Schuttkegel sich in ein Wiesental ergießen, fallen sie vielfach schon dadurch auf, daß sie als Acker benutzt werden. Der morphologisch Unkundige stößt sich bei der Zeichnung der Schichtlinien meist daran, daß auf das Tal unmittelbar ein Rücken folgt. Durch große

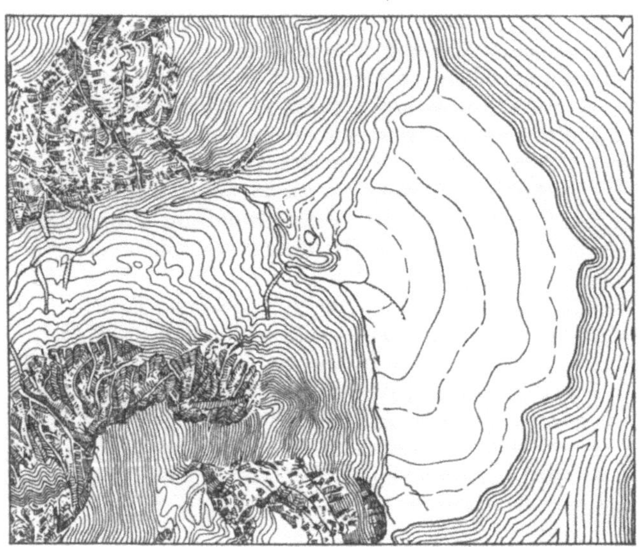

Abb. 122. Schuttkegel des Eisgrabens am Königssee.
(Auszug aus Blatt St. Bartholomä der bayr. top. Karte 1:25000.)

Schuttkegel, wie in Abb. 122, können Seen abgeschnürt und Bäche zur Seite gedrängt werden. Schuttkegel in schwächerer Ausbildung zeigt die Abb. 123. Sie sind für die Aufnehmer besonders deshalb so wichtig, weil es außerordentlich häufig auftretende Kleinformen sind. Bei leichter abspülbarem Boden sind sie fast an jeder Ackermulde zu erkennen, und es steht der Verlauf der Höhenschichtlinien dann dort mit dem der Kulturgrenze nicht in Einklang. Wege an Waldrändern steigen bzw. fallen aus dem gleichen Grunde auf kurzer Strecke. Ist dem Topographen diese Beobachtung im Felde entgangen, so wird er bei nachträglicher Zeichnung der Schichtlinien unter Umständen die Ergebnisse seiner Messung anzweifeln.

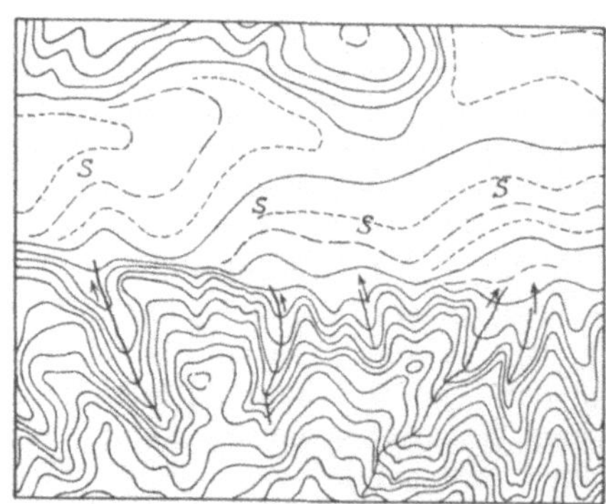

Abb. 123. Kleine Schuttkegel *S*. Die Seitenbäche ergießen sich in den Talboden.
(Auszug aus Bl. Stockach der bad. top. Karte 1:25 000.)

Durch die Abtragung des fließenden Wassers einerseits und die Aufschüttungen andererseits wird der Querschnitt eines Tales umgestaltet.

S. Passarge hat die in Abb. 124 wiedergegebene Entwicklung der Talformen vom Kerbtal bis zum Muldental aufgestellt und jeder Tal-

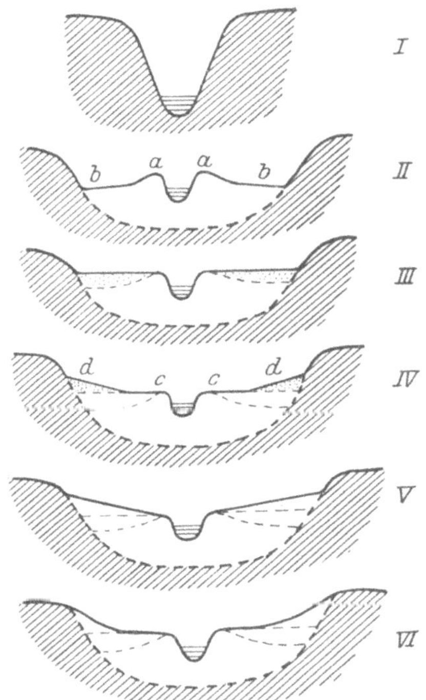

form einen besonderen Namen gegeben, den anzuwenden auch für die Topographen sich empfehlen dürfte. Zu beachten bleibt noch, daß die Lagerung des Gesteins, geologische Schichtwechsel und atmosphärische Einflüsse zu einer ungleichmäßigen Ausbildung nicht nur des Bachbettes, sondern auch des ganzen Talquerschnittes führen können.

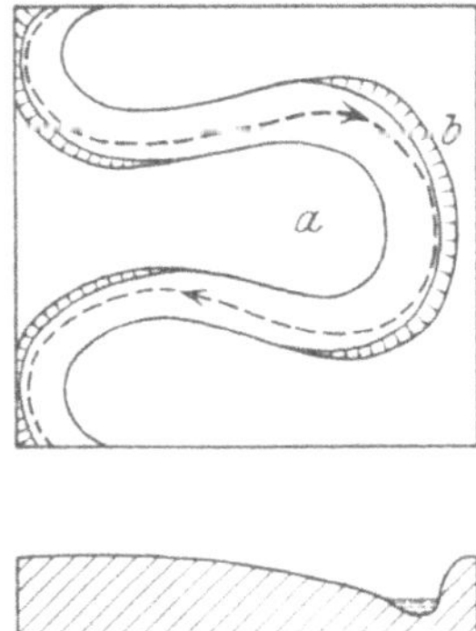

Abb. 124. Talformen. I. Kerbtal. II. Flutsohlental mit Uferwällen *a* und Überschwemmungssohle *b*. III. Horizontalsohle (punktiert), die aus einem Flutsohlental entstanden ist. IV. Sohlental mit Horizontalsohle *c* und Böschungssohle *d*. V. Böschungssohlental. VI. Muldental (nach S. Passarge).

Abb. 125. Lageplan und Querschnitt eines Mäanders. Die Stromlinie ist durch Pfeile bezeichnet. *a* Gleithang, *b* Prallhang.

Sobald das Gefälle eines Baches unter eine gewisse Grenze sinkt, hört die Tiefenerosion auf, und die Seitenerosion beginnt. Der Bach oder Fluß verlegt sein Bett seitlich und fließt in um so größeren, als Mäander bezeichneten Bogen hin und her, je geringer das Gefälle ist. Die Talsohle wird dabei nach und nach erweitert und die Unebenheiten immer mehr ausgeglichen. Die Wirkung der Seitenerosion veranschaulicht Abb. 125. Während der steile Prallhang auffällt, ist der Ausbildung des oft sehr flachen Gleithanges besondere Aufmerksamkeit zu widmen. Die Talmäander stehen im allgemeinen mit den Bachmäandern nicht in Einklang. Je mehr das Tal eingeebnet ist, um so geringer werden Prall- und Gleithang in Erscheinung treten. Das Wasser fließt dann in einem Bett, dessen Ufer durch die bei Überschwemmung abgesetzten Sinkstoffe leicht erhöht sind. Deshalb sind in solchen Tälern die Ufer meist trocken, seitlich nach dem Gebirge zu dagegen sumpfige Stellen vorhanden. Seitenbäche sind durch die Überschwemmungskegel oft gezwungen, lange Strecken parallel neben dem Fluß herzufließen, bis sie münden können. Ihre Mündung ist dann „verschleppt".

Durch erneut einsetzende Tiefenerosion kann sich ein Flußlauf in der Talsohle abermals einschneiden und dann durch Mäandrieren die Sohle wieder verbreitern. Von der ursprünglichen Sohle werden auf längere oder oft auch nur kurze Strecken Längsstufen oder Flußterrassen (Abb. 126) stehen bleiben, deren sorgfältige Wiedergabe, auch da wo sie kaum zu erkennen sind, für die Erklärung der Entstehung des Tales sehr wichtig ist.

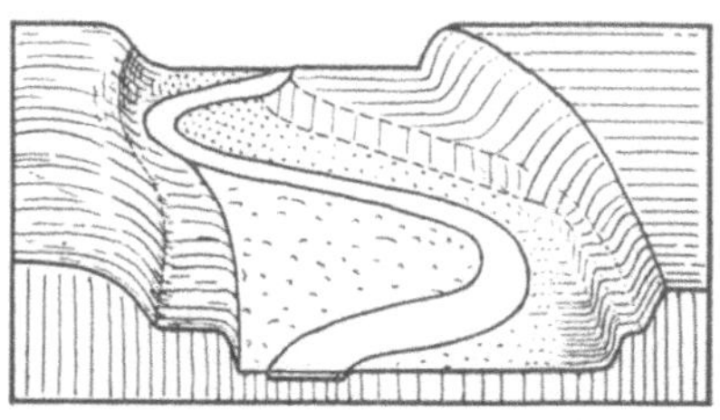

Abb. 126. Flußtal mit Längsstufen (Flußterrassen).

Ehemalige Wasserläufe in Ebenen sind meist als feuchte Wiesenstreifen erhalten. Sie können jedoch durch Schuttkegel ganz oder teilweise zugeschüttet sein. Die sie abgrenzenden Böschungen sind im allgemeinen niedrig, müssen aber doch wiedergegeben werden.

3. Die durch Eis und Schnee entstehenden Geländeformen.

Neben der Tätigkeit des fließenden Wassers spielt die des Eises, insbesondere in Form von Gletschern, bei der Gestaltung der Oberflächenformen eine hervorragende Rolle. Die Gletscher tragen nicht nur, wie das Wasser, die Erde an manchen Stellen ab, sondern bauen sie auch an anderen Stellen wieder auf; dabei verfrachtet das Wasser oft, was das Gletschereis loslöste und zusammentrug. Durch die Tätigkeit des Eises entsteht nun wieder eine Reihe uns interessierender Kleinformen, die verschieden sind von den durch die Tätigkeit des Wassers entstandenen.

Wir vergegenwärtigen uns zunächst die Entstehung des Gletschers und behandeln dann die durch ihn geschaffenen Glazialformen. Der in den höheren Gebirgslagen niederfallende Schnee kann im Sommer nicht vollständig abgeschmolzen werden. Er häuft sich deshalb, besonders an der Schattenseite und in Nischen immer mehr an. Unter dem Druck und dem wiederholten Schmelzen und Frieren verwandelt er sich in körniges, plastisches Gletschereis, das sich durch den Druck der Schneemassen auf den meist steilen Gehängen langsam abwärts bewegt. Ist die Masse des Eises nicht groß genug, um trotz des Abschmelzens ins Tal vorrücken zu können, so bleibt sie in Mulden liegen und erweitert hier auf noch nicht völlig geklärte Weise ihr Bett kesselförmig, so daß zuletzt ein runder Bergkessel mit ebenem

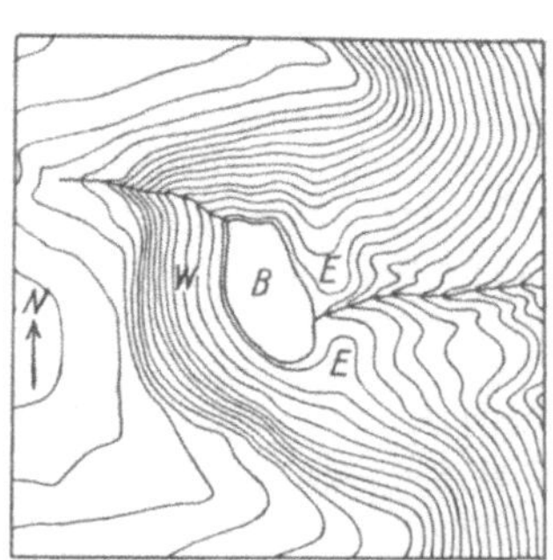

Abb. 127. Kar im Buntsandstein des Schwarzwaldes. *W* Karwand. *B* ebener Karboden. *E* Endmoräne, die das Wasser zu einem See staut.

Boden und steil aufragenden Wänden entsteht, der nur nach der Talseite offen ist. Durch einen Felsriegel oder eine Moräne ist er vielfach so abgeriegelt, daß sich ein See gebildet hat. Eine solche Hohlform bezeichnet man als Kar (Abb. 127). An der Abflußstelle wird sich das Wasser nach und nach so tief einsägen, daß der See ausläuft und auch der ebene Seeboden sich allmählich in einen Hang verwandelt. Der Darstellung sowohl des Karbodens als auch des Karriegels ist besondere Aufmerksamkeit zu widmen. Von Kartreppen reden wir, wenn an einem Berghang ein Kar über einem anderen liegt.

Da die Kare alle an der unteren Firngrenze liegen, so kann aus ihrer Lage auf die untere Grenze des ewigen Schnees geschlossen werden. Dafür sind die Kare nach Lage und Höhe genau einzutragen. Nicht immer werden die Kare voll entwickelt, sondern ihre Ansätze in den Hängen nur in Form von ebenen Stellen zu erkennen sein (Abb. 128).

Abb. 128. Schwach entwickelte Kare (*K*) im Schwarzwald.
(Auszug aus Blatt Obertal der württ. top. Karte 1:25 000.)

Daß solche karartige Nischen auch durch Quellhorizonte veranlaßte Gesteinsausbrüche aus dem Berghang sein können, ist für den Topographen ohne Bedeutung. Er hat die Form so wiederzugeben, wie er sie in der Natur sieht.

Ist das Firnfeld so mächtig, daß es zur Bildung von Talgletschern kommt, so vereinigt sich das aus Seitenbecken kommende Eis zu einem Eisstrom, der sich im Tal zungenförmig vorschiebt, bis das Abschmelzen das weitere Vordringen verhindert. Durch die unter hohem Druck vor sich gehende langsame Vorwärtsbewegung des Gletschereises wird der Untergrund kräftig ausmodelliert. Auch an den Seiten wird das Gestein durch das wechselnde Frieren und Tauen gelockert und vom Eis abgetragen, so daß sich zuletzt ein U-förmiger Talquerschnitt bildet (Abb. 129). Wir sprechen von Trogtälern. Bei steilen Trogwänden kommt es vor, daß Gesteinsmassen abbrechen und sich in die Talsohle ergießen. In der Wand entsteht so eine Nische, der ein meist steiler Schuttkegel vorgelagert ist.

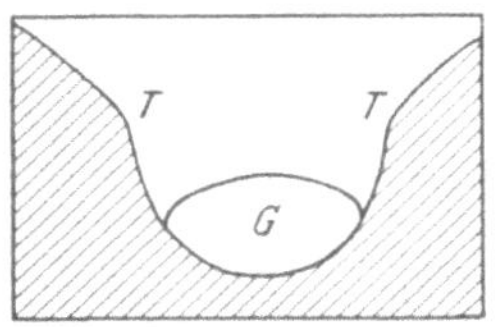

Abb. 129. Trogtal mit Gletscherzunge. *T* Trogrand, *G* Gletscherzunge.

Das Längsprofil eines Glazialtales hat im allgemeinen kein regelmäßiges Gefälle, sondern es kommen Talstufen vor, die wohl durch härteres Gestein bedingt sind. Sie können sehr steil und hoch, aber auch klein, flach und unbedeutend sein, so daß ihre Erkennung in einst vereisten Gebirgen schon sorgfältiger Beobachtung und Messung bedarf (Abb. 130).

Eine Vertiefung und Verbreiterung des Tales tritt vielfach auch da auf, wo durch Zusammenfluß von Seitengletschern das Eis mächtiger wird. Von den kleineren Seitentälern führt meistens eine Stufe zum Haupttal, da die Erosion des kleineren Seitengletschers mit der im Haupttal nicht Schritt halten konnte; das Seitental „hängt" über dem

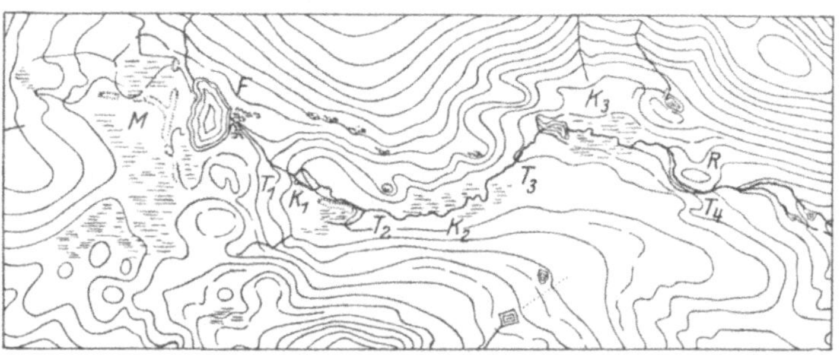

Abb. 130. Glazialkleinformen in einem Schwarzwaldtal. *M* kleine Moränen. *F* durchsägter Felsriegel. $K_1 - K_3$ karartige Talerweiterungen. $T_1 - T_4$ Talstufen, zum Teil sehr flach. *R* Rundhöcker. (Auszug aus Blatt Feldberg der bad. top. Karte 1:25 000.)

Haupttal. Eine weitere Eigentümlichkeit von Glazialtälern ist das Vorkommen von Rundhöckern. Sie haben einen ungleichförmigen Querschnitt. An der Stoßseite sind sie glatt geschliffen und steigen langsam an, während die entgegengesetzte Seite steiler abfällt und mehr Unebenheiten aufweist.

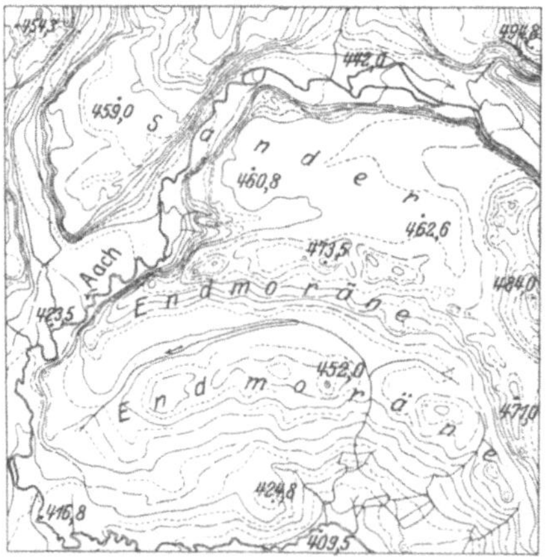

Einen besonderen Formenschatz bildet auch das von Gletschern zerstörte und verfrachtete Gesteinsmaterial, das nicht nur fein zerrieben sein, sondern auch große Felsblöcke enthalten kann. Ein Teil desselben liegt flächenförmig ausgebreitet oder auch in Längswällen als „Grundmoräne" im Gletscherbett, anderes wird an den Seiten in ebenfalls parallel zum Gletscher ziehenden Wällen als „Seitenmoräne" abgelagert, und endlich bildet der Schutt, den die Gletscherzunge vor sich herschiebt, die sogenannte „Stirn- oder Endmoräne".

Abb. 131. Zwei Endmoränenzüge und ein Sander. Die Aach hat sich in die Sanderfläche eingeschnitten. (Auszug aus Blatt Eigeltingen der bad. top. Karte 1:25 000.)

Sie kann je nach den Vorwärts- und Rückzugsbewegungen mehrfach auftreten und ist an dem halbkreisförmigen Bogen quer zum Tal leicht erkennbar (Abb. 131). Vielfach hat sie auch das Wasser oberhalb zu einem See gestaut. Wo die Endmoränen ausgeprägt auftreten, können sie nicht

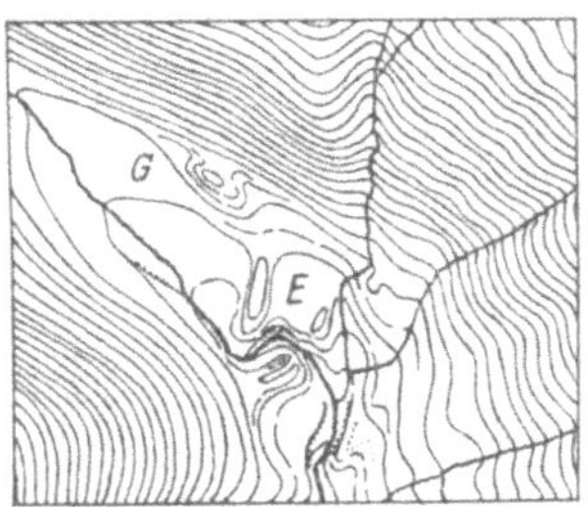

Abb. 132. Moränen in der Menzenschwander Kluse. *G* Grundmoräne. *E* Endmoränen. Die letzteren sind durch den Bach zerschnitten.
(Ausz. aus Bl. Feldberg der bad. top. Karte 1 : 25 000.)

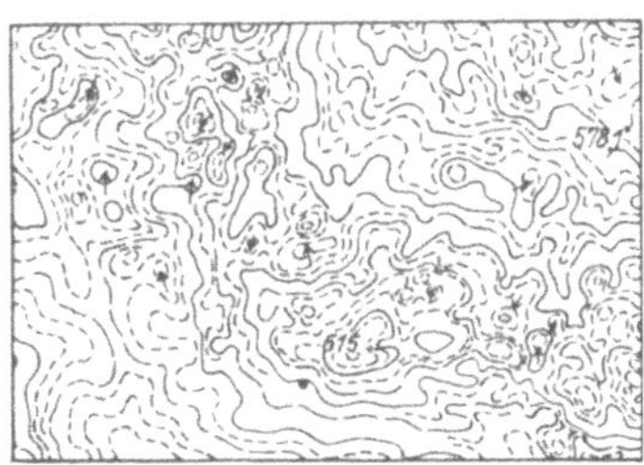

Abb. 133. Kleinformiges Moränengebiet. (Auszug aus Blatt Fürstenfeldbruck der bayer. top. Karte 1 : 25 000.)

übersehen werden, in kleineren Tälern sind sie jedoch, wie Abb. 132 zeigt, oft nur schwach entwickelt und durch das abfließende Wasser zersägt. In diesen Fällen ist der Wiedergabe besondere Sorgfalt zu

Abb. 134. Drumlinlandschaft der Bodenseegegend. Der Pfeil deutet die Richtung der Eisbewegung an. (Auszug aus Blatt Überlingen der bad. top. Karte 1 : 25 000.)

widmen, damit die quer verlaufenden Moränen nicht durch unverständliche Generalisierung in der Karte als richtungslose maulwurfsartige Hügel erscheinen. Auch die oft mehrfach wellenförmig hintereinander liegenden Reihen sind zu beachten.

In der Eiszeit sind die Gletscher aus den Gebirgstälern herausgetreten und haben sich fächerförmig im Vorland als Eisfläche ausgebreitet. Dabei hat sich das Material der Grundmoräne oft eben ausgebreitet, oft aber auch eine unruhige Oberfläche, voller Hügel und Vertiefungen geschaffen, deren Formen vielfach so klein sind, daß ihre richtige Darstellung für den Topographen außerordentlich zeitraubend ist (Abb. 133). Irgendeine Gesetz- oder Regelmäßigkeit der Formen ist nicht zu erkennen.

Anders verhält es sich mit den aus dem Untergrund durch die sich vorschiebende Eismasse herausgearbeiteten Hügeln, die man Drumlins nennt. Sie sind scheinbar nur da ausgebildet, wo die Eisdecke eine gewisse Mächtigkeit hatte. Es sind allseits gerundete ovale Hügel, deren Längsachse in der Richtung der Eisbewegung liegt. Bei guter Ausbildung sind sie so angeordnet, daß die benachbarten auf die Lücken der vorhergehenden folgen (Abb. 134).

Tritt in einem benachbarten Tale ein stärkeres Abschmelzen des Gletschers ein, so werden die von den Schmelzwassern mitgeführten Kies- und Sandmassen meist unterhalb der Endmoräne flach geböscht abgelagert. Die so entstandenen ebneren Flächen werden Sander genannt. In Abb. 131 ist eine solche Sanderfläche dargestellt. Sie liegt hier jedoch oberhalb des Endmoränenzuges, da das Beispiel einem Alpenvorlandtal entnommen ist.

4. Die Tätigkeit des Windes.

Wie Wasser und Eis vermag auch der Wind Geländeformen um- und neuzugestalten. Voraussetzung dafür ist ein lockerer feinkörniger Boden. Je nach der Stärke des Windes werden mehr oder weniger kleine Teilchen von ihm fortbewegt oder hoch in der Luft fortgetragen, um dann an geeigneten Stellen wieder abgelagert zu werden. Die Ablagerungsformen sind dabei verschieden. Die von Sand bezeichnen wir als Dünen, und die von Staub bilden den Löß.

a) Die Entstehung der Dünen und ihre Formen. Der Wind rollt oder trägt nahe über dem Erdboden die Sandkörnchen fort und häuft sie bei Hindernissen zu langgestreckten Hügeln (Dünen) an, die je nach der herrschenden Windstärke und -richtung umgeformt werden, solange die Oberfläche nicht durch eine Vegetationsdecke oder dergleichen gefestigt ist; die Düne „wandert". Als Ergebnis der Sandumlagerungen entstehen die in der Abb. 135

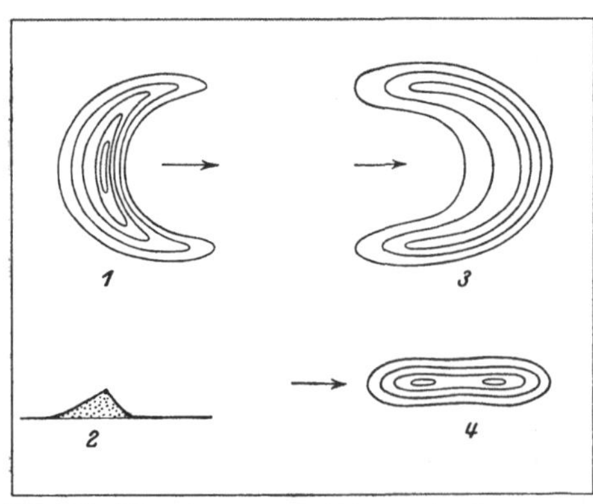

Abb. 135. Dünenformen. 1. Sichel- oder Bogendüne, auch Barchan genannt. 2. Querschnitt zu 1. 3. Parabeldüne. 4. Strichdüne. (Die Pfeile bezeichnen die Windrichtung.)

angegebenen Geländeformen. Charakteristisch ist für die Dünenquerschnitte, daß sie eine flache Luv- und eine steilere Leeseite haben. Nur bei den Strichdünen ist der Querschnitt gleichmäßig. Nach den Studien von F. Solger wird der Luftstrom durch die flache Anfangsböschung nach oben abgelenkt, und es entsteht so an der Luvseite eine Böschung von 5—12°. Sobald der Wind den Kamm überschritten hat, kommt das Sandkorn in den Windschatten und fällt nieder. Der Leeabhang nimmt dadurch einen geradlinigen Querschnitt von solcher

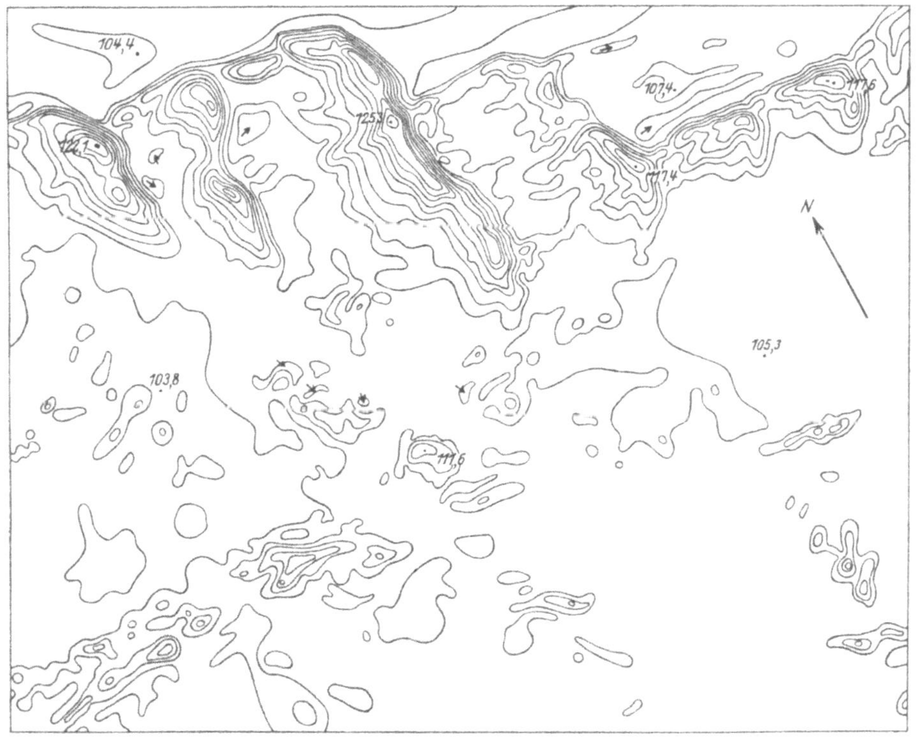

Abb. 136. Binnenlanddünen. (Rheinebene südlich Schwetzingen). Sowohl aus der Lage der Luv- und Leeseiten und der Richtung der Dünen der oberen Hälfte als auch der Richtung der Strichdünen der unteren Hälfte muß auf eine westliche Windrichtung geschlossen werden. (Auszug aus Blatt Schwetzingen der bad. top. Karte 1:25000.)

Steilheit an, daß die Sandkörner gerade an der Grenze des Hinabrollens stehen, was bei etwa 30° der Fall ist. Eine ausgesprochene Kantenlinie trennt im allgemeinen Luv- und Leeseite.

Die Einzeldüne ist in der Mitte höher als an den Seiten. Die geringeren Sandmassen, die dem Wind hier entgegenstehen, werden von ihm schneller bewegt als das trägere Mittelstück. So eilen die Seitenflügel in der Windrichtung vor, und die Kammlinie nimmt die Form eines Bogens an. Solche Dünen werden als Sicheldünen oder Barchane bezeichnet. Bei ihnen pflegt, wenn die Düne ohne Sandzufuhr weiterwandert, die Tiefe in der Windrichtung die Länge quer dazu etwas zu überwiegen. Bei weiterer Entwicklung der Düne bilden sich links und rechts Seitenwände und schließlich die sogenannte Parabeldüne, deren Hohlseite dem Winde zugekehrt ist. Verschwindet das Mittelstück einer solchen Düne ganz, so entstehen zu beiden Seiten sogenannte Strichdünen. Die halbkahlen Wanderdünen haben nach F. Solger eine Luvseite von etwa 8° Böschung und statt des Kammes einen breit gerundeten Rücken. Je nach dem Ort der Ablagerung unterscheidet man Wüsten-, Strand- und Binnenlanddünen. Die letzteren stehen im allgemeinen im Zusammenhang mit Flußläufen. Die Abb. 136 gibt Dünen der Rheinebene südlich Schwetzingen wieder.

b) Die Geländeformen des Löß. Der Löß wird als feinster Staub flächenförmig abgelagert und durch Regen leicht abgespült und umgelagert. Als Schwemmlöß liegt er im allgemeinen am Fuße der Hügel und gleicht die Sohle der Täler im Lößgebiet eben aus. Löß ist ziemlich standfest und blättert in dünnen Platten senkrecht ab. Die auffälligste Erscheinung der Lößgebiete ist die nie fehlende Terrassierung. Die Hügelflächen sind in Stufen aufgelöst, da sonst die Bewirtschaftung wegen der Bodenabspülung nicht möglich wäre. Durch Menschen oder Tiere gelockerter Löß wird an geneigten Stellen so stark abgespült, daß sich Hohlwege mit 10—15 m hohen Seitenwänden bilden.

5. Der Aufbau der Geländeformen und ihre Abhängigkeit vom Gestein.

Die im vorstehenden beschriebenen Formen treten nicht immer als Einzelformen oder voll entwickelt auf, sondern sind vielfach durch andere Kräfte wieder umgestaltet und eine Form oft in die andere hineingebaut oder von ihr überlagert. Auf Flußterrassen können z. B. alte Schuttkegel liegen, die durch einen Bach stark zerschnitten sind, die Erdmassen aber unmittelbar unter der Terrasse zu einem neuen Schuttkegel aufgeschüttet sein, dessen Ausläufer durch einen mäandrierenden Bach wieder angeschnitten sind. In einem anderen Fall ergießt sich, wie in Abb. 130 bei K_3 schwach angedeutet, ein Schuttkegel in einen ebenen Karboden, oder fließendes Wasser gleicht an der einen Stelle Formen aus und sägt sich an einer anderen Stelle immer tiefer ein. Die umgestaltenden Kräfte wirken dauernd weiter und schaffen immer neue Formen. Dabei sind die physikalischen und chemischen Eigenschaften mitbestimmend für die entstehenden Geländeformen, so daß wir, was H. Bach vor mehr als 80 Jahren bei seinen topographischen Aufnahmen in Württemberg bereits richtig erkannte und in Wort und Bild meisterhaft wiedergab, sagen dürfen, jedes Gestein oder jede geologische Formation bedingt besondere ihr eigentümliche Geländeformen. Sind diese richtig wiedergegeben, so lassen sich umgekehrt aus der Höhendarstellung Schlüsse auf den geologischen Aufbau des betreffenden Gebietes ziehen. Da eine Zusammenstellung von gut ausgewählten und genügend großen Beispielen der den einzelnen geologischen Formationen entsprechenden Geländeformen den Rahmen dieses Buches überschreiten würde, müssen wir uns hier, als

Anregung für weitere Studien, damit begnügen, die wichtigsten Formen für einige Gesteine anzuführen und übersehen dabei nicht, daß die Formen von der Höhenlage über dem Meer und der Mächtigkeit des Gesteins (der Schicht) und seiner Lagerung abhängig sind.

So zeichnet sich das Grundgebirge in Hochgebirgslagen durch steile scharfkantige Felsengrate und -wände aus, während diese in den Mittelgebirgen nur selten auftreten. Dort herrschen durch zahllose Bäche und Vergrusungszonen reich gegliederte steilwandige, runde Buckel mit zuweilen kammartigen Vorsprüngen vor.

Im Rotliegenden neigen die härteren Schichten zu Felsbildungen, während die weicheren dagegen abgerundet und durch Wasserrinnen sehr zerrissen sind. Die verschiedene Härte der einzelnen Schichten verursacht die Bildung kleiner Stufen.

Ein nicht zu verkennendes charakteristisches Gepräge tragen die Formen des Buntsandsteins, der sowohl in den Karten als auch in der Natur an den geradlinigen, langgestreckten und wenig gegliederten Rücken leicht zu erkennen ist. Die Gleichförmigkeit tritt besonders dann in Erscheinung, wenn das darunter lagernde Grundgebirge mit seinen zahlreichen gerundeten Kuppen gleichzeitig sichtbar ist. Eine ebenere Zone mit zahlreichen Quellen bezeichnet im allgemeinen die Grenze der beiden Formationen. Die Abhänge des Buntsandsteins steigen besonders bei den mittleren harten Schichten gleichmäßig steil an. Die Täler sind verhältnismäßig eng, die Talschlüsse gewöhnlich gerundet. Mit dem Nachlassen der harten Schichten verflachen sich auch im oberen Buntsandstein die Abhänge, und nur ausnahmsweise bilden sich dann noch selbständige Kuppen.

Im Muschelkalk fallen besonders in den härteren Schichten die starken Schlangenwindungen der Bäche auf, die sich steilwandig ein-sägen und deren kantige und schroffe Talhänge oben meist mit Felsen geziert sind. Stehen jedoch weichere Schichten an, so sind die Berg-formen etwas abgerundeter. Infolge der Wasserarmut durchziehen den Muschelkalk im allgemeinen wenig Bachläufe. Charakteristisch für die harten Schichten sind noch die von den zusammengelesenen Steinen gebildeten Steinriegel. Auch die infolge der Auslaugung von Gipslinsen entstandenen Erdfälle bedürfen hier der Erwähnung.

Die meist weichen Gesteine des Keupers bilden wohlgerundete Kuppen; härtere Schichten bedingen Terrassen. Die Abhänge sind durch zahlreiche Rinnen und Schluchten tief zernagt. Auftretende Sandsteine heben sich durch eine gleichmäßig verlaufende Stufe ab.

Die Geländeformen der Juraformation sind entsprechend den wechselnden weichen und harten Schichten durch den stufenförmigen Aufbau gekennzeichnet. Die weichen tonigen Lagen bilden Stufen, deren Oberfläche an Abhängen durch gestautes Wasser bauchig aus-gestaltet sein kann. Darüber lagernde härtere Bänke steigen steiler an und bedingen durch Inselberge und vorspringende Bergnasen ein be-wegtes Formenbild. Im weißen Jura sind die unteren Schichten häufig von Bergsturzmassen bedeckt, die infolge ihres größeren Widerstandes die unter ihr lagernden Schichten vor der Abtragung schützen und so eine schmale unruhige Geländezone bedingen. In den mittleren und oberen Schichten des weißen Juras herrschen harte Kalkbänke vor. Sie treten im schwäbischen Jura an tief eingeschnittenen, gewundenen Tälern als plumpe mannigfach gestaltete Felsenwände zutage. Wo diese Schichten flächenförmig entblößt sind, reihen sich zahlreiche leicht gewölbte Hügel mit unbedeutender Neigung aneinander, die durch trockene Rinnen getrennt sind. Dieser wasserarmen Landschaft sind die Dolinen und Erdfälle eigen. Der Charakter der Karstlandschaft ist durch die jüngere Bodendecke gemildert.

In der Kreideformation, der die Formen in Abb. 121 angehören, ist der Härtegrad der Schichten weniger wechselnd, deshalb auch die Formen nicht so scharf geschnitten wie im Jura. Am eigenartigsten sind die Quadersandsteinbildungen der Sächsischen Schweiz.

IV. Die kartographische Bearbeitung und Verwertung von topographischen Aufnahmen.

Um eine topographische Aufnahme als Karte vervielfältigen oder sie zur Herstellung von Drucken verwerten zu können, braucht man eine Druckplatte. Die Herstellung einer Druckplatte erfordert eine entsprechende Bearbeitung der Aufnahme, bestehend in der Herstellung einer für die Vervielfältigung geeigneten Vorlage. Bei der Bearbeitung einer topographischen Aufnahme für ihre Vervielfältigung kommt es darauf an, nach welchem Verfahren die Vervielfältigung stattfinden soll; es werden deshalb im folgenden zuerst die für die Kartographie wichtigsten Vervielfältigungsverfahren und dann die Herstellung der Vorlagen für die Vervielfältigung besprochen.

A. Die wichtigsten Verfahren zur Vervielfältigung von Karten.

Es gibt zahlreiche Vervielfältigungsverfahren[1]; die meisten von ihnen kommen nur zur Vervielfältigung von Kunstblättern und dergleichen in Frage; im folgenden ist nur von den für die Vervielfältigung von Karten geeigneten Verfahren die Rede.

1. Allgemeines.

Die Vervielfältigung einer Karte erfordert die Herstellung einer Druckplatte, von der gedruckt werden kann. Als Material für Druckplatten werden Kupfer, Aluminium, Zink und Stein verwendet; die Metallplatten in der Stärke von wenigen Millimetern, die Steine (aus Solnhofen in Bayern) einige Zentimeter stark. Die Wahl des Materials für eine Druckplatte ist insbesondere abhängig von dem Grad der Schärfe oder Feinheit, den man von den fertigen Drucken verlangt, von den Anforderungen in bezug auf die eine große Rolle spielende

---

[1] Vgl. Albert, A.: Technischer Führer durch die Reproduktionsverfahren und deren Bezeichnungen. Halle a. S.

Abänderungsfähigkeit der Druckplatte und von der Aufbewahrungsmöglichkeit einer größeren Zahl von Druckplatten.

Man unterscheidet drei Druckarten; sie werden bezeichnet als Hochdruck, Tiefdruck und Flachdruck. Beim Hochdruck liegen die beim Druck die Farbe an das Papier abgebenden Flächen etwas höher als die das Papier nicht berührenden Flächen. Beim Tiefdruck wird die Druckfarbe durch Einreiben in vertiefte Stellen der Druckplatte gebracht, von denen sie beim Druck an das Papier abgegeben werden; die höher liegenden Teile der Druckplatte sind so beschaffen, daß sie beim Einreiben die Farbe gar nicht annehmen, oder daß die Farbe nach dem Einreiben leicht wieder abgewischt werden kann. Der Flachdruck, bei dem die die Farbe abgebenden Stellen in derselben Höhe liegen wie die übrigen Teile der Druckplatte, beruht darauf, daß beim Einwalzen der Druckplatte mit Farbe diese nur von den für den Druck in Betracht kommenden Stellen angenommen wird. Der Hochdruck (Holzschnitt, Buchdruck) findet im Kartendruck keine Verwendung. Für Tiefdruckplatten wird Kupfer, Stein und gelegentlich auch Zink verwendet. Der Flachdruck wird auf Stein, Aluminium und Zink ausgeführt.

Die zur Herstellung von Druckplatten gebräuchlichen Verfahren kann man einteilen in Handverfahren und mechanische Verfahren. Bei einem Handverfahren müssen die die Druckfarbe annehmenden und abgebenden Teile von Hand auf der Druckplatte hergestellt werden; bei einem mechanischen Verfahren geschieht dies mechanisch z. B. mit Hilfe der Photographie. Handverfahren sind der Kupferstich und der Steinstich; das Durchlichtungsverfahren, die Photolithographie und die Photogalvanographie sind mechanische Verfahren.

Die Herstellung einer Druckplatte nach irgendeinem Verfahren erfordert eine Vorlage; eine solche erhält man durch entsprechende Bearbeitung der topographischen Aufnahme. Wird die Druckplatte nach einem mechanischen Verfahren hergestellt, so stimmt die endgültige Karte — unter Umständen abgesehen vom Maßstab — mit der Vorlage vollständig überein; es ist deshalb notwendig, daß die Vorlage für den Druck bis in die kleinsten Einzelheiten pünktlich und sauber ausgearbeitet wird. Bei einem Handverfahren wird die auf die Druckplatte übertragene Zeichnung der Vorlage auf der Druckplatte von Hand ausgearbeitet; die Vorlage muß deshalb nur maßstäblich sein, so daß ihre Ausarbeitung im einzelnen nicht erforderlich ist.

Die Herstellung der Drucke von der Druckplatte geschieht mit der Handpresse oder der Schnellpresse. Tiefdruckplatten eignen sich mit Rücksicht auf das von Hand auszuführende Einreiben der Druckfarbe in die vertieften Stellen nur für Handpressendruck. Flachdrucke auf Stein, Aluminium oder Zink können auf der Schnellpresse hergestellt werden. Für den Druck von Tiefdruckplatten muß das Papier leicht angefeuchtet werden; die Drucke sind deshalb nicht maßhaltig. Von Flachdruckplatten können maßhaltige Trockendrucke hergestellt werden. Mit Rücksicht auf die Abnutzung oder Beschädigung der Druckplatten benutzt man zur Herstellung einer größeren Zahl von Drucken nicht die ursprüngliche Druckplatte, sondern man stellt von dieser durch Umdruck eine Flachdruckplatte her, von der dann die größere Auflage gedruckt wird. Ganz große Auflagen werden auf einer Offsetpresse gedruckt; der Grundgedanke dieses Druckverfahrens besteht darin, daß von der dabei geschonten Druckplatte die Farbe zunächst an eine Gummiwalze „abgesetzt" und von dieser auf das Papier gebracht wird.

2. Das Durchlichtungsverfahren.

Das von verschiedenen Firmen unter verschiedenen Namen ausgeübte Durchlichtungsverfahren ist ein mechanisches Verfahren. Die Vorlage muß in dem Maßstab gezeichnet sein, in dem vervielfältigt werden soll. Da die Drucke den Maßstab der Vorlage haben und mit dieser vollständig übereinstimmen, sie also genau wiedergeben, so muß die Vorlage in bezug auf die Strichdicken, die Beschriftung und die letzten Einzelheiten sauber und pünktlich ausgearbeitet sein. Für die Druckplatte werden entsprechend geschliffene Aluminiumplatten oder auch Zinkplatten verwendet.

Die Herstellung der Druckplatte beruht auf einer lichtempfindlichen Eigenschaft von gewissen Stoffen, die darin besteht, daß z. B. bei einer im Dunkeln auf eine Aluminiumplatte gebrachten Chromgummilösung nach teilweiser Belichtung der Platte die unbelichteten Stellen von Glyzerin aufgelöst, die belichteten Stellen dagegen nicht mehr aufgelöst werden. Der Vorgang bei der Herstellung der Druckplatte ist in großen Zügen der folgende: Die gereinigte Aluminiumplatte wird in der Dunkelkammer mit der betreffenden Lösung bestrichen und getrocknet; hierauf wird die auf Pauspapier oder gewöhnlichem Zeichenpapier[1] in schwarzer, satter Tusche ausgeführte Vorlage mit der Zeichnung nach unten auf die Platte gelegt und das Ganze eine bestimmte Zeit dem Licht ausgesetzt. Die belichtete Platte wird in der Dunkelkammer entwickelt, bis die Zeichnung in der ursprünglichen Plattenfarbe auf z. B. braunem Grund erscheint. Die so erhaltene Platte muß noch druckfähig gemacht werden, d. h. sie muß so behandelt werden, daß die von der Zeichnung bedeckten Teile beim Einwalzen mit Druckfarbe diese annehmen und die übrigen Teile der Platte die Farbe abstoßen. Das Verfahren liefert eine Flachdruckplatte.

Gedruckt wird unmittelbar von der in der angegebenen Weise hergestellten Druckplatte, je nach der Zahl der verlangten Drucke mit der Hand- oder der Schnellpresse.

Die Abänderungsfähigkeit der Druckplatte ist insofern gering, als nur kleine Abänderungen mit besonderer Tusche auf der Platte vorgenommen werden können.

Das Verfahren, durch das das alte, als Autographie bezeichnete Verfahren verdrängt worden ist, kommt wegen der im Vergleich zu anderen Verfahren geringeren Schärfe der Linien zunächst für große Maßstäbe — 1:2500 und 1:5000 — in Frage; es hat den Vorzug, daß es in einfacher Weise eine vollständig maßhaltige Druckplatte liefert.

---

[1] An Stelle von Papier werden auch Zelluloid- und Zellonplatten verwendet.

3. Die Photolithographie.

Bei der Photolithographie wird von der bis ins Kleinste sauber ausgeführten Vorlage ein genau maßhaltiges photographisches Negativ
hergestellt[1], das entweder mittelbar oder unmittelbar auf die Druckplatte übertragen wird. Überträgt man nach dem älteren, heute wohl
nur noch ausnahmsweise benutzten mittelbaren Verfahren, so kann
man als Druckplatte einen lithographischen Stein, eine Aluminium- oder
eine Zinkplatte verwenden; bei dem unmittelbaren Verfahren erfolgt
die Übertragung am besten auf eine Aluminium- oder auch Zinkplatte[2].
Die Vorlage für die Herstellung der Druckplatte kann entweder denselben Maßstab haben wie die Druckplatte, oder sie kann mit Rücksicht
auf die Zwischenschaltung einer photographischen Aufnahme auch in
einem größeren Maßstab sein. Mit Rücksicht auf die durch eine photographische Verkleinerung entstehende Verschärfung in der Zeichnung
ist es zweckmäßig, wenn die Vorlage in einem etwas größeren Maßstab
gezeichnet ist — z. B. Vorlage 1:20000 und Druckplatte 1:25000 —,
als der Maßstab der Druckplatte sein soll. Aber auch im letzteren Fall
muß die Zeichnung der Vorlage pünktlich und bis in alle Einzelheiten
vollständig in schwarzer Tusche durchgeführt werden.

Bei dem mittelbaren Verfahren wird die Druckplatte folgendermaßen hergestellt: Das in der üblichen Weise aufgenommene photographische Negativ wird zunächst durch Belichtung auf Chromogelatine-
papier übertragen, wobei die belichteten, der Zeichnung entsprechenden
Stellen erhärten; nach der erforderlichen Entwicklung des Papiers in
der Dunkelkammer wird es mit einer fetten Druckfarbe eingewalzt, die
an den belichteten Stellen haftet. Der so sich ergebende Druck wird
nach Prüfung seiner Maßhaltigkeit auf einen geschliffenen Stein oder
eine Aluminiumplatte umgedruckt. Um den Stein oder die Platte für
den Flachdruck druckfähig zu machen, muß ihre Oberfläche so behandelt
werden, daß beim Einwalzen mit Farbe nur die von der Zeichnung
bedeckten Stellen die Farbe annehmen, die übrigen Teile die Farbe
aber abstoßen.

Bei dem unmittelbaren Verfahren geht die Herstellung der
Druckplatte folgendermaßen vor sich: Das auf photographischem Wege
entstehende Negativ wird als „verkehrtes Negativ" durch Vorschalten
eines Prismas bei der Aufnahme hergestellt und wird unmittelbar auf
eine Aluminium- oder Zinkplatte übertragen. Die Platte wird hierzu
im Dunkeln z. B. mit einer Chromeiweißschicht überzogen, getrocknet
und sodann belichtet; beim Entwickeln wird die Platte zuerst mit
Farbe eingewalzt und sodann in einem Wasserbade behandelt, dabei
löst sich das Chromeiweiß an den unbelichteten Stellen ab, an den belichteten dagegen nicht. Die so entstehende Platte wird noch durch
entsprechende Behandlung ihrer Oberfläche in der Weise als Flachdruck
druckfähig gemacht, daß beim Einwalzen mit Farbe nur die von der
Zeichnung bedeckten Stellen Farbe annehmen.

---

[1] Hierzu sind besonders gebaute photographische Apparate erforderlich.

[2] Mit Rücksicht auf das vielfach benutzte Aluminium wird das Verfahren auch
als Photoalgraphie bezeichnet.

Der Druck erfolgt unmittelbar von der in der angedeuteten Weise hergestellten Druckplatte je nach der Höhe der Auflage mit der Hand- oder der Schnellpresse.

Das unmittelbare photolithographische Verfahren ist ein für die Kartenvervielfältigung sehr wichtiges Verfahren; es setzt aber voraus, daß die Zeichnung der Vorlage tadellos ausgeführt ist. Der Nachteil des Verfahrens besteht darin, daß auf der Druckplatte Abänderungen nur in ganz geringem Umfang vorgenommen werden können; wie weiter unten mitgeteilt wird, kann man aber von der auf photolithographischem Weg entstandenen Druckplatte auf Aluminium eine nahezu unbegrenzt abänderungsfähige Druckplatte auf Kupfer mechanisch herstellen.

4. Der Steinstich.

Der Steinstich ist ein Handverfahren. Die Vorlage muß deshalb nur maßhaltig sein, so daß die einzelnen Punkte und Linien an der richtigen Stelle liegen; eine vollständige Bearbeitung der Vorlage in bezug auf Strichstärken usw. ist also hier nicht erforderlich. Der Steinstich erfolgt auf einem lithographischen Stein, dessen glatt polierte Oberfläche durch Behandlung mit einer gesäuerten Gummilösung für die Annahme von Druckfarbe unfähig gemacht wird und zur Aufnahme der zu übertragenden Vorlage mit einem aus Lampenruß hergestellten Überzug versehen wird.

Der Übertrag der Vorlage auf den Stein geschieht entweder mit Hilfe von Pausen oder mechanisch. Die Pausen werden von Hand mit einer feinen Nadel auf Gelatine gefertigt, mit Rötel bestäubt und auf die Oberfläche des Steines geklatscht. Die in bezug auf Genauigkeit und Vollständigkeit eine größere Sicherheit bietende mechanische Übertragung besteht darin, daß von der Vorlage auf photolithographischem Wege eine genau maßhaltige Druckplatte z. B. auf Aluminium hergestellt wird; von dieser wird in etwas fetter, meist roter Druckfarbe ein Druck hergestellt, der auf den Stein umgedruckt wird. Bei Übertragung mit Handpausen muß die Vorlage den Maßstab der Druckplatte haben; bei mechanischer Übertragung kann die Vorlage auch in größerem Maßstab gezeichnet sein.

Der Stich geschieht auf Grund der rot auf schwarz erscheinenden Zeichnung unter Beachtung der vorgeschriebenen Strichstärken usw. mit einer besonderen Nadel; dabei wird die polierte und angesäuerte Oberfläche des Steines durchstochen, wodurch der Stein an den gestochenen Stellen seine natürliche Eigenschaft, Fett in Gestalt von Druckfarbe anzunehmen, wieder erhält. Ist der ganze Stich ausgeführt, so wird der schwarze Grund abgewaschen, und der Stein ist für den Druck fertig. Die von einem gestochenen Stein hergestellten Drucke sind Tiefdrucke. Der Steinstich ergibt nach dem Kupferstich die schärfsten Drucke.

Da die Gefahr besteht, daß ein Stein in der Druckpresse springt, druckt man eine größere Auflage nicht von dem gestochenen Stein selbst, sondern von einem Umdruck in Gestalt eines Flachdruckes auf einer Aluminium- oder Zinkplatte. Man stellt zu diesem Zweck von dem gestochenen Stein in fetter Farbe einen maßhaltigen Druck her und überträgt ihn auf eine Metallplatte, die man dann durch entsprechende Behandlung ihrer Oberfläche druckfähig zu machen hat. Die Herstellung der Drucke von der Umdruckplatte erfolgt je nach der Höhe der Auflage mit der Hand- oder der Schnellpresse.

Abänderungen kann man bei einem gestochenen Stein dadurch vornehmen, daß man die betreffenden Stellen ausschabt oder ausschleift, neu poliert, ansäuert und den neuen Stich ausführt. Wie leicht einzusehen, ist die dadurch bedingte Abänderungsfähigkeit beschränkt; man verwendet deshalb den Steinstich am besten nur für solche Karten oder Kartenteile — z. B. sich wenig verändernde Geländedarstellungen —, bei denen keine oder nur geringe Abänderungen zu erwarten sind.

An Stelle des Steinstiches wurde gelegentlich auch der Stich auf Zink ausgeführt.

5. Der Kupferstich.

Der Kupferstich ist wie der Steinstich ein Hand- und Tiefdruckverfahren. Er liefert die schärfsten und feinsten Drucke und hat im Vergleich zum Steinstich den Vorzug der fast unbegrenzten Abänderungsfähigkeit. Als Handverfahren erfordert der Kupferstich keine Vorlage, die in bezug auf Stricharten, Strichstärken und alle Einzelheiten sauber durchgearbeitet ist. Der Kupferstich erfolgt auf einer gehämmerten oder galvanisch hergestellten Kupferplatte mit glatt polierter, Druckfarbe abstoßender Oberfläche.

Die Übertragung der Vorlage auf die Kupferplatte geschieht wie beim Steinstich entweder mit Handpausen oder mechanisch durch Photolithographie. Die auf Gelatine mit einer feinen Nadel von Hand gefertigten Pausen werden meist mit blauer Farbe in Pulverform eingerieben und auf die mit einem leichten Lacküberzug versehene Kupferplatte abgeklatscht. Die photolithographische Übertragung kann auf zwei Arten vorgenommen werden; entweder — in derselben Weise wie bei dem Steinstich — mit Hilfe eines Umdruckes von einer auf photolithographischem Weg hergestellten Druckplatte auf Aluminium, oder aber nach dem unmittelbaren photolithographischen Verfahren, wobei das photographische, mit einem Vorschaltprisma aufgenommene und deshalb verkehrte Negativ in der bei der Photolithographie angegebenen Weise unmittelbar auf die z. B. zuvor versilberte Kupferplatte durch Belichten übertragen wird. Die mechanische Übertragung hat, abgesehen von der größeren Genauigkeit und dem Umstand, daß nichts vergessen wird, den Vorteil, daß die Vorlage nicht in demselben Maßstab wie die zu fertigende Druckplatte sein muß, sondern auch in einem größeren Maßstab als diese gefertigt sein kann.

Beim Stich der Kupferplatte werden auf Grund der übertragenen Vorlage unter Beachtung der vorgeschriebenen Strichstärken und Zeichen die einzelnen Linien und Punkte mit Sticheln von entsprechender Breite vertieft in die Kupferplatte gestochen. Die so entstehende Tiefdruckplatte wird wegen der Weichheit des Kupfers vor der Herstellung von Drucken auf galvanischem Wege verstählt. Da trotz der Verstählung der Platte bei dem starken Druck in der Kupferdruckpresse mit einer allmählichen Beschädigung des Stiches gerechnet werden muß, da der Kupferdruck infolge des feucht zu verwendenden Papiers keine maßhaltigen Drucke ergibt, und da der nur mit der Handpresse auszuführende Kupferdruck teuer ist, so druckt man die verlangte Auflage nicht unmittelbar von der Kupferplatte, sondern von einer durch Umdruck auf Aluminium oder auch Zink entstandenen Flachdruckplatte. Man stellt hierzu mit fetter Druckfarbe einen feuchten Abdruck von der Kupferplatte her, trocknet oder befeuchtet ihn so lange, bis er genau maßhaltig ist, und druckt ihn dann auf die Aluminiumplatte um, deren Oberfläche noch so zu behandeln ist, daß beim Einwalzen mit Druckfarbe die durch die Zeichnung bestimmten Stellen die Farbe annehmen, die anderen Teile aber die Farbe abstoßen. Die von der Umdruckplatte gefertigten Drucke unterscheiden sich von den Drucken von der gestochenen Kupferplatte durch geringere Schärfe.

Abänderungen auf Kupfertiefdruckplatten kann man nach drei verschiedenen Verfahren ausführen. Bei dem ältesten Verfahren wird die betreffende Stelle von der Rückseite der Platte her in die Höhe geklopft, wieder eben poliert und neu gestochen. Dieses Verfahren durch „Ausklopfen" eignet sich nur für Abänderungen mit geringem Umfang. Bei dem zweiten Verfahren werden auf der zuvor galvanisch versilberten Kupferplatte die in Frage kommenden Stellen mit dem Stichel genügend tief ausgehoben; deckt man dann die Platte bis auf die ausgehobenen Stellen mit einer dünnen Asphaltschicht, so kann man auf galvanischem Wege an den zur Abänderung bestimmten Stellen neues Kupfer ansetzen lassen. Poliert man die so entstehenden erhöhten Stellen in der Höhe der Platte, so kann man auf ihnen den Neustich vornehmen. Auch dieses Verfahren kommt zunächst für Abänderungen kleinen Umfangs in Frage; es leistet aber sehr gute Dienste und hat im Vergleich zu dem Ausklopfverfahren den Vorteil, daß die Rückseite der Platte unberührt bleibt. Das dritte und weitgehendste Verfahren beruht darauf, daß auf galvanischem Wege eine neue Tiefdruckplatte hergestellt wird; dies geschieht folgendermaßen: Von der zuvor galvanisch versilberten Kupferplatte wird galvanisch eine Hochplatte hergestellt; in ihr werden die zu verändernden Teile weggestochen oder „abgestoßen"; von der so bearbeiteten und noch galvanisch versilberten Hochplatte wird auf galvanischem Wege eine Tiefdruckplatte gefertigt, in der die den abgestoßenen Teilen der Hochplatte entsprechend erhöht erscheinenden Teile eben poliert und damit für den Neustich zubereitet werden.

Die durch Anwendung von galvanischen Verfahren unbegrenzte Abänderungsfähigkeit ist der größte Vorzug des Kupferstiches. Außer den schon angeführten Nachteilen — feuchte, nicht maßhaltige Drucke, Druck zeitraubend mit der Handpresse — hat der Kupferstich die Nachteile, daß er erst nach jahrelanger Übung gut ausgeführt werden kann und deshalb viel Geduld und Liebe zur Sache erfordert, und daß er bei guter Ausführung zeitraubend und daher teuer ist.

6. Die Photogalvanographie.

Die auch als Heliogravüre bezeichnete Photogalvanographie ist ein mechanisches Verfahren zur Herstellung einer Kupfertiefdruckplatte; sie erfordert eine bis in alle Einzelheiten — Strichart, Strichstärke usw. — den bestehenden Vorschriften entsprechend sauber und pünktlich in schwarzer Tusche ausgearbeitete Vorlage. Als Maßstab für die Vorlage kann derjenige der zu fertigenden Druckplatte oder besser ein etwas größerer — z. B. Druckplatte 1:25000 und Vorlage 1:20000 — gewählt werden.

Der Gang des Verfahrens ist in großen Zügen der folgende: Man stellt mit Benutzung eines Prismas ein verkehrtes photographisches Negativ her und überträgt dieses durch Belichten, unter Ausnutzung der Lichtempfindlichkeit einer mit einem Chromsalz durchsetzten Schicht auf eine galvanisch versilberte Kupferplatte; ist diese als Flachdruck druckfertig gemacht und mit Druckfarbe eingewalzt, so werden die mit Farbe bedeckten Stellen künstlich erhöht und sodann gehärtet. Von der so entstehenden Hochplatte wird auf galvanischem Wege eine Tiefdruckplatte hergestellt, die dann die unbegrenzte Abänderungsfähigkeit der durch Kupferstich entstandenen Tiefdruckplatte hat; Voraussetzung dabei ist aber, daß die Vorlage tadellos gezeichnet ist und ihre Übertragung in allen Teilen pünktlich durchgeführt wird.

In bezug auf die Ausführung von Abänderungen und den Druck gilt das beim Kupferstich Gesagte.

7. Herstellung einer Kupfertiefdruckplatte auf Grund irgendeiner anderen Druckplatte.

Mit Rücksicht auf die Ausführung von Abänderungen ist die Herstellung von Druckplatten in Gestalt von Kupfertiefdruckplatten besonders erwünscht; es wurden deshalb Verfahren ausgearbeitet, mit deren Hilfe auf Grund einer vorhandenen Druckplatte irgendwelcher Art eine Kupfertiefdruckplatte hergestellt werden kann.

Man kann demnach zur Herstellung der Druckplatten eines Kartenwerkes die Photolithographie verwenden und bei großen Abänderungen auf einzelnen Blättern von den betreffenden Platten solche in Kupfertiefdruck herstellen. Es ist dies deshalb wichtig, weil die Heranbildung von tüchtigen Zeichnern zur Herstellung der Vorlagen für die Photolithographie im allgemeinen leichter ist als die von zuverlässigen Kupferstechern.

Im Grundgedanken laufen die in Frage kommenden Verfahren darauf hinaus, daß man von der vorhandenen Druckplatte mit etwas fetter Farbe einen guten Druck fertigt und diesen zur Herstellung eines Hochbildes verwendet, von dem man galvanisch eine Kupfertiefdruckplatte fertigen kann. Druckt man z. B. den von der gegebenen Platte hergestellten Druck auf eine galvanisch versilberte Kupferplatte um, so kann man die durch die Farbe dargestellte Zeichnung künstlich erhöhen und härten, und erhält so die erforderliche Hochplatte zur Fertigung der gewünschten Tiefdruckplatte.

Die Anwendung eines solchen Verfahrens kommt auch dann in Frage, wenn bei einem älteren, in Stein gestochenen Kartenblatt Abänderungen in großem Umfang vorzunehmen sind.

B. Die Herstellung der Vorlagen für die Vervielfältigung.

Die zeichnerische Ausarbeitung einer topographischen Aufnahme oder die Bearbeitung der Vorlage zur Herstellung der Druckplatte richtet sich nach dem in Aussicht genommenen Vervielfältigungsverfahren und danach, ob die Karte nur in einer Farbe oder in mehreren Farben vervielfältigt werden soll. Der Mehrfarbendruck erfordert besondere Sorgfalt beim Zusammenpassen der einzelnen Farben.

Bei der Herstellung der Vorlagen hat man zu beachten, ob die Vervielfältigung im Maßstab der Aufnahme oder in einem kleineren Maßstab als im Aufnahmemaßstab ausgeführt werden soll.

1. Allgemeines.

Bei der Herstellung der Vorlage ist zunächst zu überlegen, ob die Druckplatte nach einem Handverfahren oder nach einem mechanischen Verfahren gefertigt werden soll. Wird ein mechanisches Verfahren (Photolithographie, Photogalvanographie) gewählt, so fertigt man die Vorlage entweder in demselben oder besser in einem etwas größeren Maßstab; im letzteren Fall verschwinden durch die auf photographischem Wege auszuführende Verkleinerung der Vorlage die bei deren Zeichnung nicht ganz zu vermeidenden Unschärfen. Die Vorlage muß bei mechanischer Herstellung der Druckplatte der geltenden Zeichenvorschrift entsprechend in bezug auf Stricharten, Strichstärken, Flächenzeichen, Beschriftung und alle Einzelheiten pünktlich und sauber in Tusche ausgearbeitet werden; so wie die Vorlage aussieht, sehen nachher auch die fertigen Drucke aus.

Bei Verwendung eines Handverfahrens (Kupferstich, Steinstich) zur Herstellung der Druckplatte wird die Vorlage entweder in dem Maßstabe der Druckplatte gefertigt und dann durch Handpausen auf diese übertragen, oder die Vorlage wird in beliebig größerem Maßstab gefertigt und wird dann mechanisch unter entsprechender Verkleinerung auf die Druckplatte übertragen. Bei der Bearbeitung der Vorlage ist nur darauf zu achten, daß alle Gegenstände an der ihnen zukommenden Stelle liegen; die für die fertige Karte in einer Vorschrift festgelegten Zeichen brauchen nicht berücksichtigt zu werden. Mit Rücksicht auf die Übersichtlichkeit der Vorlage bei der Bearbeitung der Druckplatte von Hand empfiehlt sich die Herstellung von besonderen Vorlagen für die den verschiedenen Bodenbewachsungen entsprechenden Flächenzeichen und für die Beschriftung. Bei der Vorlage für die Flächenzeichen werden die einzelnen Flächen durch Bemalen mit verschiedenen Farben unterschieden. In der Vorlage für die Beschriftung müssen die einzelnen Namen und Bezeichnungen an der richtigen Stelle, in der richtigen Lage und in der gewünschten Ausdehnung eingetragen werden; eine pünktliche Ausführung der Schriften ist dabei nicht erforderlich, es genügt ein entsprechender Hinweis auf die betreffende Schriftart der Zeichenvorschrift.

Soll eine Karte in mehreren Farben gedruckt werden, so braucht man für jede Farbe eine besondere Druckplatte.

2. Herstellung der Vorlagen für eine Vervielfältigung im Maßstab der Aufnahme.

Soll eine topographische Aufnahme in demselben Maßstab vervielfältigt werden, in dem sie ausgeführt worden ist, so erfolgt die Ausarbeitung der Aufnahme zur Herstellung der Vorlage für die Vervielfältigung am besten durch den Topographen, der die Aufnahme durchgeführt hat. Der Übertrag der Vorlage auf die Druckplatte geschieht mechanisch; die Druckplatte kann entweder nach einem Handverfahren oder nach einem mechanischen Verfahren gefertigt werden.

Bei einer Karte in großem Maßstabe — 1:2500 oder 1:5000 — genügt unter Umständen eine Farbe; die Herstellung der Druckplatte erfolgt dann nach dem Durchlichtungsverfahren. Soll die Karte in z. B. zwei Farben — Grundriß schwarz, Höhenschichtlinien braun — gedruckt werden, so zeichnet man in der Vorlage für die schwarze Platte nur den Grundriß in schwarzer Tusche und die Höhenschichtlinien leicht in Blei und fertigt von den Schichtlinien eine Pause als Vorlage für ihre Vervielfältigung; die den beiden Vorlagen entsprechenden Druckplatten kann man mit Hilfe des Durchlichtungsverfahrens herstellen. Oder man stellt die beiden Druckplatten photolithographisch her. Man fertigt dazu von der in schwarzer Tusche vollständig ausgearbeiteten Vorlage unmittelbar hintereinander zwei, in ihren Abmessungen genau übereinstimmende verkehrte photographische Negative und deckt auf dem einen Negativ die Teile der einen Druckplatte und auf dem anderen die der anderen Druckplatte mit roter Farbe ab. Die so sich ergebenden Negative werden in der früher angedeuteten Weise auf Aluminium- oder Zinkplatten übertragen.

Handelt es sich um Aufnahmen in kleinem Maßstab — 1:25000 oder 1:10000 — und soll die Karte nur eine Farbe aufweisen, so kann man die eine Druckplatte nach einem mechanischen Verfahren (Photolithographie, Photogalvanographie) oder nach einem Handverfahren (Kupferstich, Steinstich) herstellen. Ein Handverfahren wählt man dann, wenn man sich mit der Schärfe und Güte der im kleinen Maßstab ausgearbeiteten Vorlage nicht begnügen will; ein Beispiel hierfür sind die einfarbigen preußischen Meßtischblätter in 1:25000, die in diesem Maßstab aufgenommen und von dem aufnehmenden Topographen zeichnerisch ausgearbeitet werden, und die in Steinstich vervielfältigt werden.

Ist die Aufnahme in einem kleinen Maßstab — 1:25000 oder 1:10000 — ausgeführt und soll die Karte in mehreren Farben — z. B. Grundriß schwarz, Höhenschichtlinien braun, Gewässer blau — gedruckt werden, so überträgt man bei Verwendung eines Handverfahrens zur Herstellung der Druckplatten — wie z. B. bei den Meßtischblättern in 1:25000 von Sachsen — die eine Vorlage mechanisch auf die einzelnen Druckplatten, wo dann die der jeweiligen Farbe entsprechenden Teile von

Hand bearbeitet werden. Bei den sächsischen Meßtischblättern werden die schwarze Grundrißplatte und die blaue Gewässerplatte in Kupfer gestochen; die braune Schichtlinienplatte, bei der weniger Abänderungen zu erwarten sind, wird in Steinstich ausgeführt.

3. Herstellung der Vorlagen für eine Vervielfältigung in einem kleineren Maßstab als im Aufnahmemaßstab.

Ist eine topographische Aufnahme in einem kleineren Maßstab zu vervielfältigen als im Maßstab, in dem die Aufnahme durchgeführt wird, so liegen die Verhältnisse im allgemeinen so, daß der Aufnahmemaßstab und der Vervielfältigungsmaßstab sehr stark verschieden sind; es ist z. B. — wie in Bayern und Württemberg — der erstere 1:2500 oder 1:5000 und der letztere 1:25000. Die kartographische Bearbeitung einer topographischen Aufnahme in großem Maßstab für die Herstellung einer Karte in kleinerem Maßstab kann nach zwei verschiedenen Verfahren geschehen; bei dem ersten Verfahren wird die Druckplatte nach einem Handverfahren (Kupferstich), beim zweiten nach einem mechanischen Verfahren (Photolithographie) hergestellt. Im folgenden wird angenommen, daß es sich um eine dreifarbige Karte — Grundriß schwarz, Gewässer blau, Höhenschichtlinien braun — handelt.

Bei dem ersten Verfahren[1] — Herstellung der Druckplatten in Kupferstich — wird die auf Grund einer Katasterkarte z. B. in 1:2500 ausgeführte Aufnahme in bezug auf den Grundriß und die Höhenschichtlinien im Maßstab der Aufnahme besonders bearbeitet; von diesen Ausarbeitungen werden im Umfang von z. B. sechs Blättern in 1:2500 genau maßhaltige photographische Negative in 1:25000 und von diesen Papierabzüge hergestellt. Die beschnittenen Papierabzüge werden auf eine mit dem erforderlichen Netz versehene Aluminiumplatte genau aneinanderpassend aufgeklebt; von der so entstehenden Verkleinerung wird mit Vorschaltung eines Prismas ein genau maßhaltiges, verkehrtes photographisches Negativ gefertigt, das unmittelbar auf drei Kupferplatten übertragen wird. Auf der einen Platte wird unter Einhaltung der vorgeschriebenen Zeichen der Grundriß gestochen, auf der zweiten Platte erfolgt der Stich der Gewässer, auf der dritten Platte werden die Höhenschichtlinien in den vorgeschriebenen Stricharten gestochen.

Da im Maßstab 1:25000 verschiedene Gegenstände, wie Eisenbahnen, Straßen, Wege und Böschungen in ihrer Breite nicht mehr maßstäblich dargestellt werden können, sondern größer gegeben werden müssen, als sie tatsächlich sind, so tritt beim Zusammentreffen solcher Gegenstände der Fall ein, daß sie zum Teil in ihrer Lage etwas verschoben werden müssen. Um solche Verlegungen nicht ganz dem Kupferstecher überlassen zu müssen, sind sie bereits bei der Ausarbeitung in 1:2500 vorzunehmen; dies erfordert, daß in 1:2500 die in Frage kommenden Gegenstände in der Größe gezeichnet werden, die den für

---

[1] Vgl. in bezug auf Einzelheiten: Technische Anweisung für die topographische Landesaufnahme von Württemberg 1:2500 für die Herstellung der Topographischen Karte 1:25000. Stuttgart 1922.

sie vorgeschriebenen Zeichen in 1:25000 entspricht. Die hieraus sich ergebende, wegen der starken Verkleinerung — von 1:2500 auf 1:25000 — derb und kräftig auszuführende Bearbeitung der Aufnahme 1:2500 wird zweckmäßigerweise auf einem besonderen Blatt ausgeführt.

Auf der zum Aufkleben der photographischen Verkleinerungen in 1:25000 bestimmten Aluminiumplatte müssen zuvor der Rand des betreffenden Blattes 1:25000 sowie die Begrenzungslinien der durch die Zerlegung sich ergebenden Stücke mit großer Genauigkeit angegeben werden.

Fertigt man von dem photographischen Negativ in 1:25000 auch noch photolithographisch eine Druckplatte auf Aluminium, so kann man von dieser Drucke herstellen, die man zur Bearbeitung der Vorlagen für die Beschriftung und die Flächenzeichen benutzen kann.

Das im vorstehenden in großen Zügen geschilderte Verfahren erfordert kartographisch geschulte Kupferstecher. Das Verfahren hat mit Rücksicht auf die Bearbeitung der Vorlage für die Druckplatte in einem sehr großen Maßstab den Nachteil, daß sowohl im Grundriß als auch in der Geländedarstellung unter Umständen mehr Einzelheiten dargestellt werden als für den Maßstab der herzustellenden Karte zweckmäßig sind. Wird bei der Ausarbeitung in 1:2500 vergessen, daß es sich um die Herstellung einer Karte 1:25000 handelt, so entsteht leicht eine an manchen Stellen überladene und deshalb schwer lesbare Karte, die nur die reine Verkleinerung einer Zeichnung von 1:2500 auf 1:25000, aber keine kartographisch richtig bearbeitete, in ihren Einzelheiten abgewogene Karte in 1:25000 vorstellt.

Das Verfahren hat den Vorteil, daß die Bearbeitung der Vorlage in 1:2500 keine besondere Übung erfordert wie die Zeichnung in einem kleineren Maßstab.

Man könnte auch daran denken, die Vorlage in 1:2500 den bestehenden Vorschriften für 1:25000 entsprechend bis in alle Einzelheiten so zu bearbeiten, daß die Druckplatte in 1:25000 nach einem mechanischen Verfahren — Photolithographie oder Photogalvanographie — hergestellt werden kann. Abgesehen davon, daß ein solches Vorgehen ein hartes, wenig ansprechendes Kartenbild ergeben würde, ist es deshalb nicht zu empfehlen, weil auch bei sorgfältigster Arbeit die zusammengeklebten einzelnen Verkleinerungen von 1:2500 auf 1:25000 nie vollständig zusammenpassen; das Verfahren würde also ein zum Teil zeitraubendes Zusammenarbeiten der einzelnen Teile erfordern, was nur bei Anwendung der Photogalvanographie möglich wäre.

Bei dem **zweiten Verfahren**[1] — Herstellung der Druckplatten durch Photolithographie — wird die auf Grund einer Katasterkarte in z. B. 1:5000 ausgeführte Aufnahme in bezug auf den Grundriß und die Höhenschichtlinien dem Maßstab 1:5000 entsprechend ausgearbeitet; von den fertigen Blättern wird gruppenweise ein genau maßhaltiges, verkehrtes photographisches Negativ in 1:20000 gefertigt. Durch Über-

---

[1] Vgl. in bezug auf Einzelheiten Netzsch, A.: Deutsches topographisches Kartenwesen unter besonderer Berücksichtigung der bayerischen Verhältnisse.

tragung des Negativs nach dem unmittelbaren photolithographischen Verfahren auf Aluminium entsteht eine Druckplatte, von der ein Blaudruck in 1:20000 auf starkem Zeichenpapier gefertigt wird. Auf diesem Blaudruck wird durchÜberzeichnen in schwarzer Tusche unter Beachtung der für 1:25000 bestehenden Zeichenvorschrift unter Weglassung der Höhenschichtlinien die Vorlage für die schwarze und die blaue Druckplatte bis in alle Einzelheiten pünktlich und sauber hergestellt. Von der so entstehenden, den Grundriß, die Schrift und die Gewässer enthaltenden Vorlage in 1:20000 wird ein genau maßhaltiges verkehrtes Negativ in 1:25000 gefertigt, das zunächst zur Herstellung der blauen Druckplatte photolithographisch auf eine Aluminiumplatte übertragen wird. Von der dabei sich ergebenden Druckplatte in 1:25000 wird ein Rotdruck gefertigt, der auf einen schwarz grundierten Stein umgedruckt wird; dieser stellt die blaue Druckplatte vor, die durch Steinstich auf Grund des roten Umdruckes hergestellt wird.

Nach Benutzung des Negativs in 1:25000 zur Herstellung der blauen Gewässerplatte werden auf dem Negativ alle in der blauen Platte erscheinenden Linien mit roter Farbe abgedeckt; die photolithographische Übertragung des so bearbeiteten Negativs auf eine Aluminiumplatte ergibt die schwarze Druckplatte in 1:25000.

Zur Herstellung der nur die Höhenschichtlinien enthaltenden roten Druckplatte wird von den gruppenweise zusammengestellten Aufnahmeblättern in 1:5000 ein gut maßhaltiges, verkehrtes photographisches Negativ in 1:25000 gefertigt, mit dem photolithographisch eine Druckplatte auf Aluminium hergestellt wird. Von dieser Druckplatte wird in roter Farbe ein maßhaltiger Umdruck auf einen schwarz grundierten Stein gefertigt und danach der Stich der Höhenschichtlinien ausgeführt.

Das Verfahren hat den Vorteil, daß die Bearbeitung der den Grundriß enthaltenden Vorlage ungefähr in demselben Maßstab stattfindet, in dem die Karte gedruckt wird; dabei wird von selbst alles Unnötige weggelassen, so daß eine gut lesbare Karte entsteht. Das Verfahren erfordert einerseits gewandte und kartographisch gut geschulte Zeichner, die jedoch leichter auszubilden sind als entsprechende Kupferstecher, und andererseits tüchtige Photographen, denen gute Apparate zur Herstellung von maßhaltigen Negativen zur Verfügung stehen müssen.

Sachverzeichnis.

Buchdruckerei Otto Regel G.m.b.H., Leipzig.

Das Entwerfen von graphischen Rechentafeln (Nomographie). Von Professor Dr.-Ing. **P. Werkmeister,** Stuttgart. Mit 164 Textabbildungen. VII, 194 Seiten. 1923. RM 9.—; gebunden RM 10.—

Das Buch verfolgt zunächst praktische Gesichtspunkte; die mathematischen Entwicklungen sind deshalb elementar gehalten. Die Beispiele sind einfacher Art und nicht einem bestimmten Fachgebiet entnommen.

Konstruktive Abbildungsverfahren. Eine Einführung in die neueren Methoden der darstellenden Geometrie. Von Professor Dr. techn. **Ludwig Eckhart,** Privatdozent an der Technischen Hochschule in Wien. Mit 49 Abbildungen im Text. IV, 120 Seiten. 1926. RM 5.40

Vermessungskunde. Von Professor Dr. Ing. **Martin Näbauer,** Karlsruhe. („Handbibliothek für Bauingenieure", I. Teil, 4. Band.) Mit 344 Textabbildungen. X, 338 Seiten. 1922. Gebunden RM 11.—

Grundlagen u. Geräte technischer Längenmessungen. Von Professor Dr. **G. Berndt,** Dresden. Mit einem Anhang von Privatdozent Dr. **H. Schulz,** Berlin. Z w e i t e , vermehrte und verbesserte Auflage. Mit 581 Textabbildungen. XII, 374 Seiten. 1929. Gebunden RM 43.50

Nach einer Einleitung über Entstehung und Verkörperung der Maßeinheiten Meter und Yard behandelt das Buch die Meßgeräte und Verfahren, von den genauesten, den Interferenzmethoden und empfindlichen Fühlhebeln, bis zu den gröbsten, mit einfachen Strichmaßstäben, wobei vor allem Wert auf kritische Betrachtung gelegt ist. Somit dürfte es auch für rein wissenschaftliche Längenmessungen eine wertvolle Grundlage bilden.

Einführung in die Markscheidekunde mit besonderer Berücksichtigung des Steinkohlenbergbaues. Von Dr. **L. Mintrop,** Bochum. Z w e i t e , verbesserte Auflage. Mit 191 Figuren und 5 mehrfarbigen Tafeln in Steindruck. VIII, 215 Seiten. 1916. Unveränderter Neudruck 1923. Gebunden RM 7.50

Lehrbuch der Markscheidekunde. Von Dr. phil. **P. Wilski,** o. Professor der Markscheidekunde an der Technischen Hochschule zu Aachen. E r s t e r T e i l . Mit 131 Abbildungen im Text, einer mehrfarbigen und 27 schwarzen Tafeln. VIII, 252 Seiten. 1929. Gebunden RM 26.—

Es wird eine für den Studierenden des Bergfaches leicht verständliche Einführung in das bergmännische Vermessungswesen über und unter Tage angestrebt. Aus dem Rahmen der Interessen des Bergbaues tritt die Darstellung nirgends heraus. Ziemlich viele historische Notizen sind in das Buch eingestreut.

Das Verwerferproblem im Lichte des Markscheiders. Von Dipl.-Ing. Dr. mont. **A. Hornoch,** a. o. Professor der Geodäsie und Markscheidekunde an der kön. ung. Montan- und Forsthochschule zu Sopron. Mit 46 Abbildungen auf 4 Tafeln. IV, 60 Seiten. 1927. RM 10.80

Ingenieur-Mathematik. Lehrbuch der höheren Mathematik für die technischen Berufe. Von Professor Dr.-Ing. Dr. phil. **Heinz Egerer.**

Erster Band: Niedere Algebra und Analysis. — Lineare Gebilde der Ebene und des Raumes in analytischer und vektorieller Behandlung. — Kegelschnitte. Mit 320 Textabbildungen und 575 vollständig gelösten Beispielen und Aufgaben. VIII, 503 Seiten. 1913. Unveränderter Neudruck 1923. Gebunden RM 12.—

Zweiter Band: Differential- und Integralrechnung. — Reihen und Gleichungen. — Kurvendiskussion. — Elemente der Differentialgleichungen. — Elemente der Theorie der Flächen- und Raumkurven. — Maxima und Minima. Mit 477 Textabbildungen und über 1000 vollständig gelösten Beispielen und Aufgaben. X, 713 Seiten. 1922. Unveränderter Neudruck 1927. Gebunden RM 25.20

Vorlesungen über numerisches Rechnen. Von Professor **C. Runge,** Göttingen, und Professor **H. König,** Clausthal. (Band XI der „Grundlehren der mathematischen Wissenschaften in Einzeldarstellungen".) Mit 13 Abbildungen. VIII, 371 Seiten. 1924. RM 16.50; gebunden RM 17.70

Es werden die Hilfsmittel des Rechnens, Rechenmaschine, Rechenschieber, Logarithmentafel besprochen und die mathematischen Methoden, die bei der Ausgleichsrechnung, der Interpolation, der Auflösung von Gleichungen, der Darstellung willkürlicher Funktionen, der Integration von Funktionen und Differentialgleichungen angewendet werden.

Elementarmathematik vom höheren Standpunkte aus. Von **Felix Klein.** Dritte Auflage.

Erster Band: **Arithmetik — Algebra — Analysis.** Ausgearbeitet von **E. Hellinger.** Für den Druck fertig gemacht und mit Zusätzen versehen von **Fr. Seyfarth.** Mit 125 Abbildungen. XII, 321 Seiten. 1924.
RM 15.—; gebunden RM 16.50

Zweiter Band: **Geometrie.** Ausgearbeitet von **E. Hellinger.** Für den Druck fertig gemacht und mit Zusätzen versehen von **Fr. Seyfarth.** Mit 157 Abbildungen. XII, 302 Seiten. 1925. RM 15.—; gebunden RM 16.50

Dritter Band: **Präzisions- und Approximationsmathematik.** Ausgearbeitet von **C. H. Müller.** Für den Druck fertig gemacht und mit Zusätzen versehen von **Fr. Seyfarth.** Mit 156 Abbildungen. X, 238 Seiten. 1928.
RM 13.50; gebunden RM 15.—

(Band 14, 15 und 16 der „Grundlehren der mathematischen Wissenschaften in Einzeldarstellungen".)

Lehrbuch der darstellenden Geometrie. Von Professor Dr. **Georg Scheffers,** Berlin. In zwei Bänden.

Erster Band: Zweite, durchgesehene Auflage. (Unveränderter Neudruck.) Mit 404 Textfiguren. X, 424 Seiten. 1922. Gebunden RM 18.—

Zweiter Band: Zweite, durchgesehene Auflage. (Unveränderter Neudruck.) Mit 396 Textfiguren. VIII, 441 Seiten. 1927. Gebunden RM 18.—